JN136849

Growth Strategy of EMNCs in Emerging Markets

新興国企業の成長戦略

中国自動車産業が語る“持たざる者”の強み

李 澤建
[著]

晃洋書房

目　　次

序章　なぜ，「新興国企業」の成長過程を問題にするのか

1　はじめに

1.1　本書の狙い

本書のねらいは，中国の民族系自動車メーカーの競争優位の構築過程とその進化のダイナミズムを事例として取り上げ，新興国企業の出現とそれに伴う成長・躍進に関する分析を既存の新興国市場戦略論に接続することである．

具体的には，新興国市場において，製品力と技術力において優位に立ちながら，価値創造に長ける多国籍企業が本国資源を用いる価値実現ができていない，もしくは困難に陥る現象の内実とその要因に対して，多国籍企業との競争過程において，新興国企業が施した事業環境変化への対応，経営資源戦略の采配の推移などに見られる特徴を抽出し，両者の長期的パフォーマンスをもとに，点と点を結び線として，いかなる初期条件が新興国市場で活動する内外企業の価値実現とその後の両者の共進化をもたらす要因となりうるのかの考察を行う．さらに，経営進化の実態について，依然未解明の要素が多く残っている新興国企業の，こうした共進化プロセスにおける戦略的・組織的変化を考察する．

1980 年代後半以来，日本企業が海外直接投資を本格的に展開してきた．関連して数多くの国際経営の研究も蓄積される．そのなか，2000 年代に入り，いわゆる「新興国市場」研究が 1 つ新しい領域として，注目を集めた．しかし，国際経営研究において，新興国市場が，新しい研究対象として，これまでの先進国市場，もしくは開発途上国市場に比べて，どこにその違いがあるのか．この問いについて，明白な答えを示そうとする研究は，管見の限り，見当たらない．加えて，もう 1 つ問いとして，時期の問題である．なぜ新興国市場戦略論が 2000 年代という時期に，提起され，注目されるようになったのかという問いについても明らかにされていない．これまでの国際ビジネス研究の流れにおいて，2000 年代を挟んで，いったい何が起こったのか．そして我々が従来の

観察体系にどのような変数を新たに加えなければいけないのかを検討する必要がある．新たな説明変数＝変化点を手掛かりに，2000年代以降の世界経済を俯瞰すると，新興国の市場拡大と同時に注目に値するのは新興国企業の台頭・躍進が周知の事実の1つであろう．

そこで，本書では，新興国市場戦略論において，多くの既存研究が採用した先進国多国籍企業寄りの立場，すなわち本国資源・競争優位の新興国市場への移転マネジメントといった内生要因に立脚するアプローチを採用するが，それに加えて，共進化の参加者として後発でありながら，① 新興国企業がなぜ成長し続け，今も生き残っているのか（進化メカニズム），② そして，新興国企業の成長がいかに促されてきたのか（発生メカニズム）という2つの考察を通じて，新興国市場における多国籍企業の価値実現に影響しうる諸条件を析出し，それに基づき新興国市場戦略の分析領域の拡充を図るための試論を展開する．具体的に，製造業を対象に，とりわけ一国の基幹産業でもあり，市場規模が大きく，代表企業も多数存在する自動車産業において，長期にわたる定点観察によって入手した素材を題材に，分析を進めることにする．

1.2　問題意識――新しい市場機会の出現と新興国企業の躍進――

2000年代後半，世界経済に大きな転機が訪れる．それは，先進国のプレゼンス低下である．**図 序-1** で示すように，世界経済の成長に対する先進国の貢献度が一貫して高かったが，2008年のリーマンショックを期に3割以下に低下した．同時に，新興国と発展途上国が世界経済のけん引役を担うようになり，著しく成長した．いわゆる，グローバル・シフト（Dicken, 2007）の1つの新局面であろう．

1.2.1　新興国へ広がるグローバル・シフト

1.2.1.1　先進国多国籍企業の生産拠点の再配置

こうしたグローバル・シフトが急速に進行する理由の1つは，先進国多国籍企業のリロケーション戦略である．例えば，自動車産業において，戦後直後の時点では，世界の自動車生産で圧倒的な地位を占めたのは米国であった．その後1960年代になると，欧州と日本での生産台数が急激に伸び，1970年代半ば以降，北米・西欧・日本が，それぞれ世界生産の3割程度を占めた．1990年代になると韓国がこの陣営に新たに加わった．

21世紀に入ると，中国をはじめ新興国の生産台数が増加した．これにより，

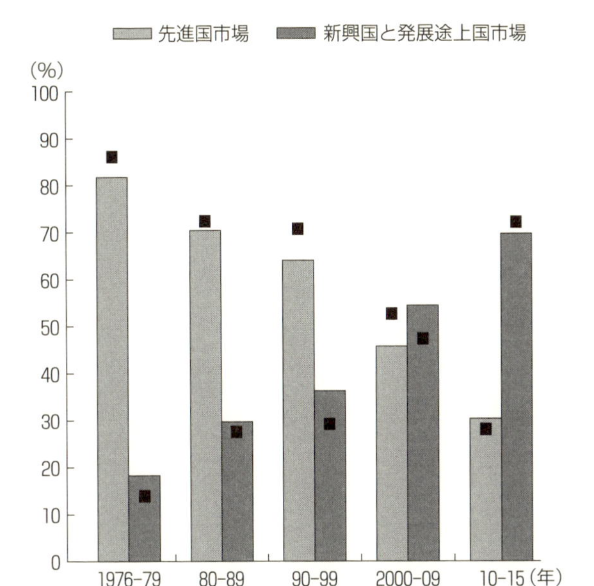

図 序-1　全世界の生産と消費の伸びに対する貢献度

注：棒グラフは生産量の伸びに対する貢献度で，黒い四角は消費量の伸びに対する貢献度を表す．
出所：IMF（2017），*World Economic Outlook*，[www. imf. org/en/Publications/WEO/Issues/2017/04/04/world-economic-outlook-april-2017]（2017 年 12 月 10 日閲覧）．

先進国（北米・西欧・日本三極）の生産割合は 21 世紀に入り，急速に下落し，2017 年には 43％となった．対照的にその他の地域の割合は，2001 年の 24％から 2017 年の 57％へと急増した．文字どおり，（周辺部への拡散：北米から南米へ，西欧から東欧へ，日本から東アジアへ）地球規模の構造変化が起こったのである．特に中国の伸びは目覚ましく，2017 年に生産台数は 2902 万台に達し，かつてどの先進国も経験したことのない領域に入っている（**図 序-2**）．

1.2.1.2　新興国の市場拡大

このような生産中心地におけるグローバルなシフトは，自動車需要の地理的シェアの変化を直接に反映したものであった．1990 年代以降，先進国では市場が成熟し，需要が頭打ちとなったが，BRICs などの新興国では経済の持続的な成長が国民所得の増加をもたらし（O'Neill, 2001），自動車市場拡大への期待が高まったのである．

図 序-3 が 2001 年以降の自動車グローバル需要構造の変貌を示している．まず，全世界の自動車販売台数が，2001 年に 5700 万台程度であった．その後，

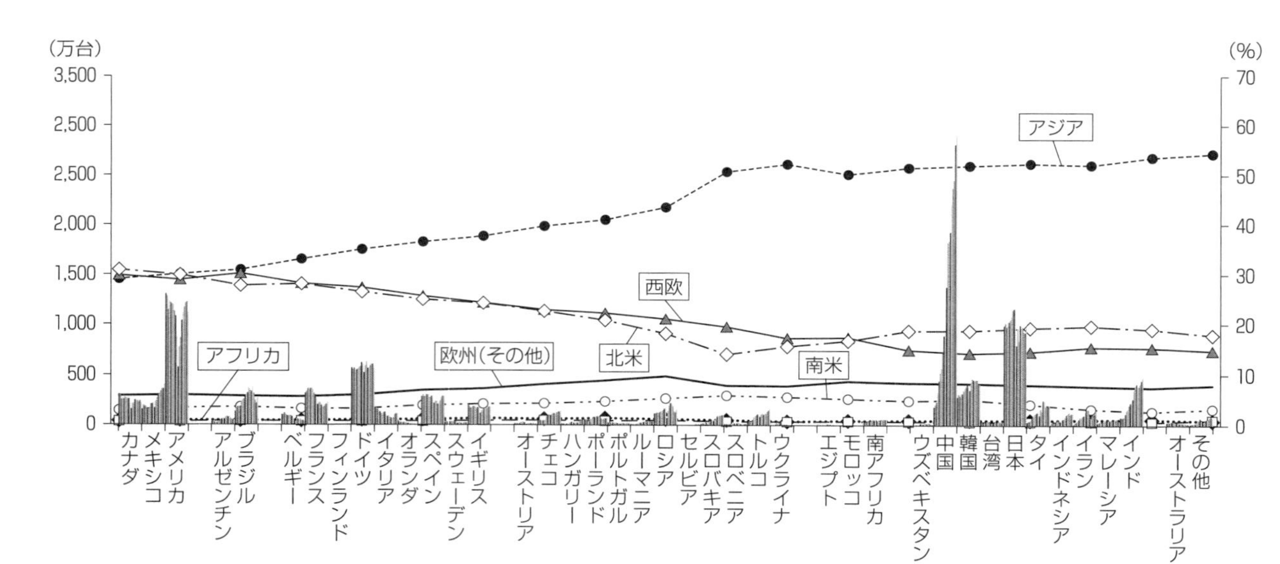

図 序-2　国別自動車生産台数の推移（1999-2017 年）

注：1）生産台数は棒グラフで表記し左軸参照；構成比は折れ線で表記し右軸参照.

2）OICA の統計では，世界生産台数の掲載値が各国の生産台数による合算値との間，毎年では約 60 万台から 80 万台までの乖離が存在している．おそらく重複計算を除外した作業の結果だと推測するが，具体的なメカニズムが開示されていない．各国の生産台数への反映ができないため，本章では関連の構成比は合算値を用いて割り出すことにする．ただし，全体を言及する際に，掲載値を採用することにする（OICA 統計に関して以降同様な処理を行う）.

出所：*World Motor Vehicle Production by Country 1999-2017*, Organisation Internationale des Constructeurs d'Automobiles（OICA）（http://www.oica.net/production-statistics/）（2018 年 10 月 20 日閲覧）.

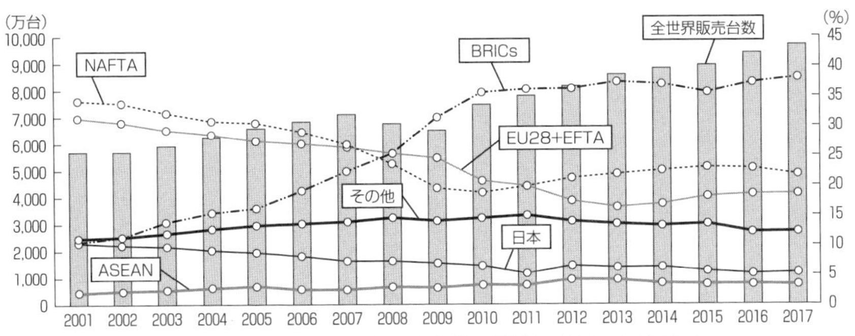

図 序-3　地域別自動車販売台数の推移（2001-2017 年）

注：2001～04 年の数値は Automotive News に，また 2005～2017 年の数値は OICA に基づく．アイスランド，マルタ，ブルネイ，ラオス，カンボジアの 2001～04 年分の数値が欠けている．

出所：*World Motor Vehicle Sales by Country and Type 2005-2017*, Organisation Internationale des Constructeurs d'Automobiles（OICA）（http://www.oica.net/category/sales-statistics/）（2018 年 6 月 20 日閲覧）；Automotive news, *Global Market Data Book* 2003（https://www.autonews.com/assets/PDF/CA31761024.PDF），2005（https://www.autonews.com/assets/PDF/CA31621024.PDF）（2018 年 6 月 20 日閲覧）．

リーマンショックの影響で一時鈍化したものの，2017 年に 9680 万台へ順調に拡大している．全体増加傾向と対照的に見て取れるのは先進国市場の地盤沈下である．2001 年時点では北米，欧州と日本市場は，世界需要の三極として，全体の 76％を占めており，市場の中心役を演じていたが，2017 年にその比率が 46％とおおよそ半減になった．他方では，2001 年にわずか 11％しかない BRICs 市場が勢いをもって始動し，2017 年に日米欧の既存世界三極に匹敵する 38％の規模に躍進し，むしろ周辺部市場と呼べなくなり，無視できない新しい成長機会となった．

1.2.2　新興国企業の躍進

だが，新興国市場の拡大が一様伸びではない．**図 序-3** にある BRICs の曲線を国別に分解したのは**図 序-4** になる．年間新車販売台数と世界年間新車販売台数に占める比率のいずれも増加し続けるのは中国のみである．他方，2008 年まで順調だが，2009 年以降減少傾向に転じたのはロシア，ブラジルであり，インドも 2013 年以降は失速し始めたのである．なぜ，中国市場が別格な存在として突出しているのか．また，なぜ BRICs 各国の市場拡大の加速度がある時点を境に急激に分化し始めたのか．様々な要因が存在する中，本書はこうした市場拡大において，異なる動態が生じる理由について，それぞれの新興国にある国産車を開発する民族系メーカーのパフォーマンスの異同との相関性に焦

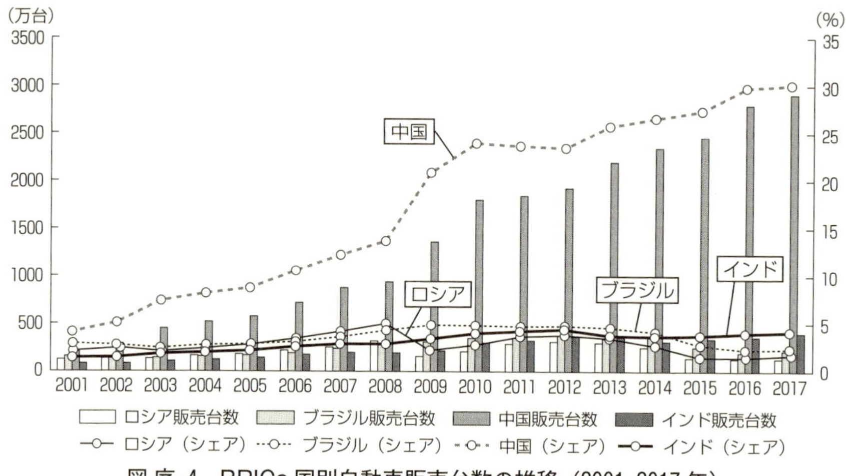

図 序-4 BRICs 国別自動車販売台数の推移(2001-2017 年)

注:2001～04 年の数値は *Automotive News* に,また 2005～2017 年の数値は OICA に基づく.
出所:*World Motor Vehicle Sales by Country and Type 2005-2017*, Organisation Internationale des Constructeurs d'Automobiles(OICA)(http://www.oica.net/category/sales-statistics/)(2018 年 6 月 20 日閲覧); Automotive news, *Global Market Data Book* 2003(https://www.autonews.com/assets/PDF/CA31761024.PDF), 2005(https://www.autonews.com/assets/PDF/CA31621024.PDF)(2018 年 6 月 20 日閲覧).

点を当てる.

表 序-1 では,リーマンショックの前後を比較すると,先進国自動車メーカーの世界生産規模が拡大しているものの,世界生産台数の合計に占める比率はおおむね減少傾向である[1].それに比べ,周辺部の企業の躍進は確実であった.特に,中国企業の生産台数が,2005 年の 382 万台から 2016 年の 1419 万台へ増加し,約 4 倍の規模へ躍進し,世界自動車市場におけるプレゼンスも 9.33%と大きくなったのである.インド企業も同様に 2.5 倍の増加となり,約 55 万台から 189 万台へ大きく成長したものの,世界自動車市場におけるプレゼンスはわずか 1.19%の増加にとどまった.他方では,ロシア企業の規模と比重がともに激減した.

自動車産業のみならず,2015 年には,BRICs という造語の生みの親の O'Neill 氏が新興国経済全般の明暗について,当初の予測通りに成長が実現された国は中国だけだと現状を認め(O'Neill, 2015a),このままだと,BRICs が IC へ破たんする恐れがあると論調を改めた(O'Neill, 2015b).ここにきて,これまでの新興国市場戦略論で扱われてきた新興国市場を BRICs 諸国と同義的

表 序-1　世界自動車生産台数における新興国企業の成長（メーカー基準による把握）

2005			2016			
Top 10	生産台数	構成比 (%)	Top 10	生産台数	構成比 (%)	対05年増減 (%)
日本	21,211,336	31.82	日本	28,031,203	29.74	▼2.08
米国	15,867,556	23.80	ドイツ	15,012,487	15.93	▼1.34
ドイツ	11,515,075	17.27	米国	14,361,982	15.24	▼8.56
フランス	5,992,184	8.99	中国	**14,191,090**	**15.06**	**9.33**
中国	**3,822,471**	**5.73**	韓国	7,889,538	8.37	3.73
韓国	3,091,060	4.64	フランス	6,526,065	6.92	▼2.07
イタリア	2,037,695	3.06	イタリア	4,681,457	4.97	1.91
ロシア	**1,117,061**	**1.68**	インド	**1,890,662**	**2.01**	**1.19**
インド	**545,439**	**0.82**	イラン	1,167,000	1.24	—
スウェーデン	291,486	0.44	ロシア	**364,941**	**0.39**	**▼1.29**
台湾（裕隆納智捷）	0	0.00	台湾（裕隆納智捷）	56,570	0.06	0.06
東アジア4	28,124,867	42.19	東アジア4	50,168,401	53.23	11.04
その他	1,175,805	1.76	その他	73,400	0.08	▼1.68
全世界（合算値）	66,667,168		全世界（合算値）	94,246,395		
全世界（掲載値）	66,465,408		全世界（掲載値）	94,771,814		

注：1）メーカー基準とは，一国の自国民族系メーカーが単年度に全世界で生産した台数の合計を用いる加算基準である．詳細は塩地（2008）を参照．
2）網掛けは新興国である．なお，ブラジルでは自国民族系メーカーが存在しないため，上記表には出ない．
3）OICA の統計では，世界生産台数の掲載値が各国の生産台数による合算値との間に乖離が存在しているため，合算値を用いて構成比を算出する．
4）台湾メーカーの生産台数が OICA の 2016 年の統計に漏れているため，本書では提示した全世界の合算値は，OICA での全世界生産台数の合算値に台湾メーカー（裕隆自動車）の分を足したものをもって代用する．

出所：*World Motor Vehicle Production by manufacturer 2005, 2016*, Organisation Internationale des Constructeurs d'Automobiles (OICA)（http://www.oica.net/production-statistics/）(2018 年 6 月 20 日閲覧)；中国汽車技術研究中心（CATARC）の中国自動車統計データベース．

に扱うのは良いのかという疑問はさておき，新興国企業の躍進に対する理解を深めるために，もうひと工夫として，企業躍進が市場拡大にいかなる影響を及ぼすかに関する整理が必要となってくる．

1.3　本書で捉えようとする「新興国像」――なぜ，「新興国企業」の躍進を問題にするのか――

昨今における「新興国」に関する諸議論では，厳密な定義が欠如したまま，主に高い経済成長率を見せた国々を中心とする感性的な認識に基づき，まとめられたものが多い．BRICsというくくりはまさにその一例にあたる．各国の市場構造の相違や特質が経済成長に対する影響という具体論より，むしろ各国の諸相を捨象して，対象市場を中身に伴わない，同質な「点」として扱う傾向が強く，その成長という結果をいかに取り入れるかという前提に立つ概論的なものは多い．つまり，Aという市場がBという市場との間，成長速度に相違の度合いはあるにしても，新興国である以上，Aに適用できる論理はBにも自然的に適用できるという暗黙条件のもとで論じられるものである．

こうした成長率の一点張りに起因した新興国市場戦略のブームは対象国の経済が低迷に転じると，色あせ始め，去るものになるのであろう．したがって，議論に学術意義をいっそう明確に持たせるために，どのような国が新興国と呼べるかという問題にまずこたえる必要がある．

従来の議論では，経済成長の潜在性が重要視されたが，本書ではそれに加え，長期にわたる一国経済の持続可能性と成長安定性を併せて考慮に入れ，重視する．結論を先に取り上げると，本書では，新興国を一定の人口と経済規模を有し，**内生要因**，すなわち近代化・工業化・都市化などのような社会変革が伴う経済成長を遂げた国，もしくは地域経済圏と定義する．ここで「内生要因＝社会全体の構造的変化」という側面を取り上げる理由として，産業構造の転換と生活様式における連続的構造変化が持続的な成長を担保している理由として強調するためであり，新興国企業の成長を強調する所以である．これをもって，国際相場の変動に左右されやすい資源国の成長パターンとの区別点にするためである．

2　問題の所在

——モザイクな市場構造下の「新興国企業」の成長戦略——

2.1　既存理論における新興国市場に関する検討その１——市場の非連続性——

伝統的な国際経営戦略論では，先進国多国籍企業の立場に立ち，その経営活動に，常に集権と分権という誘因があり（Martinez and Jarillo, 1989; Young, Hood and Hamill, 1985），それに基づきグローバル統合とローカル適応のバランスをいかにとるべきかに関する議論が多数なされてきた（Prahalad and Doz, 1987; Bartlett and Ghoshal, 1989）．代表論点として，Bartlett and Ghoshal（1989）

はグローバル統合とローカル適応の度合に応じて，多国籍企業を，グローバル，インターナショナル，マルチナショナル，トランスナショナルという4つのカテゴリーに分類した．

① グローバル・アプローチ：中央集権的な体制のもと，経営資源と能力を親会社に集中させ，そのアウトプットをグローバル的に運用するタイプ．
② インターナショナル・アプローチ：中核能力だけを中央に集約させ，海外子会社は親会社の能力を適応させ活用するタイプ．
③ マルチナショナル・アプローチ：地域ごとの事業部の自由度が高く，経営資源と能力の自給自足体制のもと，ナレッジは開発した各事業部内部で保持されるタイプ．
④ トランスナショナル・アプローチ：経営資源と能力が分散しており，相互依存しながら専門化されていくタイプ．

①～③のアプローチには，それぞれの長所と短所が存在している．その一方で，効率，柔軟性，学習といった互いに相矛盾する方向性を内包する理想型として提起されたトランスナショナル型の組織は，統合ネットワークの特徴を有しており，上記3つのアプローチの短所を超克したが，具体性が欠けていると批判されている．また，いかにそのような組織を実現できるかについても若干議論を深める必要がある．

そういう意味では，Doz, Santos and Williamson（2001）が提唱したメタナショナル経営論はグローバル的にイノベーションの創出に繋がる新たなナレッジを感知，入手，移転，融合，活用する能力が構築できるフレームワークとして，注目されているが，経営資源と能力を移転さえすれば，競争優位性が発揮できるという論調は，先進国同士，もしくは先進国から中進国への波及が暗黙の前提となっているという局限性がある．「リソース・ベースド・ビュー」（Resource-Based View，以下：RBV）という分析視角では，経済的リターンや企業のパフォーマンスの相違が企業の持つ，獲得，もしくは開発可能な内部経営資源に規定される一面がある（Penrose, 1959; Wernerfelt, 1984; Teece, 1982; Collis and Montgomery, 1995; Barney, 1986, 1991）と論点を前進させたものの，競争優位の源泉として存在する経営資源には，それぞれ独自な蓄積過程を経て形成されたが故に，経路依存性（Path Dependency）を有した状態での環境が大きく異なる市場への参入となると，そのまま保持できなくなる可能性が生じうる（Dawar and Frost, 1999）．いわゆる先進国企業における「新興国市場戦略のジレンマ」の発生である（新宅，2009; 新宅・天野，2009; 天野，2009）．

新興国市場戦略において「先進国企業は，それまで成功体験を積んだ市場とは，質的にも量的にも条件が異なる市場に対峙しなければならない．対象市場は，所得水準も大幅に異なり，市場インフラや消費者の商品知識も未発達である．資源開発を怠れば，生産や開発が頓挫する．先進国市場で成功を重ねた企業ほど，その方法に固執するため，新興国市場で不適合となるリスクは高くなる．新興国市場戦略には，過去の国際化戦略とは異なる非連続性と固有の参入障壁が存在する」（天野，2010; 傍点は筆者）．資源と市場戦略の非連続性こそ，「新興国市場戦略のジレンマ」が生じる要因だと提起されたのである．非連続性が生じる要因には，新興国市場に固有する異質性が強調されている．

2.2　既存理論における新興国市場に関する検討その 2 ――新規資源開発の不確実性――

臼井・内田（2012）が新宅・天野説で提起された非連続性の正体を検討するために，彼らが立脚する「イノベーターのジレンマ」（Christensen, 1997）からスタートし，「バリューネットワーク」，「技術パラダイム論」などの操作概念を橋渡しに，ジレンマ命題との因果関係をいっそう明瞭に前進させた．すなわち，「技術トラジェクトリが非常に強い場合，現在のトラジェクトリから他の代替的なトラジェクトリへの移動は困難となり，技術パラダイムの破断は，ほとんど最初から問題解決活動（技術）の作りこみの開始を意味する．既存の実績ある企業は VN（バリューネットワーク：引用者注）内の価値基準によりその技術の方向性を自己限定しているため，既存の VN 内にロックインされてしまう．（中略）有能な企業が新たな技術パラダイムに後れをとり，両立できないことを説明するこの論理が，ジレンマ命題がジレンマと呼ばれる所以」（臼井・内田，2012; 傍点原文のまま）だという結論にたどり着く．その結果，「新興国市場戦略のジレンマ」という概念を，資源の非連続性において，「本国の資源の束が連続的活用できる」，「本国の資源をコアとした再構成が必要とされる」と「新しい資源の束の開発が要求される」という 3 つのタイプに分け，「本国資源が活用できず，新しい資源の束の開発に容易に踏み出せないため，本国資源と新規資源開発の両立が困難であるという『両立のジレンマ』」と「本国資源をコアとする再構成においても，移転と統合コストが禁止的に高い場合には，深刻なオペレーション上の問題が生じる（移転・統合のジレンマ）」

という二つジレンマ概念からなる操作可能な「連続—非連続フレームワーク」へ精緻化したのである（傍点は筆者）．このフレームワークの中で，新規資源の開発戦略は新興国市場での勝敗のカギを握る．しかし，本国資源に基づく先進国多国籍企業の競争優位が新興国市場において，発揮できない場合，新規の資源開発から実行する必要となる論理は理解できるが，その「新規」とはいったい何が何に対する新しさという問題が残る．移転・統合のコストが高い場合，一定のヒントが得られるが，単にこれまで何か持ち得ていないなんらかの不確実な資源なら，臼井・内田（2012）では「技術に積極的に投資はできないし，場合によっては発見すらできない」と指摘する[2)]．

2.3　既存理論における新興国市場に関する検討に欠けた部分——新興国市場のモザイク構造——

経路依存的な成功を多数に経験してきた企業にとって，成長経路の延長線上に持ち得ていない何らかの新規資源を獲得し，仮に能力補填ができたにしても，市場で真に求められている競争優位から乖離する場合もありうる．「市場戦略」及び，「企業の内部資源の活用」において，新興国が相手になる場合，先進国を中心とした従来通りの企業内部要因を出発点とする議論にとらわれたりせず，市場環境要因も取り入れる包括的視点が必要となる．

さらに，これまでの一連の先進国多国籍企業の新興国市場戦略における経営資源配分に関する検討では，新興国市場の特性について，所得分布に沿って構成されるピラミッド型階層構造が暗黙の前提となっている．一例として，池上（2011）が新興国の市場構造について，日本企業を例に，高利益率のハイエンド・アッパーミドル部分，低利益率のミドルエンド（ボリュームゾーン）と日本企業が単独では利益創出困難のローエンド部分からなるピラミッド構造の分析を行ったことが挙げられる．

しかし，実社会では，民族や宗教のなど構成要因の多様性に，地域ごとに異なる消費市場が存在していること（川端，2010），必ずしも贅沢することを良しとしない従前の価値観を大切にするのような文化要素の存在（岩垂，2011），移行経済諸国に見られる計画経済と市場経済といった異なる経済制度の併存（田島，1998; 塩地，2002）などの要因を考えると，新興国市場の構造は所得要因によって区別された各レイヤー（層）からなるピラミッド状よりも，複数の特性を持ち合わせる各々の小片からなる立体的なモザイク構造のほうが実態に相応

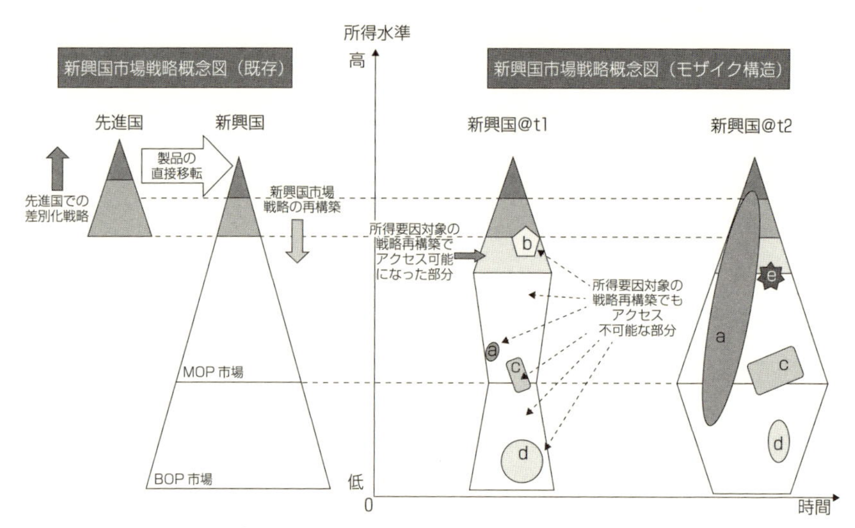

図 序-5　新興国市場のモザイク構造の概念図

注：右側の市場構造の形状は特に意味を持たない．ピラミッド型ではないことを強調するために用いただけである．
出所：筆者作成．

しいのである（**図 序-5**）．とりわけ，産業部門間の 1 人当たり労働生産性の格差が大きく，高所得層の資産形成に有利な再分配政策が不完全な低開発状態（遠藤，2010）から市場が始動する際に，所得格差以外の影響因子が多いほど，先進国多国籍企業の新興国市場戦略の解となる新規資源開発に内包される「不確実性」が増す．さらに，モザイク構造がかえって新興国企業の成長をもたらす場合，状況が一層複雑になる．**図 序-5** 左側にある静的な枠組みにおいて考案された既存の新興国市場戦略では，主に所得要因を念頭に置き，市場の実際の動態と若干の乖離がある．そのため，**図 序-5** 右側の a 部分が表す通り，経済成長に伴って，所得分布が変わっても，モザイクな市場構造では，直ちに先進国多国籍企業にとっての連続市場の拡大と限らないのであろう．ここで問うべき問題は，b と e のような消滅したり，新たに生成したりする部分も同様ではあるが，a という部分の経時的な拡張はなぜ起こり，誰によってもたらしうるのかという点であろう．

新興国市場にはこれまで先進国多国籍企業が展開してきた既存市場と同質な部分はもちろん存在する．しかし，明らかに異なる市場要件を有し，先進国市場から見れば，非連続的な市場のみに位置づけることしかできない，異質な部分（市場）への参入戦略を議論する際，そもそも先進国同士，もしくは先進国と中進国との間の多角化による事業展開を対象に議論を重ねてきた伝統的な多国籍企業論のフレームワークは，それほど有効ではないのである．さらに言えば，こうした議論では，移転される経営資源の中身（コンテンツ）に関してはもちろんのこと，その中身をいかに取捨選択して移転するかという方法（プロセス）に関する議論も同時に行わないと，有益な結論を得られない．主な議論が前者に集中している現状に対して，後者に対する検討が不足しており，先進国多国籍企業にとって，問題克服の解が隠されている．価格，スペック，品質などの組み合わせ（手段）をどうすればよいのかなどの供給側のアプローチに対する検討に，モザイク状な市場特性に沿った複眼的な思考力の持つ新たな拠点間連携がいかに結成されるべきか（目的）は，新興国市場戦略の勝敗のカギを握っているが，別稿の李（2018）で関連議論を展開しているため，本書では主にモザイク構造下の多国籍企業の価値実現に対して，新興国企業の成長躍進から得られる示唆を浮き彫りにする点に専念する．

3　本書で捉えようとする「新興国企業」とは

本書では，新興国発であれば，どの企業も「新興国企業」として認識しているのではない．主に，「民族系企業＝自主ブランドを持ち，研究開発といった価値創造・価値実現などの諸活動において自主性を持つ企業」を分析対象として取り上げる．ここで，民族系企業の概念をいっそう明瞭にするため，ひとまず，それに関わる「自主ブランド」と「自主開発」の関係について，自動車産業を例に説明する．ただ，新興国の民族系自動車企業に関する研究は主に中国とインドの事例に集中しているため，本書ではその蓄積が多い中国民族系自動車メーカーに焦点を絞り，分析し，必要に応じてインドの事例を援用する．

3.1　分析概念と用語定義

分析に入る前に，これから本書で頻繁に使用されるいくつかの概念と用語を定義しておく．

まず「車両」については，中国国家基準の GB/T3730.1-2001 での定義に従う．

「乗用車」とは，もっぱら人間（付随する手荷物若しくは臨時荷物を含む）を輸送するために設計され，この目的に即した技術特性を有し，運転席を含めて最大9席以下の自動車のことである．1台の被牽引車両を牽引することが可能である．

「轎車（きょうしゃ）」は，ボディ構造に基づいて定義されており，ツーボックスかつ最大乗車人数が5人以内，もしくはスリーボックスかつ最大乗車人数が9人以内の乗用車のことである．

中国の2001年の分類基準の改正では，従来の「轎車」という分類は廃止され，新分類基準では「基本型乗用車」がそれに対応している．よって本書では，特に断らない限り，「轎車」を「基本型乗用車」と同義に扱う．したがって，本書で使用する「乗用車」の語は，「轎車（Sedan）」，「SUV: Sport Utility Vehicle（多目的スポーツ車）」，「MPV: Multi Purpose Vehicle（多目的車）」，「CUV: Crossover Utility Vehicle（乗貨両用車：乗車定員9名以下，いわゆるワンボックスタイプ車輌）」などの製品の総称である．

「狭義基本型乗用車」とは「CUV」を除く，「轎車」，「SUV」と「MPV」などの製品の総称である．

「中国自動車産業」とは，外資系合弁企業も含め，中国で自動車製造とそれに関連する業務を行う全ての主体の集合体を指す．

「ブランド」とは，企業が自社製品の差別化を容易にするために用いる製品の名称，商標，意匠，その他とそれらの組み合わせを指す．また「自主ブランド」とは，排他的所有権及び排他的経営決定権を有する識別標識を指す．

「開発」とは科学知識，技能，ノウハウ及びその他全ての相応しい手段を使用し，創造的，開拓的に目標を達成するプロセスのことを指す．また「自主開発」とは，当該企業が排他的裁量権を持ち，開発成果及び関連の権利を独占的に所有できるような開発を指す．本書では，現段階の中国自動車産業で行われている自主開発を，以下の5種に分類する．1つの開発が，複数の類型の特性を持つことも当然ありうる．

①「部品開発」：以下の②〜⑤と異なり，部品レベルで行われる開発を指す．単なるコピーではなく，何らかの創造的な行為を内包し，カスタマイズ的な要素を含む部品開発を指す．完成車の自主開発を支える重要な基盤要素である．

②「委託・合同開発」：多くの場合，自主開発能力の不足を補うことに，またより進んだ開発ノウハウを吸収することを目的とした外部設計開発機

関による，もしくは外部設計開発機関参加型の開発行為であり，開発成果と知的財産権など，付随する権利を委託側が独占的に所有する場合にのみ，この類型に分類する．自主開発の入門段階でしばしばみられる．

③「リバース・エンジニアリング的開発」：一般的に機械製造分野において，「リバース・エンジニアリング」とは既存製品の動作を観察したり，製品を分解したりする解析行為を通して，製品の構造や機能，要素技術を逆探知し，そこから製造方法や動作原理，設計図などの非公開情報を調査することである．他社製品との互換製品の製造のために行われることが多いが，既存他社製品より優れた製品の開発を目的とする研究分析の際にも欠かせないプロセスである．「標的製品選定」，「分解・観察」，「解析・逆探知」，「修正・復元」などの作業が一般的に含まれる．したがって，「リバース・エンジニアリング的開発」とは，上記のプロセスに基づいて製品を開発したり，「リバース・エンジニアリング」の成果に基づき，既存製品にアレンジを加えたりする開発行為を指す．ただし，「リバース・エンジニアリング」で入手した既存製品に関する情報には，特許や著作権がしばしば含まれていることが多く，解析結果を利用する際には知的所有権を侵害しないよう細心の注意を払う必要がある．

④「移転・消化型開発」：買収などを通じて，既存製品の技術情報（図面）を入手し，それらを吸収消化したうえで部分的再設計，もしくは改良設計を行う開発行為を指す．

⑤「新規開発」：完成車の開発行為のうち，少なくともシャーシ，ボディ，パワートレイン，電気系統など主要機能を含めて，新規かつ創造的に行う開発行為を指す．

上記「自主ブランド」と「自主開発」の定義に基づき，本書の分析対象である民族系自動車メーカーという概念について，以下のように定義する．

民族系自動車メーカーとは，初期では①製品の導入において，あえて外資と合弁せず，自国資本の下で自主経営体制と自主ブランドを抱え，自主研究開発で車作りを目指し，②導入された製品の設計図の著作物性が認められ，設計図に関する複製権または変形権，利用許諾権の全てを保持する完成車メーカーを指す．

この定義に従えば，「中国民族系自動車メーカー」というカテゴリーには，乗用車，商用車の双方が含まれるが，本書では新興国企業の成長過程を観察する便宜上，乗用車産業に対象を限定する[3)].

3.2 民族系企業の開発活動をめぐる論点

3.2.1 自立性における「自主ブランド」と「自主開発」の関係について

中国の乗用車製造において，自主ブランド轎車の生産は，閉鎖的技術学習段階と外資合弁段階からなる．とりわけ，1991 年以降，自主ブランド轎車の量産車は実質，ダイハツからのライセンスの下で天津汽車が生産する『夏利』一種のみとなっていた．他方，建国当初から長年にわたり，開発技術，人材のいずれにおいても自主開発能力を最も備えていると目されていた第一汽車では，かつて行われていた「自主開発」は断絶してしまい，その後の開発は，**表序-2** に示す通り，合弁相手先企業からの既存技術の導入によって行われるように転じたのである．当時中国では，これによって「自主ブランド」をかろうじて維持できたとしても，「自主開発」能力の喪失が生じていたとの認識が広く共有されている．

この第一汽車の事例について，ごく簡単に補足しておこう．その乗用車開発の歴史を概観すると，『大紅旗』と呼ばれたリムジンの生産は 1981 年に中止され，通称『小紅旗』の CA7220 シリーズ製品の投入は，それよりずっと後の 1995 年以後であった．すなわち，第一汽車の自主ブランド乗用車の生産には長い中断があったのである．

その中断以前の開発は，「閉鎖的独自開発」ともいうべき性質のものであった．『紅旗-CA770』を代表とする初期の製品開発手法は，リバース・エンジニアリング的開発とはいえ，技術学習・蓄積に繋がる自主開発的要素も多く存在していた[4)]．しかし，量産化には至らず，「改革開放」の初期に生産中止となった．中断の後に再開された生産は，外資との合弁によって行われた．1990 年代，第一汽車は，「紅旗」の販売不振の要因を製品技術の陳腐さに帰し，製品技術の新規導入による「紅旗」ブランドの再建を決断した．その際，製品技術の更新に用いられた手法は，合弁事業の見返りに，合弁相手から製品技術を導入する手法であった．1990 年代後半，この手法に基づき『アウディ 100』をベースに開発した『小紅旗』の CA7220 シリーズ製品が発売されたが，期待するほどの販売台数に伸びなかった．その後，さらに改良設計を加え，『紅旗世紀星』として投入したが，やはり業績は伸びなかった．端的には，「導入一挫

表序-2　第一汽車の轎車生産

段　　階	製品開発特徴	代表製品
閉鎖的独自開発段階（1958～1981）	リバース・エンジニアリング的「技術学習」に基づいた製品開発	『紅旗-CA770』（大紅旗）
外資合弁事業段階（1995～　）	市場参入（提携）の見返りとして，既存製品を要求．既存製品ベースに自社製品の開発	①『紅旗世紀星』(アウディ 100 ベース) ②『紅旗 C601』（アウディ A6 ベース） ③『HQ3』（トヨタ Majesta ベース） ③『奔騰』（マツダ Atenza ベース）

出所：筆者作成.

折—再導入—再度挫折」を繰り返すこととなった．こうした経緯からして，自国の産業自立化の担い手として期待された新興国企業が「自主ブランド」をかろうじて維持できたとしても，持続成長を実現させるための組織や人材などを含む，自前の製品開発を支える「自主開発」体制を構築するには，外資導入による技術移転と組織学習という「正攻法」の有効性は限定的であったと推測できよう.

よって，中国乗用車産業において，「自主ブランド」製品と「自主開発」の組織能力という 2 つの要素が揃って再登場するのは，2000 年代以降である．それが故に混乱を避けるために，本書では，「中国民族系自動車メーカー」という語を，外資合弁段階以後のみ用いる.

3.2.2　中国民族系自動車メーカーの研究開発活動の特徴——「外部依存性」指摘——

3.2.2.1　プロダクト・アーキテクチャ論による分析

中国民族系自動車メーカーの製品開発の自主性に関して，既存研究では，「製品アーキテクチャ」という視角に立ち，分析したものが多い．そこで以下では，まず「製品アーキテクチャ」という概念の整理から進めていこう.

「アーキテクチャ」という視点を初めて経営分析に用いたのは「アーキテクチャ・イノベーション」の語を用いた Henderson and Clark（1990）である．その後，Ulrich（1995）は，「アーキテクチャ」と製品機能・その構成要素との対応関係に着目し，「製品アーキテクチャ」を「Product architecture is the scheme by which the function of a product is allocated to physical components」と定義した．日本では，「製品アーキテクチャ」に関する視点は，国領（1999），藤本・青島・武石（2001），藤本（2004）などによって深められた．藤本・青島・武石（2001）では，「製品アーキテクチャ」について，「一般に製品の

『アーキテクチャ』とは『どのようにして製品を構成部品（モジュール）に分割し，そこに製品機能を配分し，それによって必要となる部品間インターフェイス（情報やエネルギーを出し入れする結合部分）をいかに設計・調整するか』に関する基本的な設計思想のこと」と定義した．そのうえで，製品機能と構成部品（モジュール）との対応関係について，以下のように類型化を行っている．

「製品アーキテクチャには，大きく分けて『インテグラル（擦り合わせ）型』，すなわち部品設計を相互調整し，製品ごとに最適設計しないと製品全体の性能がでないタイプと，『モジュラー（組み合わせ）型』，すなわち部品・モジュールのインターフェイスが標準化していて，既存部品を寄せ集めれば，多様な製品ができるタイプとがある．また，いわゆる『オープン・アーキテクチャ』（オープン・モジュラー型）とは，モジュラー（組み合わせ）型の一種で，インターフェイスが業界レベルで標準化しており，企業を超えた「寄せ集め」が可能なものをさす．これに対して，一社の中で基本設計が完結している（閉じている）タイプのアーキテクチャを『クローズ』型と呼ぶ．インテグラル型は当然『クローズ』型の一種ということになるが，『クローズ型モジュラー』つまり社内共通部品を寄せ集めるようなアーキテクチャも存在する」（藤本，2005: 3-4）．

こうした定義を踏まえて，「製品アーキテクチャ」という分析ツールが，中国製造業の競争力分析にも適用されはじめた[5)]．これらの研究では，「複数の先発企業が独自設計した製品をコピーし，そのコピー部品をあたかも汎用部品のように組み合わせることで新製品を開発すること」（李・陳・藤本，2005）を「疑似オープン・アーキテクチャ化」として定義している．また，「日本で『インテグラル（擦り合わせ）・アーキテクチャ』の製品として発達した自動車，家電，オートバイなどを，模倣と改造の繰り返しによって『まがい部品』の寄せ集めともいえる『疑似オープン・アーキテクチャ』の製品に変えてしまう」現象が中国製造業に見られるとして，これを，「アーキテクチャの換骨奪胎」と称した（藤本，2005）．

また，中国自動車産業に対する「製品アーキテクチャ」分析の適用は，李（2005a，2005b，2006）や李・陳・藤本（2005）などが嚆矢となる．これらの研究では，中国民族系自動車メーカーの製品開発には汎用部品の「寄せ集め」や

「寄せ集め設計」による「疑似オープン・アーキテクチャ」化現象が存在すると指摘しており，具体的には，以下のような記述がある．

「2001年以降の急激な市場拡大を受けて，中国国内では乗用車生産の新規参入が相次いでおり，すでに生産能力過剰となりつつあるが…（中略）…概して新規参入組がシェアを伸ばしている．いずれにしても，資本力，技術力，外資との提携の有無などの面での参入企業の社内事情の多様性を反映して，外国の技術資源の寄せ集め的活用，外国設計部品の非公式コピーと寄せ集め開発と，実に様々な形態が混在した状況にある」（李，2005a: 139）．

「とりわけ，新興勢力とされる地場系自動車メーカー（吉利，奇瑞など）の競争戦略はシンプルである．異業種からの新規参入のメーカーが多かったので，コア技術の独自開発は不可能に近い．かといって，正式に外国設計車の技術一式をライセンス導入する資本力・政治力もない．結局，基本パターンは『寄せ集め設計』となる．つまり，あらかじめ別々に設計された部品を寄せ集めて多様な製品を設計することである」（李，2005a: 142，傍点は引用者）．

つまり，李（2005a）によれば，中国民族系自動車メーカーの製品開発活動は多様であるが，それらは，「寄せ集め設計」であるという点で，共通している．また，同論文での「寄せ集め設計」の定義に従えば，その設計活動には，2つの要件が含まれる．すなわち，① 対象となるあらかじめ別々に設計された部品を寄せ集める行為と，② 目的を実現させるための設計業務である．

李（2005a, 2005b）での中国民族系自動車メーカーの開発活動に対する分析では，詳しい叙述は吉利のみについてなされているので，この吉利汽車においてこの2つ要件がいかに満たされてきたかについて詳しく見てみよう．

「民営企業の吉利汽車は乗用車部門において中国自動車産業におけるアーキテクチャ・オープン化の尖兵役を演じている．吉利はエンジンやトランスミッションなどを外資系企業から購入するなど『オープン・モジュラー型』に近い乗用車の作り方をしており，年間生産台数はまだ4，5万台程度のレベルであるが，中国市場では最も安い価格を実現している」（李，2005b: 292）．

「『製品アーキテクチャ論』の観点から中国製造業を見ると，『部品のコピーと改造を通じて製品のアーキテクチャを換骨奪胎してしまう力』が中国企業にあることは頻繁に観察される.(改行)こうした観点と文脈から吉利汽車の事例を観察すると,同社の『寄せ集めによる低コスト・低価格戦略』がより明白に見えてくる.現段階では,同社は『スーパー・コピーショー』と批判され,品質問題も指摘されているが,本質的には製品ごとに部品を最適設計し,『擦り合わせ』によって製品全体の性能を出していくことが必要とされる乗用車を,寄せ集めに近い『オープン・モジュラー型』製品に転換させようとするところに,同社の『低コスト・低価格戦略』の基本的なスタンスが見えてくる.簡単にいえば,すなわち,乗用車をトラックと同じ設計思想で造るということである」(李,2005b: 306).

「『美人豹』JL7135は中国で自主開発した最初のスポーティ・カーである.2000年6月から設計開始し,企画から試作車ができるまでのリードタイムは1年半であった.(改行)(吉利:引用者注)汽車研究所長によれば,スタイリング・デザインについて,吉利は日本やイタリアの専門設計会社と交流があったといわれている.イタリアの設計会社が構想段階で関与した.プラットフォームは『美日』モデルに近いものを使っているが,技術パラメータが違う.部品は自主開発したもので,図面は全部吉利の所有になっている.それを『貸与図』方式で部品メーカーに製造を委託する」(李,2005b: 301-302).

「中国の自動車専門誌では,吉利の『豪情』は,『夏利(シャレード)2000』のコピー車体,天津トヨタから購入したエンジン,天津アイシン(愛信)から購入したトランスミッション,ドイツベンツ社のコピーヘッドライト,広州本田から購入したバンパー,更に全国の部品メーカーから購入してきた部品を寄せ集めて造った車であり,これは『スーパー・コピーショー』であると批判している.まだ,『豪情』が天津トヨタから購入したエンジンを搭載しているという批判は明らかに『美日』と混同しており事実誤認している」(李,2005b: 302).

上の長い引用から分かるように,2000年代には,中国民族系自動車メーカーの車種開発活動においては,本来,先進国多国籍企業では主に内製するコア部品まで外部調達に頼る,いわゆる「寄せ集め」的行為が散見されるのである.

「先行する吉利なども含め，こうした『疑似オープン型』製品が生き残れるかどうかが中国乗用車産業のアーキテクチャの将来を示唆することになる．その帰趨如何では，『すり合わせ（インテグラル）型』製品の代表格といわれた乗用車もオートバイや家電と同様に，『アーキテクチャの換骨奪胎』による『疑似オープン化』が大きな流れになる可能性も否定できない」（李，2005a: 143）．

「擬似オープン化」について，上記のような示唆も行っているが，そもそも「擬似オープン化」という把握に問題があるのであれば，このような問題の立て方自体，存在しえないであろう．それは以下のような問題点が残るからである．

① それらの部品がいかなるアーキテクチャに基づくのかという分析が欠落している．それらは，あらかじめ別々に設計された部品なのであろうか．
② それらの部品が吉利の社内でいかに使われたのかの論証も行われていない．例えばそれらが「改造」されて，いわゆる「オープン・モジュラー型」に近い「疑似オープン・アーキテクチャ」型製品にいかに「再設計」されたのだろうか．
③ その製品開発活動では，国が定めた排気規制，安全基準をクリアするために，いかなる調整が行われたかについて検証されていない．そうした調整は，一定程度の「擦り合わせ」的な作業を必要とすると考えられるが，そうした作業を欠いて開発が可能となったのか否かにしては言及がない．

これらの点で，吉利が「アーキテクチャ・オープン化の尖兵役を演じている」と結論している点には，疑問が残るといわざるを得ないであろう[6]．

李（2005a，2005b）の叙述には，部品を外部から調達する行為のもつ「寄せ集め」という特徴を認識し，その行為を「寄せ集め設計」と同一視しているように解釈される表現がみられる．しかしそもそも，ここで問題となる「製品アーキテクチャ」とは，主として，設計面での「製品構造・機能のヒエラルキー」（藤本，2002）がインテグラル型であったのか，モジュール型であったのかという問題であって，それらの製品が，いかに調達されるのか（「生産工程・取引関係の複合ヒエラルキー」，藤本，2002）という問題とは，密接に関係はしているとはいえ，区別されるべき問題である．概念的な混乱が，同論文にみられるとはいえないだろうか．

表 序-3　奇瑞汽車での年間総販売台数に占める自社エンジンの搭載率(単位：台・基)

	QQ0.8L	QQ1.1L		風云	旗云	自社エンジン工場出荷基数	完成車総販売台数	搭載率(%)
Engine	SQR372	DA465Q	SQR472	SQR480	Tritec1.6L			
投入(年)	2004.03	2003.05	2006.06	2000.05	2003.08			
2001	—	—	—	28,851	—	—	28,851	100
2002	—	—	—	50,155	—	50,697	50,155	100
2003	—	25,186	—	45,930	6,926	51,891	85,349	53.81
2004	49,066		—	23,149	5,550	39,324	86,567	45.43
2005	101,408	14,552	—	(41,397)	(17,094)	135,281	189,158	71.52
2006	104,636	27,383		101,265		261,898	302,478	86.58
2007	62,541	—	25,425	95,364		318,041	380,817	83.52

注：1）SQR（CAC）エンジンは奇瑞汽車の内製エンジンで，DA465Q と Tritec1.6L が外部調達のエンジンである.
　　2）データの制限により，2004 年以後の「搭載率」は「自社エンジン工場出荷基数」対「完成車総販売台数」の比率で代用した.
　　3）2005 年 12 月により，『風云』と『旗云』の統計データが『旗云』に一本化されたため，12 月以後の『風云』の販売台数は入手不可能となった.（　）中の数字は『風云』と『旗云』がそれぞれ 11 月までの 2005 年累計販売台数の 35,739 台と 14,758 台での比率で 12 月分の割合を試算した上，全年分を算出したもの.
出所：「FOURIN 中国自動車調査月報」2002～2008 年各年版より，筆者作成.

けれども，諸先行研究が指摘した外部資源の利用は事実である.

3.2.2.2 「垂直分裂」現象

外部資源利用という現象を指摘するのにとどまらず，競争優位との関連づけという角度から，中国民族系自動車メーカーの製品開発について，上述の行為による「オープンな垂直分裂」という産業構造（従来，日系メーカーなどの「インテグラル型」の開発では外部調達されることがないエンジン等の基幹部品が外部から調達されること——引用者）を指摘した研究がある．例えば，丸川（2007）では，以下のように指摘して，これまでの奇瑞汽車と吉利汽車の躍進の根源が，外部資源依存の「寄せ集め的」行為であることを，——必ずしも明示的ではないが——示唆している.

「現に外資系メーカーのエンジンとモジュールを利用している奇瑞汽車が 2006 年には中国での乗用車販売台数で第 4 位に躍進した．世界のエンジンと部品メーカーの力を借りることで，経験の浅い中国メーカーでも曲りなりにも競争力のある自動車が生み出せることを奇瑞汽車の躍進が示してきた」

(丸川, 2007: 225-226).

確かに, 奇瑞汽車が新車種を集中的に立ち上げ始めた2003年前後には, 外部調達のエンジンが一時的に重要な役割を果たしたことは, **表序-3**からも確認できる. しかし同時に, 奇瑞汽車の拡大が主に『QQ0.8L』と『風雲』をはじめとする自社エンジン搭載製品の好調な売れ行きによって支えられた事実も, 読み取れるのである. こうした自社エンジンが果たした役割は, 既存研究ではほとんど言及されておらず, 見落とされている (**表序-3**参照).

以上, 日本でのこれら一連の研究では, 研究の視角や結論は多少異なるものの, 中国民族系自動車メーカーが, エンジンをはじめとするコア部品や設計技術などの資源を外部から調達してきた点に注目するという点で共通しているように思われる. いわゆる「外部依存性」の突出を強調するのである.

3.2.3　中国民族系自動車メーカーの研究開発活動の特徴──自立性強調──

一方, 中国では, 2004年に中国科学技術部の委託調査報告としてまとめられた路・封 (2005) が「わが国独自の知的財産権を有する自動車産業の発展のための政策選択」という主題のもとに, 哈飛汽車, 吉利汽車, 奇瑞汽車などの中国民族系自動車メーカーの初期開発活動を詳細に記述・分析した. その中で, 前述した第一汽車のような合弁事業を行う企業について,「長期にわたって政府に保護されてきた国有大手メーカーは外資との合弁にうつつを抜かし, 自主開発能力を失った」との評価を下し,「以市場換技術」(市場と引き換えに外資合弁による技術移転を積極的に推進しよう) という方法論で自動車産業を育成しようとしてきた政府の政策を痛烈に批判した (傍点は筆者). 他方, 中国民族系自動車メーカーの製品開発活動については, その「自主性」を高く評価し, こうした「自主的」開発活動を妨げる制限の撤廃, 知的財産権のある製品を開発する中国民族系自動車メーカーに対する政策的支援などを, 政府に強く訴えた. 類似の立場をとる研究は, 他に金 (1996), 金・賈 (1997), 王 (1997), 張 (1996), 呉 (1996) などがある[7]. 中国民族系自動車メーカーの製品開発活動に対する評価が, 日中両国の研究者間で大きく異なっていることは, 大変興味深い.

ここで, 上述のような既存研究の見方の相違から, 以下のような疑問が新たに生じてくる. 第1には,「寄せ集め的」行為が中国民族系自動車メーカーに共通する現象であるならば, 個々の中国民族系自動車メーカーの間の成長率に大きな格差が出たのはなぜであろうかという疑問である. 一見したところ, 同様な「寄せ集め的」行為であっても，自主開発能力を持たない中国民族系自動車メーカーの場合には技術的ロックイン効果が働くに違いないであろうが，前出**表 序-3** からうかがわれるように，特定の中国民族系自動車メーカーに限って，これはむしろ成長を促進する要因として働いたと考えられるのはなぜであろうか．したがって，この格差は，中国民族系自動車メーカーの成長にとって，「寄せ集め的」行為が果たした役割が一時的，外生的なものであって，成長を左右したのはむしろ内生要因であったことを示唆してはいないだろうか．

第 2 の疑問は，第 1 のそれに関連する．中川（2007）は，「製品アーキテクチャ」概念の変遷について詳細に整理したうえで，「製品アーキテクチャという視点が我々に新しい知見を与えてくれるのは製品設計と組織との関係が分析の対象となる時である」と指摘している．つまり，「製品アーキテクチャはその概念自体は，製品設計を捉えるためのものである」（中川，2007）．であるならば，外部に見える「寄せ集め的」行為だけではなく，それが製品設計とそれに関連する組織再編にいかなる影響を及ぼしたかという内的成長を分析することで，成長格差に関する有益な説明が得られるのではないだろうか．

第 3 の疑問は，以上のそれとは逆に，むしろ中国で支配的な見方に対するものである．路・封（2005）を代表とするそれらの研究では，一時的な「寄せ集め」調達を「自立性」を獲得するための手段としてむしろ肯定する立場をとり，従来の産業政策と管理体制を批判しているが，従来の産業政策と管理体制は，必ずしも「自立性」と対立するものではない．従来の産業政策と管理体制，強いては時代背景といった外部環境が，意図的ではないものの，中国民族系自動車メーカーの成長を促進した可能性についても，検討する必要があるのではないだろうか．

諸既存研究は，立場の相違を考慮しても，共通する点がある．換言すれば中国民族系自動車メーカーをいわばブラックボックスとして扱い，その内部での能力構築の過程や特質，内部的な資源が果たした役割についての考察を欠いている．したがって，本書では先行研究の到達点を踏まえながら，中国民族系自動車メーカー間の成長差異がもたらす原因を各社が持つ内外双方からなる資源のポートフォリオの相違に求め，新興国企業を有機体としての成長過程を再構築する．

4　分析対象と分析手法

以上の検討を踏まえて，既存の先進国多国籍企業にとって新興国市場の非連続的な部分において，参入してきた中国民族系自動車メーカーの成長を持つ意味を析出するために，これまで既存研究では解明できなかった「寄せ集め的」行為と「自立性」獲得との間の関連づけを整理する必要が生じる．

図序-6で示す通り，①②④からなる部分が既存研究で多く用いられた，先進国多国籍企業から見れば所得要因における同質性を有するという前提に立つピラミッド構造認識として，一定の合理性があるならば，③という存在（**図序-5**右側のa，b，c，d，eなどに相当する部分）は市場発達と企業成長の研究において，新興国を従来の国際経営で議論された展開対象地域と一線を描く新たな未知の領域になる．③という部分が実際に存在しない場合，市場は①②④という部分から構成され，所得要因に沿って，先進国多国籍企業の新規経営資源開発やBOP戦略などの既存スキームでカバーできる範疇（**図序-5**左側の部分）になるであろう．他方，新興国企業が③という部分を主要な生存領域にし，差別化戦略によって躍進的な成長を遂げれば，その部分の市場が顕在化になりうる．その拡張につれ，元々多国籍企業の牙城となる①への浸食も容易に想定できよう．さらに，周辺の①②④から③へ顧客が続々と流入するとの事態が起これば，それまでに進出した多国籍企業にとって，想定外の市場構造の動態的変化が起こりうる．元々先進国市場で構築できた経営資源が現地において価値実現が困難に陥る所以であろう．すなわち，新興国市場において，価値実現の難易度に関して，資源の不連続性のほか，市場動態と新興国発の民族系企業の台頭・成長との間の関係という視点の有効性について，所得要因の変化と併せて動態的に検討する必要がある．

そこで，本書ではその解明に向けて，2000年以降に乗用車製造に新規参入し，外資と合弁せずに，「自主開発」による車作りを目指す中国民族系自動車メーカーに焦点を当てつつ，経営史的なアプローチによって，分析を行う．具体的には，「草分け的存在」として最も注目されている奇瑞汽車と吉利汽車に焦点を当てる．また，必要に応じて他の中国民族系自動車メーカーの事例にも言及を行う．

なお，中国民族系自動車メーカーの成長・進化は2000年代の出来事のため，

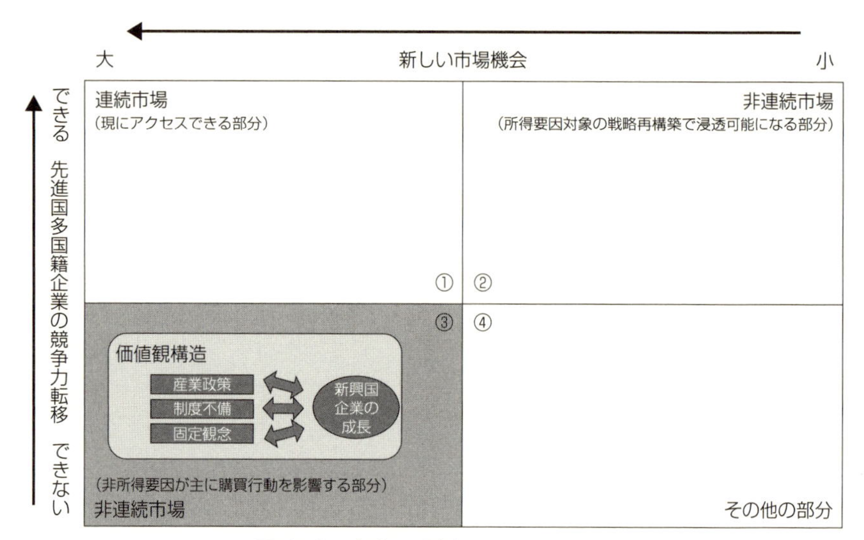

図 序-6　本書の分析フレームワーク

出所：筆者作成.

比較的新しい社会現象である．また，「寄せ集め的」行為，「自立性」獲得及びその他の会社の意思決定を論じる場合，一般的な新聞報道や会社の新聞リリースによる外部観察で入手できる情報に限界があり，未知の部分も多く残っている．

本書では，各種の文献資料や入手可能な社内資料の検討に加え，経営史的なアプローチ，すなわち，定点観察によって，一定期間ごとに会社を取り巻くビジネス環境及び会社内部の変化について，聞き取り調査[8)]を行い，「断面撮影＝成長写真」を継続的に集める手法を取り入れる．後に，時系列で採取された一連の断面像に基づき，観察期間内の企業成長・進化の動態を復元する．それに基づき，先進国多国籍企業の価値実現，新興国企業の「自立性」獲得努力との間の関連づけについて，新興国企業の生成と進化を取り囲む環境要因，そして市場参入・競争力形成プロセス，研究開発組織と能力の形成などの内部観察を通じて，把握する．

5　本書の構成

まず，第Ⅰ部では，先進国多国籍企業の価値実現にとって，**図 序-6** の③にあたる異質性を生み出す初期条件を析出する．そのため，中国自国乗用車産業の史的展開において，2000 年以後の市場ダイナミズムと中国民族系自動車メーカーの台頭との因果関係を手掛かりにし掘り下げる．続いて，第Ⅱ部においては，第Ⅰ部での到達点を踏まえて，中国民族系自動車メーカーの急成長の要因を多面的に捉え，企業内部に起こった組織ダイナミズムを動態的に分析する．最後に，結語として先進国多国籍企業にとって経営資源の非連続性のもつ異質性が満ちる新しい市場において，新興国企業の成長過程を観察することで得られうる含意を簡単にまとめる．よって本書は，序章のほか，以下の７つの章と終章から構成される．

序　章　なぜ,「新興国企業」の成長過程を問題にするのか
第Ⅰ部　【発生メカニズム】異質性をもたらしうる初期条件
　　──市場成熟度，政策介入，制度不備，そして固定観念──
第１章　市場の発達段階と消費者の価値観構造
第２章　産業政策とその「意図せざる結果」
第３章　制度の「すきま」と新興国企業の企業成長
第４章　環境適応競争下の競争構造及び固定観念の影響

第Ⅱ部　【進化メカニズム】新興国企業の成長過程に対する動態分析
　　──資源内部化と組織ダイナミックス──
第５章　競争優位の創出と資源の囲い込み
第６章　経営資源の効率化と組織ダイナミックス
第７章　持続進化と組織ルーチンのダイナミックス
終　章　グローバル時代の持たざる者の成長戦略から見る「新興国市場戦略」の新展開

注

1）中には，台数自体が 1587 万台から 1436 万台へ減少した米国が目立つ．ただし，2014 年，元々米国としてカウントされたクライスラー社がフィアット社の完全子会社になった．その影響もあり，2005 年に比べ 2016 年でのイタリア企業の合計が増加し，逆にアメリカ企業の生産規模が減少したと推測できよう．

2）新規資源開発戦略の有効性について，不確実と事後性ゆえに，課題が残っている．臼井・内田（2012）も，非連続性の克服の事例に，中国市場における YKK の取り組みを挙げたが,「『いいものを安く』ではなく『わるいものを安くつくる』ことは，企

業ブランドイメージを毀損する恐れがあることから，たとえ商品ブランド名を変更しても，YKKによる実現は困難である．そこでこの困難さを乗り越えるための実験が，2011年より中国蘇州において開始されている．中国市場に適応する徹底した低価格製品の実現のために，本社の技術部門とは切り離した別組織を中国人技術者のみによって編成し，全く新しい生産技術の開発にいちから取り組み始めている」と記述したが，実験段階の取り組みをもって，非連続性という課題の存在を示すことに留まり，その有効性に関する検討に課題を残した．

3）中国の商用車産業について，本書の主張に通じる研究も多く存在する．詳細について，丸山（2001），王（2014）と王（2017）を参照されたい．

4）こうした蓄積の成果は，後に技術者の移籍と共に拡散し，後述する奇瑞汽車や吉利汽車などの中国民族系自動車メーカーの誕生に大きく寄与した．

5）例えば，藤本・新宅（2005）などがある．

6）本文での引用にもあったように，吉利の『豪情』は，確かに『夏利（シャレード）』のコピーであり，おそらく，天津トヨタからエンジン，天津アイシン（愛信）からトランスミッションを購入したことも事実だと判断できる．ただし，天津豊田発動機公司，そして天津愛信は，同時に『夏利』を生産する天津汽車のサプライヤーであり，吉利が購入とした8A-FEエンジンとトランスミッションは同じく『夏利』の部品としても使われている．いわゆる「寄せ集め設計」の定義とは逆に，その製品アーキテクチャはあらかじめ『夏利』のために設計された擦り合わせ済みのものである．吉利がこれをそのまま流用したのか，あるいは，そのまま使用できるにもかかわらず，その擦り合わせ済みの各部品に別途変更をくわえたのかについて考察せずに，外部購入であることを根拠に「寄せ集め設計」と結論づけるとすれば，問題であろう．

7）金（1996）と金・賈（1997）の著者である金履忠と賈蔚文は，当時中華人民共和国科学技術部の前身である国家科学技術委員会に所属していた中国科学技術促進発展研究中心の幹部である．王（1997）と張（1996）の作者である王祖徳と張寧の両氏は当時中国汽車技術研究中心に所属していた．呉（1996）の作者は元「中国汽車報」の総編集長であり，「中国汽車報」は自動車及びその関連業界において，最も影響力のある新聞紙の1つである．いずれも中国の自動車産業に精通する専門家である．

8）詳細に関して，調査先リストを参照．勿論，文責は全て筆者にある．

参考文献

〈日本語文献〉

天野倫文（2009）「新興国市場戦略論の分析視角：経営資源を中心とする関係理論の考察」JBIC国際調査室報』（3），69-87頁．

天野倫文（2010）「新興国市場戦略の諸観点と国際経営論：非連続な市場への適応と創造」『国際ビジネス研究』2(2)，1-21頁．

池上重輔（2011）「新興国市場の『ボリュームゾーン』攻略とブルー・オーシャン戦略」

『国際ビジネス研究』3(1)，1-18 頁.
岩垂好彦（2011）「モザイク模様のインド消費価値観:変わるインド，変わらないインド」『一橋ビジネスレビュー』59(3)，8-22 頁.
臼井哲也・内田康郎（2012）「新興国市場戦略における資源の連続性と非連続性の問題」『国際ビジネス研究』4(2)，115-132 頁.
遠藤元（2010）『新興国の流通革命――タイのモザイク状消費市場と多様化する流通――』日本評論社.
王中奇（2014）「後進企業のキャッチアップに関する適正技術導入の重要性――中国 80 年代トラック技術導入の歴史を事例に――」『武蔵大学総合研究所紀要』24，85-100 頁.
王中奇（2017）「製品開発能力構築にとって有効なリバース・エンジニアリング技術活動に関する研究――第一汽車と中国重汽の比較分析から――」『産業学会研究年報』32，197-211 頁.
国領二郎（1999）『オープン・アーキテクチャ戦略』日本経済新聞社.
川端基夫（2010）「拡大するアジアの消費市場の特性と日本企業の参入課題」『経済地理学年報』56(4)，234-250 頁.
塩地洋（2002）「なぜ多種多段階？――中国自動車流通経路の形成と存続の論理――」『産業学会研究年報』18，1-16 頁.
塩地洋編著（2008）『東アジア優位産業の競争力――その要因と競争・分業構造――』ミネルヴァ書房.
新宅純二郎（2009）「新興国市場開拓に向けた日本企業の課題と戦略」『JBIC 国際調査室報』(2)，53-66 頁.
新宅純二郎・天野倫文（2009）「新興国市場戦略論――市場・資源戦略の転換――」『経済学論集』75(3)，40-62 頁.
田島俊雄（1998）「移行経済期の自動車販売流通システム」『中国研究月報』52(6)，1-30 頁.
藤本隆宏・武石彰・青島矢一編（2001）『ビジネス・アーキテクチャ――製品・組織・プロセスの戦略的設計――』有斐閣.
藤本隆宏（2002）「日本型サプライヤー・システムとモジュール化」青木昌彦・安藤晴彦編著『モジュール化――新しい産業アーキテクチャの本質――』第 6 章，東洋経済新報社.
藤本隆宏（2004）『日本のもの造り哲学』日本経済新聞社.
藤本隆宏（2005）「アーキテクチャ発想で中国製造業を考える」藤本隆宏・新宅純二郎編『中国製造業のアーキテクチャ分析』第 1 章，東洋経済新報社.
藤本隆宏・新宅純二郎編（2005）『中国製造業のアーキテクチャ分析』東洋経済新報社.
中川功一（2007）「製品アーキテクチャ研究の嚆矢――経営学輪講 Henderson and Clark (1990) ――」『赤門マネジメント・レビュー』6(11)，577-588 頁.
丸川知雄（2007）『現代中国の産業――勃興する中国企業の強さと脆さ――』中央公論新社〔中公新書〕.

丸山恵也（2001）『中国自動車産業の発展と技術移転』柘植書房新社.
李春利・陳晋・藤本隆宏（2005）「中国の自動車産業と製品アーキテクチャ」藤本隆宏・新宅純二郎編『中国製造業のアーキテクチャ分析』東洋経済新報社.
李春利（2005a）「自動車――国有・外資・民営企業の鼎立――」『新版グローバル競争時代の中国自動車産業』第4章・第1節，蒼蒼社.
李春利（2005b）「民営企業の事例分析」『新版グローバル競争時代の中国自動車産業』第7章，蒼蒼社.
李春利（2006）「中国自動車企業の製品開発――イミテーションとイノベーションのジレンマ――」神戸大学経済経営学会編『国民経済雑誌』194(1)，27-45頁.
李澤建（2018）「新興国市場のモザイク構造と日本企業の創発的適応能力」，板垣博編著『東アジアにおける製造業の企業内・企業間の知識連携』第7章，文眞堂.

〈中国語文献〉

金履忠（1996）「関于我国小轎車発展的幾個戦略問題」『汽車情報』11号，10-13頁.
金履忠・賈蔚文（1997）「引進外資到了認真総結経験的時候了」『汽車情報』8号，2-6頁.
路風・封凱棟（2005）『発展我国自主知識産権汽車工業的政策選択』北京大学出版社.
王祖徳（1997）「我国汽車工業引進整車技術現状，問題及建議」『汽車情報』12号，19-21頁.
呉法成（1996）「提高利用外資質量水平，加速民族汽車工業自主発展」『汽車情報』12号，5-9頁.
張寧（1996）「浅談我国汽車産業技術創新体系的建立」『汽車情報』11号，5-9頁.

〈英 語 文 献〉

Barney, J. B. (1986), “Strategic fact or markets: Expectations, luck and business strategy,” *Management Science*, Vol. 32, No. 10, pp. 1231-1241.
Barney, J. B. (1991), “Firm Resources and Sustained Competitive Advantage,” *Journal of Management*, Vol. 17, pp. 99-120.
Bartlett, C. and S. Ghoshal (1989), *Managing Across Borders: the Transnational Solution*, Harvard Business School Press, Boston, MA.（吉原英樹監訳『地球市場時代の企業戦略』日本経済新聞社，1990）.
Collis, D. J. and C. A. Montgomery (1995), “Competing on Resources: Strategy in the 1990s,” *Harvard Business Review*, July-August pp. 118-128.
Christensen, C. M. (1997) *The Innovator's Dillemma*, Harvard Business School Press, Boston, MA（玉田俊平太監修・伊豆原弓訳『イノベーションのジレンマ――技術革新が巨大企業を滅ぼすとき』翔泳社，2001）.
Dawar, N. and T. Frost (1999) “Competing with Giants”, *Harvard Business Review*, Vol. 77, March-April, pp. 119-129.
Dicken, P. (2007), *Global Shift: Mapping the Changing Contours of the World Economy*, LondonSage; New York: Guilford.

Doz, Y., Santos, J. and P. Willamson (2001) *From Global to Metanational: How Companies Winin the Knowledge Economy*, Boston, Harvard Bussiness School Press.

Henderson, R. M. and B. K. Clark (1990) "Architectural innovation: The reconfiguration of existing product technologies and the failure of established firms," *Administrative Science Quarterly*, 35, pp. 9-30.

IMF (2017), *World Economic Outlook*, [www.imf.org/en/Publications/WEO/Issues/2017/04/04/world-economic-outlook-april-2017] Accessed Dec. 10, 2017.

Martinez, J. and J. Jarillo (1989), "The Revolution of Research on Coordination Mechanisms in Multinational Corporations," *Journal of International Business Studies*, 20(3), pp. 489-514, 1989.

O'Neill, J. (2001) 'Building Better Global Economic BRICs.' Global Economics Paper, No. 66, 30th November 2001, [https://www.goldmansachs.com/insights/archive/archive-pdfs/build-better-brics.pdf] Accessed Jun 23, 2015.

O'Neill, J. (2015a) 'China's Not-So-New Not-So-Normal.' Project Syndicate Apr 7, 2015, [http://www.project-syndicate.org/commentary/china-growth-new-normal-by-jim-o-neill-2015-04] Accessed Jun 23, 2015.

O'Neill, J. (2015b) 'BRIC in Danger of Becoming 'IC,' Says Acronym Coiner O'Neill.' Bloomberg Jan 9, 2015, [http://www.bloomberg.com/news/articles/2015-01-08/bric-in-danger-of-becoming-ic-says-acronym-coiner-jim-o-neill] Accessed Jun 23, 2015.

Penrose, E. T. (1959), *The Theory of the Growth of the Firm*, New York, JohnWiley. (末松玄六訳『会社成長の理論』ダイヤモンド社, 1962).

Prahalad, C. K. and Y. Doz (1987), *The Multinational Mission: Balancing Local Demands and Global Vision*, New York, FreePress.

Teece, D. (1982), "Towards an Economic Theory of the Multiproduct Firm," *Journal of Economic Behaviorand Organization*, Vol. 3, issue 1, pp. 39-63, 1982.

Ulrich, K. T. (1995), "The Role of Product Architecture in the Manufacturing Firm," *Research Policy*, 24, pp. 419-440.

Wernerfelt, B. (1984), "A Resource-based View of the Firm," *Strategic Management Journal*, Vol. 5, pp. 171-180.

Young, S., Hood, N. and J. Hamill (1985) "Decision-making in Foreign Owned Multinational Subsidiaries in the United Kingdom," International Labor Office Working Paper, No. 35, 1985.

第Ⅰ部
異質性をもたらしうる初期条件
――市場成熟度，政策介入，制度不備，そして固定観念――

第1章 市場の発達段階と消費者の価値観構造

1 はじめに

20世紀の初頭，米国が大衆消費社会へ突入するにつれて，大量生産を実現した巨大企業（例えば，フォードやGeneral Motors：以下GMと略す）は，産業革命発祥の地である欧州のメーカーに対しても優位に立った．戦後に欧州や日本の市場が急拡大すると，今度は北米とは異なる市場条件の下で競争が繰り広げられ，北米で成立した大量生産体制を，地元の需要条件に合わせて改変し，新たなシステムを作り出す能力が，成長の鍵となった（鈴木，1994; 藤本，1997; 和田，2008）．

このように考えると，幾度の新興国市場の勃興を目の当たりにして今日問われるべき問いは，新興国市場の市場条件や競争の構図，成長の形が，これまでの先進国のそれとどのような点で共通し，または異なっているのか，またその違いが，新興国に展開する先進国多国籍企業の価値実現活動にいかなるインパクトをもたらすのか，ということであろう．

本来，市場勃興の分析である以上，所得向上との因果関係に焦点を当てる必要はあるが，本章では，所得要因のほか，あえて需要の長期動向における段階性に着目しつつ，マーケット・ライフサイクルの各段階にみられる価値観構造の相違が企業の価値実現の活動に及ぼす影響を確認する．その理由について，本書では先進国市場で構築できた経営資源が，新興国において，その価値実現活動が困難に陥るという問題の立て方の底流にあるのは，多国籍企業は先進国市場での成功経験に引きずられがちだと認識しているからである．そのため，市場勃興の渦中にある新興国での競争には，先進国での競争とは異なった要素があり，さらに新興国がマーケット・ライフサイクルにおいて相互の間にも実は大きな発達段階の相違があり，それが先進国多国籍企業の価値実現を多様なものにしていると考えられるのである．こうした場合，先進国多国籍企業の成功体験のもととなった市場の発達段階と新興国市場の位置する発達段階性が大きく異なると，消費者の価値観構造にみられる相違が，市場の非連続性のほか，異質性をもたらし得るのである．その帰結について，読者にとって最も馴染み深いと思われる日本の歴史的な経験を取り上げて，BRICsの事例を確認しておこう．

2　市場発達の段階性分析
――日本の自動車大衆化過程から得る経験則――

戦後の日本社会における消費者の価値観は，画一化から多様化へ，そして多重化への変化を辿っている．具体的には，日本の消費者の価値観が1960年代の画一的・集団的な傾向（「十人一色」）から，1970年代に入ると，異なる価値観の持つグループに分化した「十人十色」へ多様化し，更に，現在の一個人の中でも様々な価値観が同居する「一人十色」という多重化段階へ移り変わっていた（内閣府税制調査会基礎問題小委員会，2004）．関連して，戦後日本の自動車市場ではバブル経済が崩壊した1991年まで，日本国内の自動車市場が一貫して拡大傾向にあったが，中には，1960年代までの「モータリゼーション（自動車の普及・大衆化）期」と1970年代に始まる「安定成長期」といった段階性が，まさしく当時消費者の価値観の変化を表す良き事例である．

2.1　モータリゼーション期と安定成長期の特定

1950年代半ばに始まった日本のモータリゼーションでは，自動車市場全体の急速な拡大とともに，次の2つの構造変化がみられた．A）主要な需要の商用車（トラック・バス）から乗用車へのシフト．B）乗用車に対する生産財から消費財への財の性格の変化．富裕層の嗜好品（奢侈的消費財）であるか，あるいはハイヤー，タクシーなどの事業者にとっての生産財であったのが，一般家庭の必需品・消費財に性格を変えた．A）もB）も，車の利用者・所有者の幅を飛躍的に広げる変化であり，かつこの変化は，初めて車を購入する消費者層＝ファーストカー需要の急拡大を意味した．またファーストカー需要から数年の遅れで発生した更新需要の裾野の拡大も，持続的な市場の拡大をもたらしたのである．

こうした変化を捉えるために，いくつかの指標が用いられている．①市場

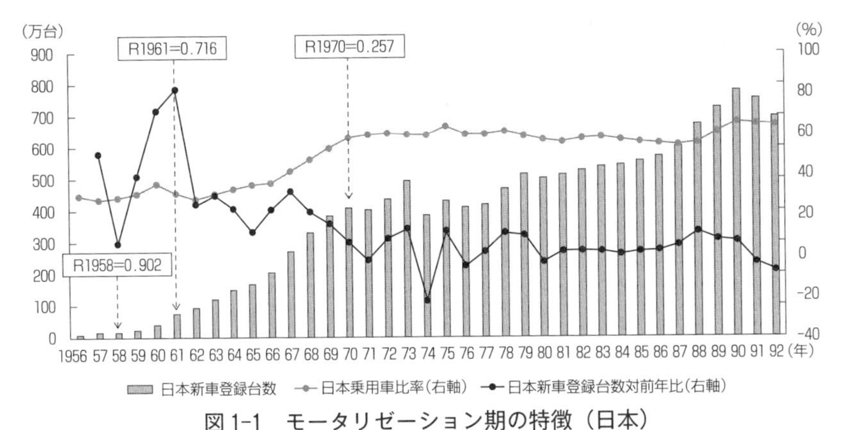

図 1-1　モータリゼーション期の特徴（日本）

注：マイカー購買力を示す「R値」としては，R＝乗用車の平均価格／一人当たり平均 GDP という計算式が用いられる場合もあるが，所得格差が大きい途上国では予測精度が落ちるという問題がある．そのため本章では，対象年のエントリー大衆車の最低価格と世帯収入の比率を用いる．また地域格差を念頭に置きつつ国際比較を可能とするために，世帯収入は各国の都市部の数字を採用する．日本のR値は車両最低価格（スバル 360，パブリカ，ホンダ N360/SA）と全国勤労世帯実収入から算出する．
出所：厚生白書，日本自動車工業会（JAMA）．

拡大の継続性を示す「年間販売台数の対前年比」，② 年間自動車新車販売台数に占める乗用車の比率を示す「乗用車比率」，③ マイカー購買力の目安となる「R値」（＝一般的には一人あたり GDP で乗用車の平均価格を割った数字．小さいほど購入時の負担は軽い．ただし本章では注に示した代替的な数値を採用）である．

図 1-1 からは，戦後日本の自動車市場の成長過程がよみとれる．1956 年から 1973 年の 20 年弱の間に，年間新車登録数は 6 万台から 494 万台に急拡大しており，成長率は年率 2 桁に達していた．この間，「乗用車比率」（フロー＝年間新車販売）は 30% 前後から 60% 前後に上昇しており，また自動車保有台数に占める乗用車保有台数（ストック）の比率も増加していた（1950 年の 19% から 1973 年の 58% へ）．同時に，乗用車需要に占める個人需要の比率も，1962 年には 14% であったのが，67 年には 39%，70 年には 51% に達した[1]．1958 年から 70 年の間に，自動車購買力は約 4 倍に上昇（R値は 1958 年の 0.902 から 70 年の 0.257 へ低下）した．自動車は，一般家庭の年収に匹敵する特別な財から，年収の 4 分の 1 程度で手が届く普通の耐久消費財に変わっていったのである．これは所得向上のみならず，ファーストカー需要を想定しつつ「国民車」として開発された低価格の大衆車が新たに市場に加わった結果でもあった．

1970 年代半ばに，日本の自動車市場は「安定成長期」を迎え，これは 1980

年代末まで続いた．ファーストカー需要は一巡し，市場競争の主軸は買い替え・買い増しなどの代替需要にシフトし，乗用車比率も安定的に推移するようになった．自動車市場の成長率はモータリゼーション期よりも大きく低下し，大体一桁で推移し，1990 年代初頭には飽和点を迎えた．

このような「モータリゼーション期」や「安定期」は，より後発の自動車市場である BRICs 市場においても，見出すことができるだろうか．次にこの問題について検討してみよう．

2.2　新興国市場の発達段階の特定――2000 年代の成長をどう理解すべきか――

2.2.1　21 世紀初頭の中国――モータリゼーションの本格化――

21 世紀に入ってからの中国の自動車市場の拡大は，日本で見た歴史的な経緯と，非常によく似た動きを示している．**図 1-2** に示すように，中国の年間新車販売台数は，2000 年の 210 万台から，2010 年には 1834 万台に急拡大した．成長率でも，2008 年を除き，10 年間を通じて毎年 2 桁の高成長を維持していた．また「乗用車比率」は，2000 年から 2010 年の間に，29.5％から 76.2％へと急上昇した．

自動車の用途においても，構造的な変化が見られた．繰り返しになるが，1990 年頃，自動車（軍用を除く）の保有台数は 554 万台であったが，そのうち個人所有のものはわずか 82 万台であった．その内訳を見ると，52 万台は貨物用の車両であり，「載客用自動車」（＝バス・乗用車）は，24 万台に過ぎなかった．個人所有の載客自動車の大半はバスやミニバンのような営業車両であり，個人所有のファミリーカーはほとんどなかった．

それから 10 年後の 2000 年には，自動車保有台数は 1608 万台に急増し，個人所有の自動車の比率も 39％にまで高まり，その数は 625 万台に達した．しかしその水準自体は依然高いとはいえない．個人所有の乗用車も 365 万台に増加していたが，全保有台数に占める比率は最大に見積もっても 23％未満であった．前掲日本の経験則に照らしてみると 2000 年は，モータリゼーションによる到達点というよりは，むしろその起点であった．

しかし，その後 10 年間の変化はすさまじいものであった．2009 年には，自動車の保有台数（ストック）は 6280 万台に拡大しており，個人所有の自動車の比率も 79％に達した．このうち個人所有の乗用車は 3739 万台，割合にして 60％に達したのである．

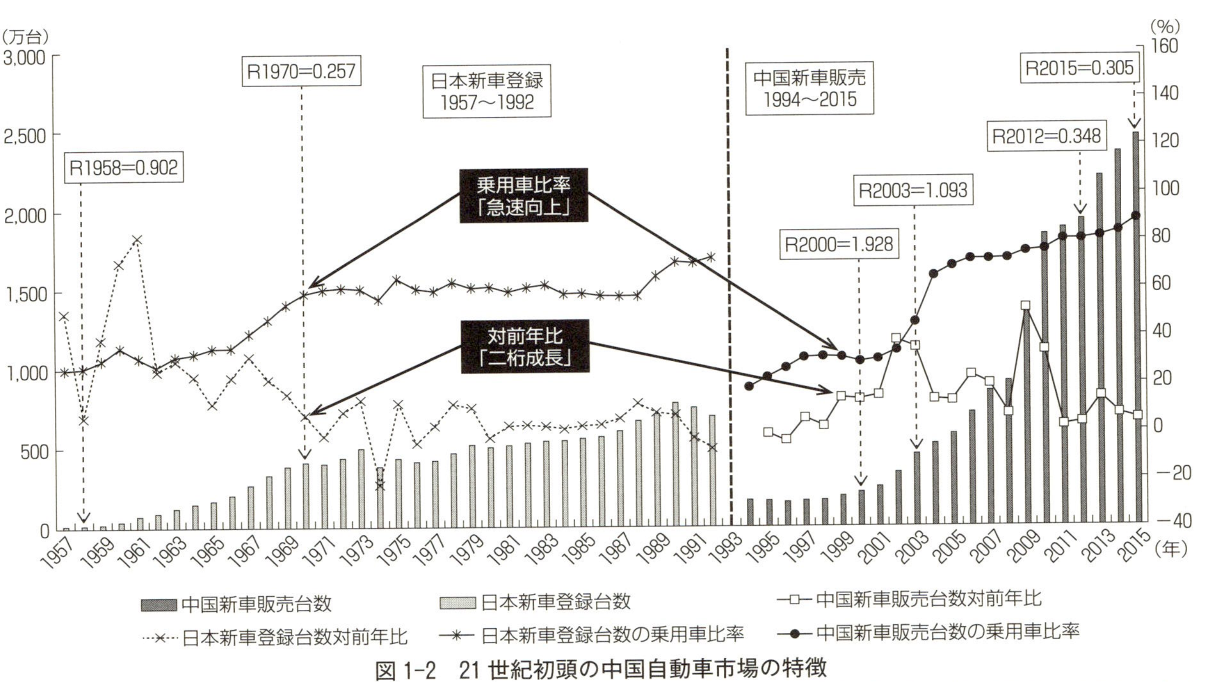

図 1-2　21 世紀初頭の中国自動車市場の特徴

注：① マイカー購買力を示す「R値」としては，R＝乗用車の平均価格／１人当たり平均 GDP という計算式が用いられる場合もあるが，所得格差が大きい途上国では予測精度が落ちるという問題がある．そのため本章では，対象年のエントリー大衆車の最低価格と世帯収入の比率を用いる．また地域格差を念頭に置きつつ国際比較を可能とするために，世帯収入は各国の都市部の数字を採用する．日本のＲ値は車両最低価格（スバル 360，パブリカ，ホンダ N360／SA）と全国勤労世帯実収入から算出する．また中国のＲ値は代表車種（奥拓，夏利，QQ，豪情）の価格と城鎮居民家庭平均全部年収入によって算出する．

② 中国の販売データのすべては輸出入調整済みである．

出所：厚生白書，日本自動車工業会（JAMA）中国統計年鑑，中国汽車技術研究中心（CATARC）．

この間，R値は2000年の1.928から2012年の0.348に急低下している．直接比較可能な数字ではないが，日本の事例では0.9から0.257への変化にやはり12年を要していたから，2000年以降の十数年間での中国でのマイカー購買力の向上は，国際的な比較でも急速であったといえるだろう．

このように，2000年以降の中国自動車市場の構造変化は，日本の「モータリゼーション期」（1955〜1973年）の変化と，年成長率，乗用車比率（フロー），乗用車保有比率（ストック），個人需要の比率，マイカー購買力（R値）といった指標で，極めて似ていた．よって，中国でも2000年前後にモータリゼーションが開始され，その後少なくとも約10年間にわたり，続いたといえるだろう．

2.2.2　21世紀初頭のブラジル・ロシア・インド

一方，ブラジル・ロシア・インド各国の年間新車販売台数，ないし新車登録台数，対前年比および乗用車比率をまとめたものは**図1-3**になる．

まず，「乗用車比率」の上昇から見ると，日本と時期的にほぼ重なっている形で，モータリゼーションが進行したのはブラジルである．1957年ごろブラジルの年間新車登録台数はわずか3万977台に過ぎず，乗用車比率も3.78%であった．1971年ごろになると，年間新車登録台数が50万9623台になり，乗用車比率は77.56%に達した．この間では年平均成長率が20.53%で，モータリゼーションの進行とともに，高度成長を遂げている．1971年以降，債務危機によってブラジル経済は長期的な不安定期に突入し，自動車市場も不振にあったものの，2000年代に「乗用車比率」が80%に安定しながら，国内市場が再び拡大サイクルに入った．

また，1990年代から2000年代にかけて，ロシアの「乗用車比率」の上昇が同様に見られた．ロシアに関して，データの制約で十分な分析はできないものの，1990年代に見られる「乗用車比率」の上昇の背景に，後述するように，買替需要の噴出が原因と見られるため，モータリゼーションの可能性を排除できる．他方，1991年12月のソ連崩壊とともに，新生ロシアが長期の経済不安に突入した．経済活動の停滞で，生産財となる商用車への需要が直ちに減少傾向に辿り始めた．新車市場は1992年の137万5047台から1996年の95万1038台に縮小したものの，乗用車比率は逆に55.16%から81.72%に上昇したため，商用車需要減少による乗用車需要の見かけ上昇という要因は無視できない．

最後に，インドの状況は，中国とは本質的に違ったものであった．インドで

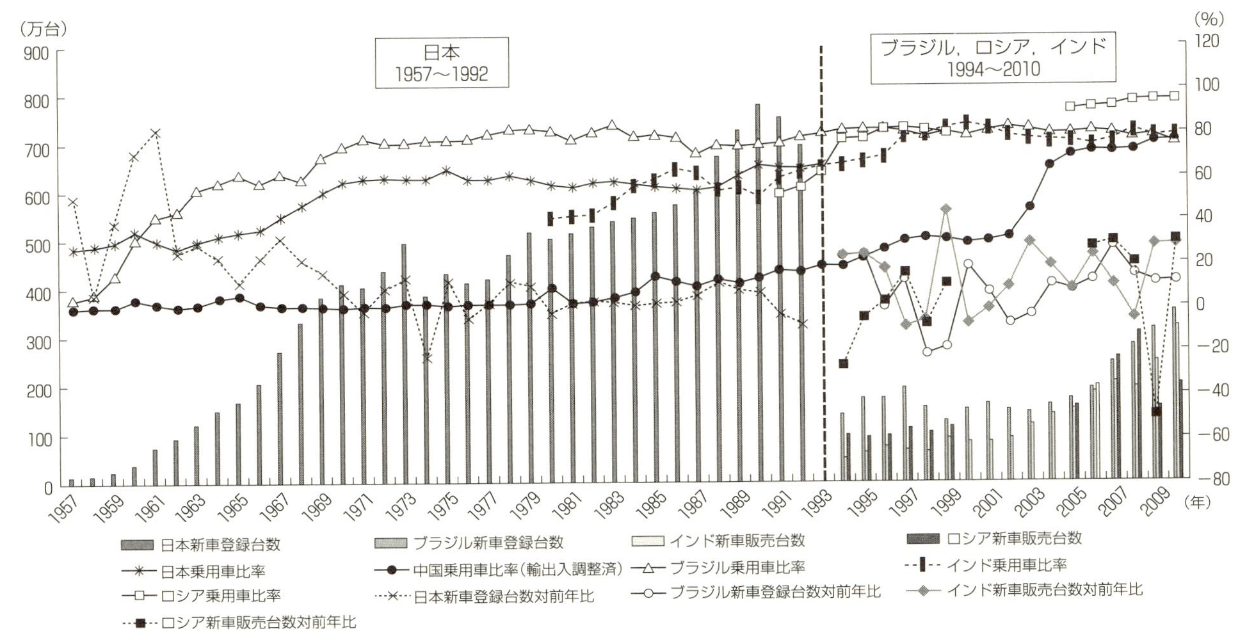

図1-3　21世紀初頭のブラジル・ロシア・インド自動車市場の特徴

注：ロシアの1991年から1999年までの新車販売データが得られないため，生産台数＋輸入台数－輸出台数という調整データを代用した．なお，ロシアに関して，1991〜1999年のデータと2005〜2010年のデータの出典が異なるため，統合性は欠ける可能性もある．

出所：日本自動車工業会（JAMA），ブラジル全国自動車製造業者協会（ANFAVEA），インド自動車工業会（SIAM），欧州ビジネス協会（AEB），WardsAuto.com, Organisation Internationale des Constructeurs d'Automobiles（OICA），(Ireland, et al. 2006）などより，筆者作成．

も 2000 年から 2010 年まで，自動車の年間販売台数は伸びており，2000〜2003 年および 2009〜2010 年に中国での伸び率を下回ったのを除けば，成長率も中国に比して大きな遜色がない．しかし長期の趨勢と乗用車比率を見ると，印象は一変する．1980 年から 2000 年にかけての 20 年間に，インドの新車販売台数は年平均成長率 9.3％で成長し，13 万台から 83 万へと拡大したが，その結果，乗用車比率は 41％から 83％へと上昇し，その後は 75％前後で高止まりしている．1990 年代半ばまでの中国では乗用車比率が 3 割に満たなかったことを考えると，インドでの乗用車比率の早熟的な「安定さ」が目を引く．

3　2000 年代の新興国市場の競争構図と発達段階との相関性

中国とその他 3 カ国との相違は，どこから生じたのだろうか．そして，それは，先進国多国籍企業の進出展開戦略の構図とその価値実現にとって，どのような意味を持つだろうか．それぞれの市場の拡大要因と市場構造について掘り下げてみる．

3.1　2000 年以降の中国市場拡大要因——消費構造の変化及び市場の三層構造の形成——

3.1.1　市場拡大要因——個人需要の台頭と低価格の進行——

2000 年，中国民用自動車保有台数の 1608 万 9100 台のうち，個人所有の自動車は 38.87％の 625 万 3300 台であった．更に，個人に所有される乗用車は 365 万 900 台に増加したものの，全保有台数の 22.69％に過ぎなかった[2)]．一方，2009 年には，中国民用自動車保有台数が 6280 万 6086 台にふくらみ，個人所有の自動車の比率は 72.84％になった．うちには個人所有乗用車の保有台数が全体の 59.54％に相当する 3739 万 6495 台に急増した．したがって，中国市場におけるマイカーブームが 1990 年末に始まり，2000 年代に勃興したのである．言い換えれば，個人需要の台頭が 2000 年以降の市場急拡大の主要動因になっている．加えて，個人用車の普及の背景として，2000 年以降，個人用車の登録名義とはいえ，ビジネス兼用から通勤やレジャーなどの純粋な交通手段として使われる自動車が急増したことがあげられる．

個人需要の台頭とともに，自動車商品の価格低下も急進行しており，金融危機後にいっそうエスカレートした．2001 年に中国が WTO 加盟に成功した．

それによって，自動車市場への参入が再開され，上海 GM，一汽トヨタ，北京現代，東風日産，長安フォードマツダなどのビッグプロジェクトが相次ぎ承認された．他方では，2000 年より，外資と合弁せず，独自開発で国産車生産に取り組む民族系メーカーも参入し，それまでの自動車製品では空白となっていた 10 万元以下の市場を根拠地に勢力を伸ばしてきた．よって，2000 年前から継続されていたフォルクスワーゲン（以下「VW」と略す）による乗用車生産の一極集中状態が打破され，外資合弁メーカーと民族系メーカーによる混戦状態へ移行し始めたのである[3)]．こうした市場構造の変化によって，市場全体で生じた顕著な現象の 1 つとして自動車価格の低下があげられる．上海 VW の『サンタナ』を例として見れば，同車種の販売価格は 2006 年末に 6 万 6000 元であり，2001 年時点の 12 万 4000 元に比べ，約半値までに低下した．また，中国民族系自動車メーカーの奇瑞汽車の小型車『QQ』（最低価格 3 万元）が代表されるように，民族系メーカーが 5 万元以下のゾーンに多数のモデルを投入し，エントリー需要を喚起していた．

3.1.2　市場構造——三層構造市場の形成——

2000 年に，年間新車販売台数がわずか 210 万台に過ぎなかった中国市場は，2007 年には 879 万台に拡大し，日本を抜いて世界第 2 位となった．もはや，その躍進ぶりについて，世間では目が離れなくなり，2010 年の市場規模について期待を込めて 1000 万台超と予測された．同時に「各自動車メーカーが計画している生産能力の合計は 1800 万台を超え，この過当競争，過剰供給状態を解消するにはメーカーの再編が必須となる」という過剰に積上げられた余剰生産力まで懸念を残した[4)]．ところが，ふたを開けてみれば，2010 年の中国国内販売台数（輸出入調整済み）は，2008 年に予測された 1000 万台をはるかに超え，ほぼ倍の 1835 万台であった．米国の過去最高記録の 1781 万台を一気に塗り替え，世界第 2 位になってから，わずか 5 年で世界一の座に上りついた快挙であった．以降，2017 年の新車販売台数が 2912 万台となり，前人未到の領域に着々と前に進み，世界市場のけん引役を果たしている．

世界最大自動車市場に躍り出た中国市場全体は急成長したものの，各価格帯においては，大きなバラつきが伴うものであった（**図 1-4** 参照）．とりわけ，5 万元から 10 万元までの価格帯での増加が突出しており，市場全体の成長を大きくけん引している．

総じて，2000 年代以降，新規参入によって競争が激化され，外資合弁メー

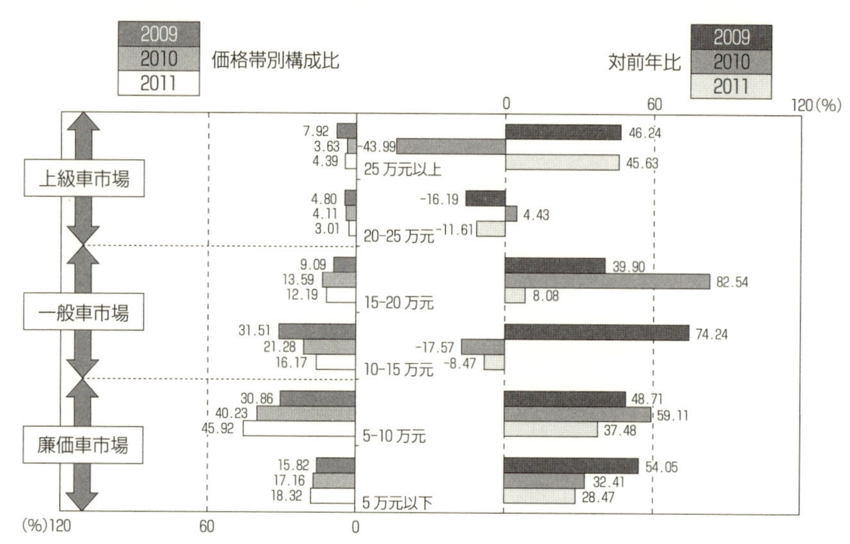

図 1-4　中国乗用車市場価格帯別構成比推移（2009～2011 年）

注：暦年の乗用車販売台数に乗貨両用車が含まれていない.
出所：販売データは中国記者技術研究中心（CATARC），価格情報は db.auto.sohu.com/home により，筆者作成.

カーの製品価格の低下傾向が顕在化したほか，民族系メーカーの参入によって，従来存在しなかった 10 万元以下の市場が新たに掘り起こされたのである．こうした供給環境の変化が持続的な経済成長による所得増加と相まって，自動車製品の急速普及を促した．結果，乗用車市場も 1990 年代の政府所有の公務用車が主とする中高級車という一極集中構造から，「上級車」，「中級車（一般車)」と「廉価車」といった三層ピラミト構造へ次第に変貌し始めたのである．

3.2　2000 年代のロシア自動車市場

3.2.1　市場拡大要因――中古車から新車への買替需要の噴出――

2000 年頃，ロシアが 1 億 4500 万の人口を有し，1000 人当たりの自動車保有率は 175 台に達していた[5]．同時期のブラジルの 170 台よりも高く，BRICs の中では最も高い水準であった．つまり，自動車普及は 2000 年以後の高成長以前にすでに一定程度で進行しており，出発点は決して低くはなかったのである．この点は 2000 年以降の市場生成に対する分析を理解するのに重要である．

需要側の要因分析を通して，ロシア市場の特徴を見てみる．まず，1998 年の金融危機以降のロシア経済は，2000年から2008年の金融危機まで，一貫して5%以上の経済成長率を維持し続けてきた[6]．国民1人当たりGDP（PPP）も2004年の4086ドルから，わずか3年で倍の9103ドルに上昇した[7]．この持続的な経済成長が，自動車需要拡大の底支えとなった．次に，ソ連崩壊以後の移行経済の下では，経済状況の悪化と中古車輸入の激増によって平均車齢が伸び，10年以上の車が多く保有されていた．2008年10月の時点で，乗用車の保有台数の最も多いウラジオストックでは，車齢が10年以上の車両は全保有台数の80%をも占めており，同率はモスクワとサンクトペテルブルクにおいても，それぞれ37%と38%の高止まりであった（蓋世汽車，2008）．買い替えの潜在需要も強い．とりわけ，2003年以降の石油高騰は，国民収入の連年逓増をもたらし，ロシア市場では長期にわたって溜まっていた買い替え需要は一気に実在化した[8]．それゆえに，世界中の自動車メーカーが参入を図る最も有望な市場として，注目されるようになった．

しかし，2000年以降のロシア経済には，全体ではエネルギー資源依存型で，世界の1次産品相場に左右されやすい体質が依然色濃く残っている．他方国内産業構造において，地方では依然ソ連時代のモノカルチャー的な産業分業構造が残っており，景気変動によって地方経済の状況が大きく変動する産業構造の脆弱性も抱えている．結果，原油高によって支えられた景気上昇の一過性というリスクが根強く存在する中，先進国並みの収入を有する消費者層の安定性に脆弱性が内包されている．景気後退になると，自然に耐久財に対する需要が頭打ちになりかねない．

3.2.2　市場構造——底辺部（国産ブランド）と上層部（外国ブランド）による分断構造——

総じて，2000年以降のロシア自動車市場の拡大は主に，2001年からWTO加盟向けの一連の規制緩和による外国直接投資の増大という内部要因[9]，および同時期に始まった世界的1次産品の価格上昇による経済の安定成長という外部要因の総合作用に起因したといえよう．

図1-5の通り，2003年頃，ロシア市場では1万ドル以下の大衆車市場が全体の8割以上も占めたのに対して，2007年には3割以下にまで縮小してきた．代わりに，市場全体の新車平均価格は2003年の1万ドル前後から，5年間で2万ドルへ跳ね上がった．急激な上級志向の回復である．その結果，外資系ブランド車の市場シェアは2002年にわずか10%前後に過ぎなかったが，2007年

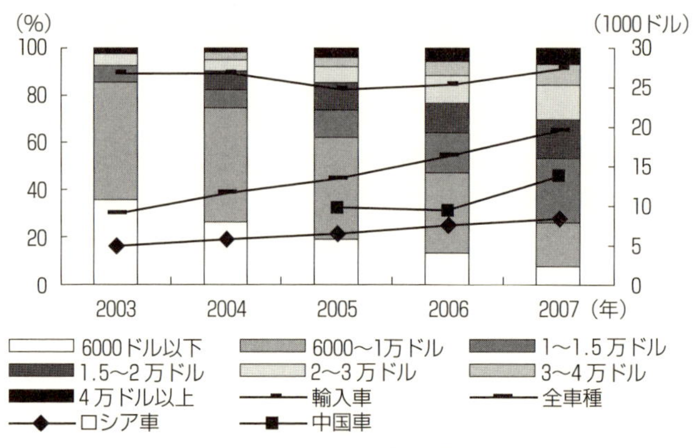

図 1-5　ロシア市場における車格構成と平均価格帯

注：中国車平均価格は「中国汽車出口年報」2006～2007 各年版より，筆者が算出したもの.
出所：Renaissance Capital (2008) "Sector report" [http://www.rencap.com/eng/research/MorningMonitors/Attachments/Auto-Feb_22.pdf] Accessed Oct 15, 2008.

に，70％前後に安定的に維持できたのである．そのため，ロシア自動車市場に関して，2007 年ごろから，ロシアの新車販売が 2009 年にドイツを抜き欧州最大な自動車市場に上り詰めるのではないかという報道が取り沙汰されていた．しかし，金融危機の影響で 2008 年をピークにして，自動車の製造販売台数が 2009 年に急速にピーク時の半分規模に縮小し，大きな打撃を被っていた．なお，2010 年に市場は一定の回復を見せたものの，依然ピーク時の 7 割弱程度の 191 万 573 台にとどまっており，2014 年に 249 万 1000 台の自動車が販売され，2 年連続のマイナス成長で欧州市場ではドイツ，英国に次ぐ 3 位で喘いでいる．

他方，2004 年よりロシア自動車市場が急に拡大基調に転じた後でも，AvtoVAZ と GAV などのロシアの主流国産車メーカーの生産台数が 1991 年から 2008 年まで大きな変動を見せず，年間 90 万台前後の規模で安定に推移していた[10]．言い換えれば，連年拡大した市場の増加部分は主に外資系メーカーによって供給されたのである．とりわけ**図 1-5** でも確認できるように，平均価格が 2 万 5000 ドルの外資系製品に対して，ロシア国産車の平均価格は破格の 5000 ドル前後であるため[11]，市場全体がこうして外資系製品とロシア国産車による完全なすみ分け構造を成していた．すなわち，30 万ルーブル（約 1 万ドル：2010 年時点，以下同様）以下の国産車，30 万～50 万ルーブル（約 1 万 7000

ドル）という外資系ブランド現地組み立て車，そして50万ルーブル以上の輸入車からなる三層構造である．

3.3　2000年代のブラジル自動車市場

3.3.1　市場拡大要因――「経済活性化と所得格差是正」政策の奏功――

OECD（1979）で提起した新興工業国（NICs: Newly Industrializing Countries）にブラジルがすでに入った．こうした経験はBRICsの中では類に見ない存在である．一度「ブラジルの奇跡」（1968～1973年）を経験したブラジルが，2000年以降BRICsの一角として再び脚光を浴びたとき，出発点は決して低くはなかった[12]．しかし，戦後ブラジルの工業化過程では，深刻な貧困問題が作り出され，更に1980年代に爆発した債務危機とハイパーインフレーションが消費環境をいっそう悪化させた次第である．

ブラジルの歴史においては，大規模農園への土地集中が特徴づけられる大土地所有制度がある．1995年の農業センサスの結果によれば，農場数の１％に過ぎない大規模農園が全土地面積の45.1％を所有しており，同時に，49.4％の農園（土地面積10ヘクタール未満）が，全土地面積の2.2％しか所有していなかった[13]．著しい土地集中の結果，1950年代から始まった農業の近代化の過程において，大規模農園が主導する資本集約型農業が主流となり，農業労働者に対する数の要求が減少する半面，技能要求が次第に上昇し，農村において大量の余剰労働力を作り出したのである．ゆえに，仕事を求めて大量の農業労働者が都市へ移住し，都市部の失業問題を激化させた[14]．貧困問題をいっそう深刻にさせた．1989年にブラジルのジニ係数がピークの0.6299に達し，社会騒乱多発の警戒ラインの0.4より大幅に上回っている．

一方，1980年代に対外債務の返済負担問題が顕在化になり，IMF主導のもと，「ワシントン・コンセンサス」などの危機対応策の導入が余儀なくされた．「小さな政府」や「自由市場主義」などの価値観に基づく「ワシントン・コンセンサス」の導入が，後に急激な輸入自由化をもたらし，それまで手厚く保護していた国内幼稚産業に大きな打撃を与えた．更に1980年代に貫いて高進したハイパーインフレーションが信用制度をゆがめ，企業の生産販売から家庭消費までの正常な価値連鎖を麻痺させ，深刻な経済停滞をもたらしたのである．これで，ブラジル経済が一転して，「奇跡」から「失われた10年」へ陥ったのである．

2000年以降の経済成長は上記1980年代以来の工業化過程に噴出した問題の収拾と経済安定化に向けて打ち出された一連の経済政策が功を奏したことによって達成されたともいえよう．その最大な成果は「経済活性化と所得格差是正」による中間所得層の拡大である．

1994年「レアルプラン」が実施されたことをきっかけに，深刻な経済不安を招いたハイパーインフレーションが次第に収束に向かい，インフレーションの年率もピーク時の2477.15％（1993年）より3年間で一桁に減り，2000年代では主として6％前後で推移するようになった．通貨価値が安定になったことによって販売信用が回復され，割賦やクレジットカードも使えるようになったため，ブラジル国民の購買力が一気に30％増となった（鈴木，2010: 58)．また1995年に発足したカルドーゾ政権は民営化・外資参入に対する規制緩和を行い，経済の活性化を図りながら，最低賃金改正と生活補助などの社会全体の底上げを狙う政策を打ち出し，所得格差の是正に取り組みはじめた．2003年発足したルーラ政権もカルドーゾ時代の「インフレ抑制と経済安定化」路線を受け継ぎ，引き続き所得格差是正と購買力の放出による内需拡大に取り組み続けた[15]．結果，2000年以降の所得階層の変化では，中間層に当たるCクラス（月間世帯所得がR$1115〈約5万2000円〉からR$4807〈約22万5000円〉の層）が2002年の43.2％から2009年の53.6％へ上昇し，1億9000万の人口のうち半分が中間層になった．一方，低所得のD/Eクラス（R$0〜R$1115）が2002年の44.7％から30.8％へ3割程度の減少になった[16]．したがって，1980年代以来1990年代にかけて波乱の経済不安を経験したブラジルにとって，1990年代後半からの経済安定化政策と不平等な所得分配を是正する取り組みは2000年以降の高成長と市場拡大を生み出した主要な原因となっている．

3.3.2　市場構造――外国ブランド支配の閉鎖（専用モデル中心）市場――

ブラジル市場は欧米系自動車メーカーの伝統市場としてFiat，VW，GMとFordがBig4を成して市場を君臨してきた．ブラジルの市場構造の特徴は以下の通りである．まず，Fiat，VW，GM，Ford，とRENAULTなどの欧米ブランドは，より安いモデルから洗練されたハイエンド製品まで，すべての顧客を満足させるために，フルラインナップと豊富な品揃えを用意し，スケールメリットを追求している．しかも，そのほとんどはブラジル市場の特質に対応した専用モデルである．

ブラジルでは「失われた10年」において，インフラ投資がストップされた．

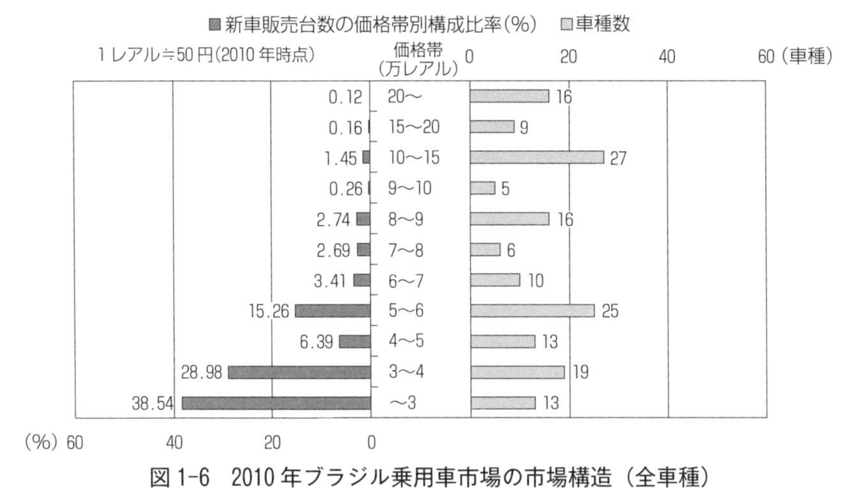

図1-6　2010年ブラジル乗用車市場の市場構造（全車種）

出所：ブラジル全国自動車製造業者協会（ANFAVEA），価格情報は『MOTOR SHOW』AGOSTO 2010, pp. 91-114より筆者作成.

所々に悪路あることに加え，ユーザーが高速走行性能に対する要求も厳しいため，足回りに対して特別なチューニングないし補強が必要となっている．また，燃料事情では，バイオエタノール混合率が25%〜100%までフレキシブルに対応できるエンジン技術など，いわゆるブラジル市場の特質性が存在している．ブラジル専用車を作らない限り，市場拡大のメリットが享受できない課題が存在する．

年間販売台数では，2000年ごろに150万台しかなかったブラジル自動車市場が，以降順調に拡大し続け，2012年に380万台に達した．しかし，2013年よりロシアと同様2年連続のマイナス成長を経験し，2014年にかろうじて2010年と同程度の350万台規模を維持できた．

市場構造だが，データの制約で，2010年時点の様子を見てみよう．乗用車市場では最低価格が2万1000レアル（約100万円：2010年時点，以下同様）の中国車から62万6000レアル（約3100万円）のBMW760Lまで実に幅広い商品が売られているが，特徴として，5万レアル以下のいわゆる小型低価格車が全新車販売台数の73.91%を占めていることがあげられる[17]（**図1-6**参照）．ボリュームゾーンに対する主な供給源は，Fiat，VW，RENAULTなどの欧州系，GM，Fordの米国系，そしてChery，Hafei，Chana，Lifanなどの中国系である．日系の製品なら，日産のLIVINAの一車種のみとなる．

3.4　2000年代のインド自動車市場の概況

3.4.1　市場拡大要因――産業構造の変化による所得向上――

インドの人口は11億5500万人（2009年時点）で，中国に次ぐ世界第二位の人口大国である．1960年から改革前の1990年までの30年間において，輸入代替工業化政策の下，平均年率7.22%の経済成長を遂げている．一方で，1991年の国際収支危機をきっかけに，経済自由化路線（New Economic Policy）に転換し，規制緩和，外資導入等を中心とする経済改革を断行した．その結果，2009年まで年平均成長率が9%に達し，高成長を続けている．中でも，1980年代後半から2002年にかけてITサービス業が経済成長をけん引する時代と2003年以降のITサービスと製造業の「ダブル・エンジン」による成長という2段階がある[18]．特に，ITサービス牽引時代（1991～2002年）での5.48%という数字に比べ，2003年以降のGDPの年平均成長率が12%に達し，高成長ぶりを見せている[19]．こうした産業構造の変化による経済成長がもたらした最も大きな影響は，インド社会における中間所得層の台頭である．

2001年時点の価格と為替水準において，年間世帯収入が20万ルピーから100万ルピ（4000ドル～2万1000ドル：2010年時点，以下同様）までの間の家庭を中間層と定義されたが，その全世帯数に占める比率が1995年の2.7%から，2001年時点の5.7%を経て，2009年に13%の1億5000万人規模に急増した[20]．2010年頃，インド市場の60%の乗用車とエアコン，25%のテレビ，冷蔵庫とオートバイが新たに台頭した中間層によって保有されている[21]．

3.4.2　市場構造――上位三社による寡占市場――

2000年頃に新車販売台数では80万台規模しかなかったインド市場は2011年に329万台に達した[22]．とりわけ人口規模が大きいインド市場では，1000人当たりの自動車保有台数が依然20台前後という低水準に留まっているため，中国に次いでモータリゼーション進行の潜在可能性が大きいと期待する声が次第に多くなる．世論に応えるように，2010年にインド自動車部品工業会（ACMA）が「ACMA-EY Vision 2020 study」というレポートをだし，「乗用車市場が2015年までに500万台，2020年に900万台超；商用車市場が2015年までに140万台，2020年に220万台；うち小型商用車が年間28%の成長率が見込まれる」というビジョンを掲げた[23]．しかし，2015年では，インドの自動車の販売台数は342万5000台に留まっており，前述した500万台の目標にほど遠い存在である．

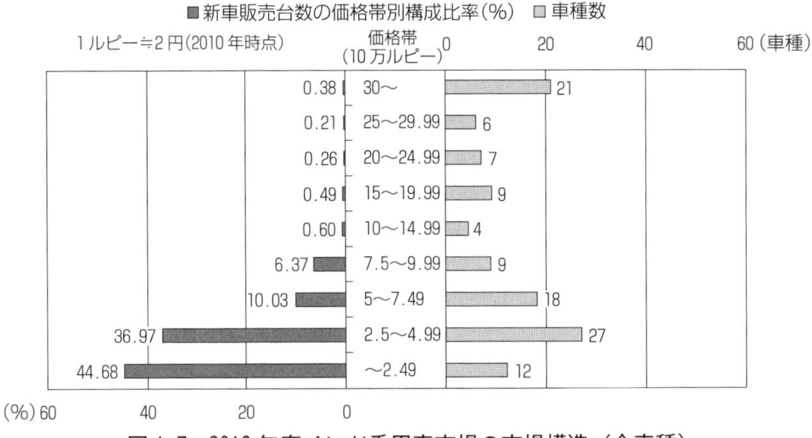

図1-7　2010年度インド乗用車市場の市場構造（全車種）

注：販売台数は2010年4月から2011年3月まで2010年度の実績を使用する.
出所：インド自動車工業会（SIAM), 価格は“OVERDRIVE” NOV 2010, pp. 242-258より筆者作成.

図1-7では2010年インドの乗用車市場構造を示しているが，5 Lakh＝50万ルピー（約100万円）以下の低価格車は全体の約8割を占める．前述通り，中間層の台頭が激しいが，中間層の定義からわかるように，購買力は主に1万ドル程度のため，小型低価格車が主流となる市場構造を作り出したのである．特に45%前後のシェアを占めるマルチ・スズキの存在感は絶大であった．後を追う現代自動車とタタ自動車を入れると上位3社の販売台数が全体の7割に上るので，販売車種数ではBRICs中最も少ないにも拘らず，寡占的な市場構造となる．商用車も含む絶対的な自動車普及率の低さを考慮すると，むしろこの高い乗用車比率やその長期にわたる安定さは，2000年以降のインドが，日本や中国でみられた「モータリゼーション期」の成長のメカニズムとは，別種の動きの中にあることを示唆しているといえよう．

総じて，2000年代のBRICs諸国の自動車市場の共通点が成長傾向ではあるものの，市場の拡大要因と競争構造がそれぞれ異なる．とりわけ，旧ソ連の工業基盤を受け継いだロシア，そして一度経済の高度化を経験したブラジルでは，移行経済体として，いまだ工業化途中段階にある中国，インドと比較して，経済発展の制約条件が異なる．そのため，2000年代両国の市場拡大はもっぱら先進国市場に近い特質を有する需要回復型といえよう．景気循環に連動する側面が際立つ所以でもある[24)]．

他方，中国の名目 GDP 成長率が 2007 年の 14.16％を頂点に，以降下降する一方にも拘らず，自動車市場規模が連続倍増したことは鮮明である．景気循環に連動しない持続性は何によって担保されているのかという点は極めて重要な意義を持つ．前述した通り，少なくとも，旺盛な低価格車需要の持続拡大と品質向上などの動態が日本のモータリゼーション期に共通する一面が見られる．しかし，これは，モータリゼーション期ならではの「画一的」な需要特性によるものであり，安定成長期における低価格車需要のそれと明らかに異なる性質を持っている．更に，この動態がモータリゼーション期の固有たる特質であり，決して所得要因のみがもたらしたものではない．つまり，モータリゼーション期に特有する価値観から起因するところが大きい．その理由については，インドの事例をもって説明する．

4　価値実現に対する市場発達段階の規定性

4.1　2000 年代のインド市場における低価格車戦略の限界

インド市場も，外資系メーカーと民族系メーカーの両者から構成されるが，インド民族系メーカーには，苦戦が目立つ．それが単に技術優位などのような競争力要因に由来するものではなかった．

2014 年度の「基本型乗用車」（SUV などを除く）市場では，日系合弁のマルチスズキ（市場シェア 52％）と韓国系の現代（22％）が合計で 7 割を上回るシェアを有しており，圧倒的な存在感を持つ．これらの企業に日系のホンダ（8％），インド系のタタ・モーターズ（Tata Motors，6％）が続く．老舗企業のヒンドゥスタン・モーターズ（Hindustan Motors）やプレミエー・オートモバイル（Premier Automobiles）の製品は陳腐化しており，ほとんど存在感がない．またマヒンドラ・アンド・マヒンドラ（Mahindra & Mahindra）もインド系であるが生産量は少なく，民族系はタタによって代表されるといってよい．この図式は 2000 年以降今日まで，大きくは変化していない．

タタ・モーターズはインドを代表する財閥であるタタ・グループの一員であり，1945 年に機関車メーカーとして設立された．1954 年にダイムラー・ベンツと資本提携を結び商用車製造に参入した．1992 年には，インドにおける経済の自由化とともに，乗用車製造に参入した．

インドでも中国と同様，民族系メーカーの柱となったのは下位小型車セグメントであった．1998年，タタ・モーターズはインド初の純国産乗用車である『INDICA』を市場に投入した．価格を約80万円に抑えつつ，インドの悪路に強い車台設計，低燃費，大人3人が座れる後部座席，優れた動力性能，外観のデザイン性などを実現した．この車種は，インドの消費者の嗜好にあったデザインと機能，高いコストパーフォマンスで人気を博し，2000年には同価格帯でのベストセラーとなった．

しかしながら，前述した2000年以降のインド市場性質を考えると『INDICA』はインドの大衆車と呼ぶには値段が依然高すぎるのである．それがゆえに，のちに，タタ・モーターズが世界最安となる約30万円で『Tata NANO』の導入を宣言し，世界的に注目を浴びたのである．そのきっかけは，タタ・グループの会長，ラタン・タタが，ある日一家4人が1台のバイクに乗り，雨の中を走るシーンを目撃したことである．その時に，インドでは大衆向けの「ファーストカー」（＝生まれて初めて手にする車）の必要性を痛感し，開発に乗り出すことを決心したのである．2003年タタ・モーターズは，「10万ルピー車」構想を発表し，その5年後の2008年1月，これを具体化する『NANO』を発表し，翌年7月から納車を開始した．『NANO』は開発から生産準備までトータルで4年を費やした革新的な製品であった．624ccのエンジンを搭載しながら，車両重量は600キログラムと，劇的な軽量化に成功したのである．

『NANO』の開発は，ラタン・タタの強力なリーダーシップの下で進められた．基本的な安全性能を備えた手頃な国民車を目指し，インド各地の異なる所得層の人々に調査を行い，①安全性（全天候の可視性確保，モノコックボディ構造設計），②快適さ（足元と頭上空間の確保，視認性に優れたメーターパネルの配置），③環境性能（オートバイより少ない排気ガス），④費用（低い初期費用，低燃費，低維持費）などのキーニーズを抽出し，明確なターゲット層を設定した．

大胆な割り切りに基づく設計を実現するため，過去の経験に縛られない若い社員による開発チームを編成し，開発を進めた．自社の能力不足を補うため，外観デザインの意匠設計はイタリアのデザイン設計会社IDEAに委託し，これに基づき，社内で構造設計などを進めた．また多数のサプライヤーを車両コンセプト検討の初期段階から参加させ，濃密なコミュニケーションに基づいて開発を進めた．日系メーカーのお家芸といわれる「擦り合わせ」のプロセスが，『NANO』の開発においても効果的に進められたのである．いずれにせよ，自

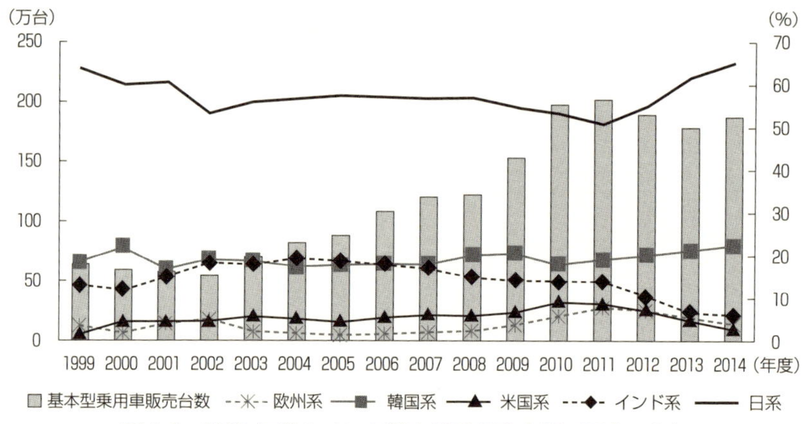

図 1-8　2000 年代のインド基本型乗用車市場（万台・%）

注：「欧州系」「韓国系」「米国系」「日系」は，外資合弁系企業を合弁先企業の本社所在地で分類した数字である．「インド系」はインド民族系メーカーの合計である．

出所：MONTHLY VEHICLE PRODUCTION SALES AND EXPORT DATA，インド自動車工業会(SIAM)．

社の資源制約を自覚し，柔軟に外部の資源を動員したことは，独自設計による自動車開発という，後発国の新興勢力にはハードルの高い挑戦を成功に導く上では，重要な要素であった．しかも，こうして開発に関わった約 100 社のサプライヤーのうち，純粋なインド地場系サプライヤーは，約 90％を占めていた．このプロジェクトは世界的にも注目を集めており，そのためタタ一社やグループの求心力となったのみでなく，インドの自動車関連産業全体の士気を鼓舞する役割も果たしたのである．

このように，『NANO』の開発では，明確な顧客像，具体的にはバイクから乗り換えて初めて車を所有する世帯という，特定セグメントの顧客をターゲットに設定し，その潜在ニーズを特定したのである．また，子供の瞳を通じて世界を見るように，シンプルかつ愚直に実現手法を考え，強力なリーダーシップ，強力なチームワーク，強力なサポートという三位一体のもとで具現化していく取り組みは，ローコストイノベーションと称すべきものである．その意味では『NANO』の開発から察するのは，その時点では，タタ・モーターズの開発力は，「寄せ集め」的外部資源に過剰に依存した参入期の中国民族系メーカーに勝る水準に達したのである．

しかし，『NANO』の実際の販売状況は，期待外れの結果であった．USB 端子に関して想定外のユーザーの使用方法による発火事故がブランドイメージを深く傷つけ，保証期間の延長やあの手この手の販売促進策のいずれも短期的な効果を持つに過ぎず，販売は伸びなやんだ．『NANO』の不発で，タタ・モーターズが代表されるインド系の市場シェアは減少の一途を辿っている（李，2011）（図1-8）．結果的に，バイクからの乗り換え需要を掘り起こしてインド国民のファーストカーとなるという『NANO』の低価格国民車戦略は，失敗に終わった.[25)]

この不振の原因の1つは，商品企画の基礎となった顧客像に，いくつかの想定外の反応があったと考えられる．発売されてみると，実際に購入したのは当初想定したオートバイを所有する世帯ではなく，ほとんどが中産階級の家庭であり，そのため購入されるモデルも二台目としての用途が多かったため，最低価格帯のそれではなく，スペックの高いモデルが中心であった．つまり，価格に満足を求めるのではなく，真っ先に求められたのは品質であった．

4.2　価値観の成熟度――価格 or 品質――

従来，自動車産業では，平均年収がエントリーカーの価格レベルに達すると自動車が普及し始めるという経験則が存在する．オートバイ家庭の年収に見合った『NANO』の投入は，その経験則にのっとろうとした側面がある．なぜ，『NANO』にエントリーユーザーがついてこなかったのか．

買い替えと買い増しが主要需要となる成熟市場では，良質かつ安価な中古車供給の増加によって，エントリーカーが新車から中古車へシフトする現象が生じる．『NANO』が投入されたインド市場は，こうした特徴があり，結果的に普及車種として企画された『NANO』下位のSTDタイプとCXタイプは価格的に外資系の中古車と競争するポジションと重なってしまい，新車に対する保有願望が優先されるモータリゼーション段階と比較して，買い替えと買い増しが中心となる安定成長段階では，消費者のニーズは上級化と多様化にシフトし，コストダウンのために行われた『NANO』の機能の簡素化設計は，中古車との比較では逆に比較劣位をもたらしたのである．ただ走行の道具として，顧客満足を十分に得られなかったのである．

他方，『NANO』が狙う，オートバイをファミリーカーとして使用している家庭では，オートバイを大事な家財として一生保有していく固有の慣習がすでに浸透している．モノを大事にする消費慣行が存在するため，一般のインド家庭では「マネー・フォー・バリュー」的な価値観を持ち，安いだけでは手を出さないことが多いのである．所得水準は依然低くはあるものの，消費の価値観ではまさに安定成長段階そのものである．中古車市場がある程度形成され，耐久性＝中古車残存価値で商品を評価される慣行も確立されたからである．中古車市場では，車齢3年のトヨタ製品の値落ち率は30～40％程度であったが，タタ・モーターズの製品の値落ち率は60％にも上った．つまり，3年間使用すれば，4割の残存価値しかないというタタ・モーターズの製品の口コミが，『NANO』がターゲットとしていた「マネー・フォー・バリュー」を重視するインドのオートバイ家庭による『NANO』購入を抑制したのである．

ここにきて，依然1つの疑問が残っている．膨大なインド人口に比較して，現時点の保有台数が微々たるものである．中古車の影響は存在しても，大衆車に対する憧れを抱く絶対人口数が増えれば，相対的に安心できる中古車の供給が限られているため，いずれにせよ，新車へ流れ込むのは当然であるが，なぜ起らなかったのか．

4.3　広がりを欠く大衆車人口――安定成長期の落とし穴――

インドの雇用市場の「二重構造」は，この疑問を解消する上でのヒントとなる．インドでは，非農業民間部門のおおむね10人以上を雇用する企業や公的部門を指す組織部門と，10人未満の非組織部門の間に，大きな格差がある[26)]．後者は，全労働者の9割以上が就業する圧倒的な部門であるが，極めて生産性が低く，また就業者の所得水準も極めて低い．そのため，高価な耐久財の潜在ユーザーとなりうるのはもっぱら組織部門に限られるが，そこでの雇用者数は，2000年以降伸び悩んでおり，わずかであるが減少さえしている（**図1-9**）．その結果，モータリゼーション期に必要とされる個人ユーザー層の量的拡大は実現していない．経済全体は1970年代以降成長を続けており，特に21世紀に入ってからの伸びは著しいが，これはもっぱら，ITサービス，コールセンターなど一部のサービス部門での生産性向上によってもたらされたものであり，雇用増加に全社会的な広がりを欠いている．

よって，次のように解釈することができるのであろう．インドでも自動車の需要や生産は拡大しているが，それは日本が1955～1973年に，また中国が2000年以降に経験したような，個人による自動車所有の大幅な拡大ではなかった．経済・雇用セクターの大部分は，貨物の個人輸送・商用輸送も含め，

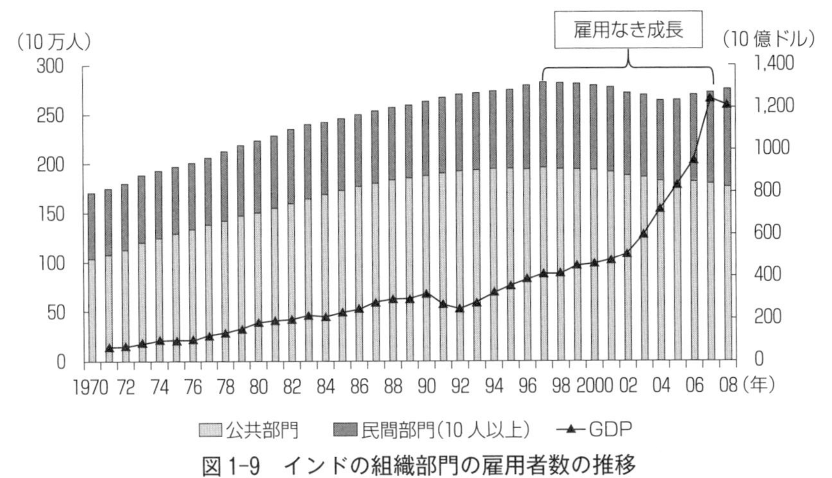

図1-9　インドの組織部門の雇用者数の推移

注：組織部門とは，非農業民間部門の10人以上を雇用する企業，および公共部門を指す．
出所：Ministry of Labor & Employment, Director General of Employment and Training, Government of India.

未だ自動車の大規模な普及の条件を欠いている．幾分の範囲の広がりがあるとしても，30年前も今日も，自動車を購入し得るのは人口のごく一部に過ぎない高所得層であり，その限られた範囲で，貨物輸送から個人的な自動車利用へのシフト，商用から乗用へのシフトが早い時期に進んだ．この限られた部分市場（法人・高所得者市場）だけを見るならば，自動車の普及率は比較的高く，需要の柱は買い替え・買い増し需要であり，その点で市場は「成熟」している．よって，日本や中国が経験したようなモータリゼーションは，未だ始まっていない，あるいは著しく異なったパターンで部分的におこっているに過ぎない，といえるだろう．

5　おわりに

社会の主たる価値観構造が市場の発達段階に応じて移り変わる．その変動が市場戦略に対していかなる含意を持つのか．新興国市場でもごく一部の高所得者・「成熟」した上位市場では，製品の品質への期待（価値観）や購買力は先進国のそれと大きくは変わらない．何より，こうした成熟した価値観が，安定成長期の市場では，外資系製品を未だ購入できない所得層まで浸透している点

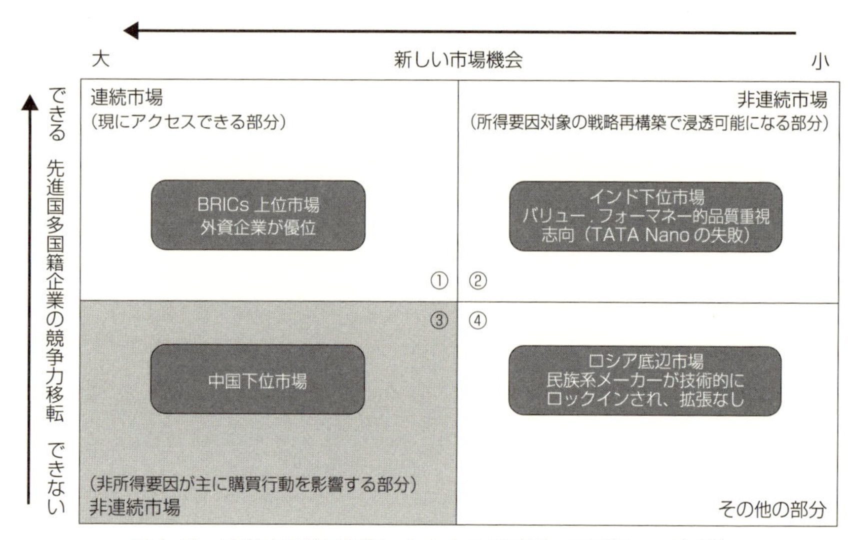

図 1-10　市場の発達段階に由来する異質性（BRICs の事例）

出所：筆者作成.

は，本章の第一発見といえよう．その意味では，価値観には同質性が見られ，所得要件などで非連続性を持つ，市場構造では，価格とともに品質やスペックを落とした製品は逆に限られたチャンスしかない．タタ・モーターズの『NANO』の失敗はまさにそれを物語っている．たとえ価格を数分の1に下げたとしても，残りの人口の大部分にとってはファーストカー需要・低価格車需要は潜在的な状態のままにとどまり，価格に見合うの品質に到達するまで，手を出さないことになる．**図 1-10** に置き換えると，①と②の間には，価値観における同質性と所得要因における非連続性の存在が確認できる．逆説的に，技術優勢に立つ先進国多国籍企業にとって，低価格小型車を主とする現地化戦略が大いに期待できる市場でもある[27)].

他方，日本と中国の市場発達過程に見られたように，a）産業高度化による持続的な所得改善を背景に，b）品質よりも低価格を優先とされるモータリゼーション期では，市場優位に立つ外資メーカーの戦略的意思決定だけではなく，民族系メーカーの台頭に伴って歴史的に登場してきた国産車＝低価格車の供給が市場の構造的変化の重要な起爆剤を演じている．背景には，導入初期では，機械的信頼性が低くても，車の保有に対する憧れで，民族系メーカーが開発した低価格大衆車——品質に課題が多くあるとはいえ——を購入するエントリーユーザーが持続的に輩出することが重要である.

これは, 資源の国際相場の向上による国際収支の改善(ロシア事例), 所得再分配政策による改善(ブラジル事例), 激しい所得格差を有しながらも構造的雇用不足の解消に繋がらない部分的生産性改善(インド事例)と徹底的に異なる性質を有している. 先進国市場で成功経験を積んだ多国籍企業からすると, 異なる価値観を持つ消費者の大量輩出は異質性が満ちる非連続市場の出現を意味するに違いないであろう(**図1-10**の③を参照).

注

1) 個人需要の増加は独立行政法人環境再生保全機構「日本モータリゼーションの到来」[http://www.erca.go.jp/yobou/taiki/siryou/siryoukan/pdf/W_A_007.pdf](2016年12月20日閲覧)を参照. その他のデータは一般社団法人日本自動車工業会(JAMA)の統計月報に基づき算出.
2) 2000年の統計では乗用車とバスを合計して「載客用車」として計算された. そのため, 365万900台には大型バスと中型バスといった商用車も含まれる. したがって, 個人所有の乗用車の比率は22.69%より更に低いはずである.
3) 2011年9月時点, 乗用車市場では輸出専門会社の本田汽車(中国)有限公司を含む合計63社が操業していた.
4) 例えば, 梅・寺村(2008)を参照.
5) International Road Federation『World Road Statistics 2005』を参照.
6) ロシアのGDP成長率がリーマンショックの影響で2009年に一気にマイナスへ転じ, −7.9%となった.
7) IMF『World Economic Outlook Database 2009』を参照.
8) 2001年, ロシア市場では159万8000台の車が販売され, 2007年に, 倍の313万1000台が販売された. 出所はRenaissance Capital(2008)に参照されたい.
9) 所得税と法人税の引き下げと税制の簡素化では, 2001年所得税を一律13%へ, 2002年に法人税率を35%から24%へ, 2004年に付加価値税率を20%から18%へ引き下げ, また同年に最高5%の売上税率が撤廃された. 他方, 2001年に外国企業に土地の所有を認める土地法が発効し, 2003年にWTO加盟に向けた重要法案の1つである「新関税法」が署名された. これでロシアのWTO加盟への期待が高まり, 外国直接投資が一気に増大し始めた. 2006年の外国人投資額は2000年の約7倍の140億ドル弱に達していた(水野, 2008; ジェトロ 経済分析部 国際経済研究課, 2005).
10) 1991年から2009年までのAvtoVAZ, GAZ, AvtoUAZ, Moskovich, KamAZ, IzhMashなどのロシア国産車メーカーの生産量は102万9800, 96万3042, 95万5844, 79万7924, 83万4916, 86万7339, 98万5809, 83万9608, 95万5406, 96万9235,

102万1682，97万4273，88万2733，80万3938，83万9718，83万5567，92万2300，83万3186，45万9199で，2008年までは90万台前後の規模を維持できた．データの出所はIreland, et al.（2006）と2010年に筆者が実施した現地取材による．

11）ロシア国産車の安さの原因は，LADAクラシックなどが代表されるように，ロシアの主流国産車が1980年代に本格化した製品技術そのものの電子制御への対応が遅れた反面，部品の構造が簡単である．また，長期にわたり車種間に部品の共通化が図れたため，低コストで生産できた．自動車文化の歴史が長いロシアでは，男性ドライバーには自ら車を修理できる人が多いため，部品が入手しやすく，維持費用が比較的に少額ですむ国産車に対する絶対需要は2000年以降にも安定的に維持されたのである．

12）経営資源の賦存量が高いという意味では，1990年代初めごろにはサンパウロでは20階建て以上のビルがすでに5000棟以上あることもその証左である．詳細は鈴木（2008: 22）を参照されたい．

13）詳細は西島（2002）を参照されたい．

14）2009年時点，ブラジルの都市化率が86.1%に達し，経済発展速度に許容される範囲を超える過度都市化現象が，インフラと公共サービスの供給不足，スラム化などの社会問題を引き起こしている．

15）両政権の16年間において最低賃金の実質引き上げ率は合計88%の増加となった（鈴木，2010）．

16）月間世帯所得が4807レアル（約22万5000円）以上の割合は2002年の12%から2009年の15.6%へ微増した（Brazil Ministry of Finance, 2010）．

17）5万レアルが為替で換算すると約228万円という高い価格になるが，しかしブラジルでは自動車に関連する税制が複雑で，関税や工業製品税（IPI）など税目が多い．排気量によって税率が変わるが，通常では新車価格の半分は税金といわれる．そのため，5万レアル以下の製品は他国市場では100万円以下の製品に相当する．

18）年間サービス業付加価値対工業付加価値の比率が，1989年の1.63倍からピークの2003年の2.01倍へ増加し，その後1.8倍で推移傾向を辿る．つまり，2003年以降インドの経済構造では製造業の台頭が確認できる．

19）1993を100として，1994年から2009年のインドの製造業生産指数が109.1，124.5，133.6，142.5，148.8，159.4，167.9，172.7，183.1，196.6（2003年），214.6，234.2，263.5，287.2，295.1，327.3になっており，2003年以降の好調がうかがえる．データ出所はMinistry of Statistics and Programme Implementation.

20）通常日本では税引きの「年間の世帯可処分所得が5000ドル以上，3万5000ドル未満の世帯」を中間層として定義するが，インドの中間層の定義では，税込の世帯収入を用いながらも，下限を4000ドル相当のラインにする点について留意すべきである．

21）National Council of Applied Economic Research資料による．

22）生産規模では，フランス，英国，イタリアをしのいで世界第6位になった．

23）ACMA（2010）を参照．

24)　ロシア国内には，モノカルチャー的産業構造を有する地方経済をいかに振興させ，石油価格に左右されやすい体質からいかに脱出できるかなどの産業構造の課題が山積しており，経済成長の持続性に不安要因を投下している．そのため，一時的な好景気だけで新興国として扱われるには難があるであろう．

25)　機械的信頼性ではなく，想定外のトラブルで『NANO』が失敗したとは到底理解しがたいものである．現地調査中に，インドの自動車業界関係者に対するインタビューから，「あまり安い価格で，『NANO』の所有と使用が『貧乏人』のレッテルだという社会風評」の存在も指摘された．こうした差別的な風評は2000年代の中国自動車市場ではまったく存在しないのである．

26)　石上（2010）を参照．

27)　ロシアの民族系自動車メーカーの事例で見られた通り，市場全体の動態と連動せず，年間販売台数が一貫して変動しない点は，時代遅れの技術体系にロックインされ，品質は異常に低いレベルにとどまるたにも拘らず，それが良しと受け入れる固有顧客層の存在が，一種の所得要因だけで説明できない価値観の相違による異質性として指摘できる．

参考文献

〈日本語文献〉

石上悦朗（2010）「インド産業発展における二つの傾向――インフォーマル化とグローバル化について（特集 グローバリゼーションの新段階とBRICsの台頭）――」『比較経営研究』（34），42-65頁．

梅松林・寺村英雄（2008）「新たな段階に向かう中国自動車産業の課題」『知的資産創造』16(7)，44-61．

ジェトロ 経済分析部 国際経済研究課（2005）「ロシアのＷＴＯ加盟と欧州企業のロシア市場戦略」ジェトロ・アジア経済研究所．

鈴木孝憲（2008）『ブラジル 巨大経済の真実』日本経済新聞出版社．

鈴木孝憲（2010）『2020年のブラジル経済』日本経済新聞出版社．

鈴木良治（1994）『日本的生産システムと企業社会』北海道大学出版．

内閣府税制調査会基礎問題小委員会（2004）「わが国経済社会の構造変化の『実像』について」［http://warp.da.ndl.go.jp/info:ndljp/pid/11117501/www.cao.go.jp/zeicho/tosin/160622.html］2018年10月20日閲覧．

西島章次（2002）「ブラジル経済――基本問題と今後の課題――」住田育法他編『ブラジル学を学ぶ人のために』世界思想社，51-71頁．

藤本隆宏（1997）『生産システムの進化論　トヨタ自動車にみる組織能力と創発プロセス』有斐閣．

水野順子編（2008）『WTO加盟と資本財市場の誕生――ロシアとベトナムの事例――』ジェトロ・アジア経済研究所．

李澤建（2011）「インドはモータリゼーションの夜明けか――市場発達段階と新興国商品戦略――」『一橋ビジネスレビュー』59(3)，p. 76-92.
和田一夫（2008）『ものづくりの寓話』名古屋大学出版会.

〈中国語文献〉

蓋世汽車（2008）『2008 年俄羅斯各地区汽車保有統計』[http://auto.gasgoo.com/News/2008/10/100751295129.shtml] 2008 年 10 月 20 日閲覧.

〈英 語 文 献〉

ACMA（2010）“Vision2020”（Press Release Aug 27, 2010）[http://ja.scribd.com/doc/39056386/Vision-2020-Press-Release#scribd] Accessed Jun 23, 2015.
Brazil Ministry of Finance（2010）“Brazil: Sustainable. Growth” [http://www.fazenda.gov.br/portugues/documentos/2010/p270410.pdf] Accessed Jun 23, 2015.
Ireland, R. D., Hoskisson, R. E. and M. A. Hitt（2006）*Understanding Business Strategy: Concepts and Cases*, OH: SouthWestern.
OECD,（1979）. *The Impact of the Newly Industrialising Countries on Production and Trade in Manufactures*, Paris: OEGD.
Renaissance Capital（2008）“Sector report”, [http://www.rencap.com/eng/research/MorningMonitors/Attachments/Auto-Feb_22.pdf] Accessed Oct 15, 2008.

第2章 産業政策とその「意図せざる結果」

1 はじめに

歴史的な歩みを捨象し，進出先の各国を「点」として扱ってきた既存の新興国市場戦略論で，強調された成長性は，分析した通り，必ずしも明示したものではないものの，意図したのは一定期間にわたり，持続性と安定性が揃った構造的成長に違いない．決して，一時的な好景気ではないであろう．しかしながら，こうした拡大は，先進国多国籍企業にしてみれば，従来活動している市場との非連続性が誰によって，いかに引き起こされたかについて，先行研究では必ずしも意識していない．いわゆる，非連続性が既に明示的に捉えられる状態を前提条件とし，その非連続性をいかに戦略的に克服にするのかという点のみを議論対象にしたのである．前章では，克服の際に，価値観構造の段階性に起因する異質性の可能性を指摘したが，なぜ，その相違が生じうるかという課題が依然として残っている．本章ではその発生メカニズムについて，考えられうる数多くの要因のうち，多くの新興国政府が重宝する「キャッチアップ」型産業政策との関連づけに焦点を当てたい．結論を先に取り上げると，幼稚産業保護的に執行された産業政策の下では，プレイヤーとして指定された企業集団（いわゆる「正規軍」）が思い通りに，自立化に向けて成長できず，諸取り組みで確保された経営資源がゆくゆく排除対象である指定外の企業集団（「ゲリラ軍」）の参入を可能にしたのである．

議論を円滑に進めるために，本章では，中国自動車産業の成長発展過程を例に，① 計画経済を特徴とする「閉鎖的自主発展期」，② 外資合弁事業が始まった1983年頃以後WTO加盟までの時期の計画経済と市場経済の並立ないし混合を特徴とする「移行期」，③ 2001年のWTO加盟以降，市場経済への移行が急速に進み「準市場経済国」の特徴が強まった「開放経済期」，の三つの段階に分ける．そこで，まず，「閉鎖的自主発展期」の中国自動車産業の歴史を簡潔にまとめ，計画経済体制の下での統制経済が，自動車産業にとっていかなる環境を意味したかを考察する．その際，自動車産業の発展に対する中央政府の認識，特に乗用車産業の振興に対する認識変化を確認し，この時期に中央政府が取った施策，とりわけその中核を担う「三大・三小・二微」体制がもたらす「意図せざる結果」を析出する．

2 「閉鎖的自主発展期」の中国自動車産業

2.1 自動車産業の発展に対する中央政府の消極的な態度

1980年代以前においては，中国の中央政府は，自動車製造業を重要な柱産業として積極的に発展させるという意思を持たなかった（陳，2005: 208）．当時の国際関係の下では，エネルギー安全保障の観点からして大量の石油製品供給を前提とする自動車中心の交通体系は国策として採用される余地が無かったためである．また，当時の自動車品質の低さや，道路の質が悪く走行条件が悪い点でも，自動車を主要な運送手段として位置づけるためには，膨大な投資や技術開発を必要とすることは明らかであり，中国にとって優先的な課題とは考えられなかったのである[1]．しかも，改革開放期頃までのイデオロギー闘争の中で，轎車はブルジョア階級の生活様式の象徴と見なされており，政府は轎車産業についてはむしろその成長を厳しく抑制する姿勢をとっていたのである．

こうした政策姿勢は，実態にも反映していた．たしかに，**図 2-1-1** に示すように，「道路総延長」は「鉄道総延長」を一貫して大きく上回っており（**図 2-1-2** ではその逆数で表している），「鉄道総延長」に対する「道路総延長」の比率は，1949年の3.7倍から，1957年の9.7倍に増え，その後，1984年までには，一貫して15～17倍という水準に維持していた．しかし，輸送実績をみると，貨物と旅客の運送のいずれにおいても鉄道の役割は圧倒的であり，その比率は傾向的には低下して，1970年代末に50%を割るものの，最重要の運送手段としての地位を維持しつづけていたのである[2]．その中でも，特に貨物輸送においては，鉄道依存が顕著であった．旅客運送では鉄道の輸送実績は道路のおおよそ2～4倍で安定していたのに対して，貨物においては1957年までの平均で約30倍，その後も1979年まではおおよそ20倍を推移していたのである．

こうした中で，自動車製造業を重要な基幹産業と位置づけ，その振興を図るという姿勢への政府の政策転換は1986年以後の第7次『五カ年計画』の実施

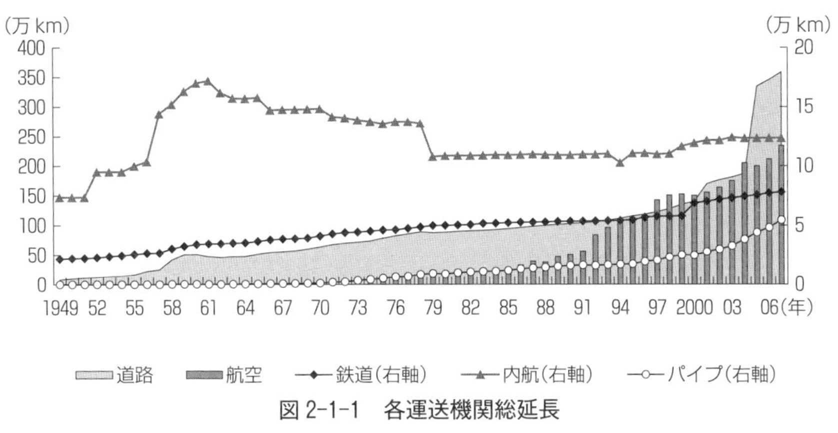

図 2-1-1　各運送機関総延長

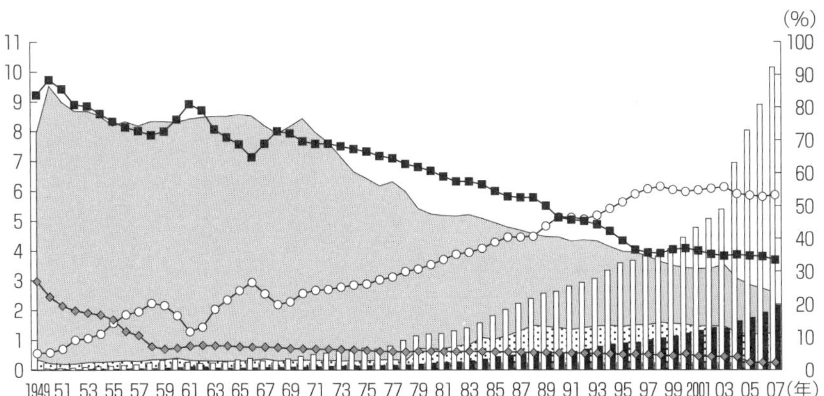

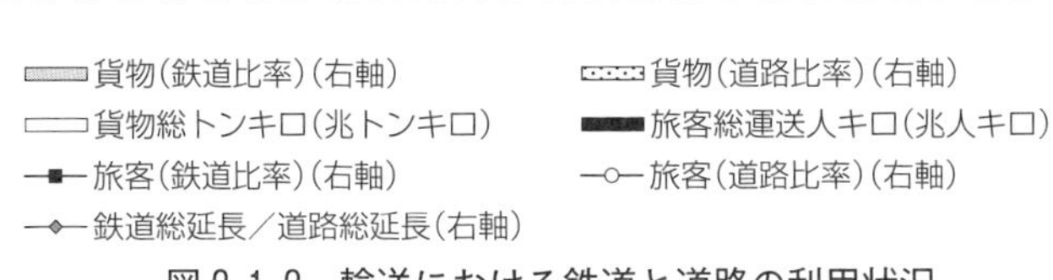

図 2-1-2　輸送における鉄道と道路の利用状況

図 2-1　中国輸送状況

出所：「中国統計年鑑」(2001〜2008 年版)，中国自然資源数据庫（交通運輸郵電数据庫［http://www.data.ac.cn/zrzy/G33.asp?name=&pass=&danwei=]）より，筆者作成.

までまたねばならなかった.[3]

2.2　自動車産業における投資構造の重層化

図 2-2 に示すように，1980 年代までの中国自動車産業には，中央政府と地

方政府という2つの投資主体が存在している．中央政府による投資の中では，第一汽車を建設するために1958以降に投じられた総額6.6億元と，第二汽車を建設するために1966～1977年に投じた延べ19.4億元が大きかった．一方，地方政府による投資は，第6次『五カ年計画』以前（1949～1975年）においてはほぼ全ての主要製品カテゴリーに及んでいた．例えば，北京汽車製造廠によるBJ212オフロード，上海汽車製造廠による32トン鉱山用大型トラック，北京第三通用機械廠によるBJ370型20トン鉱山用大型トラックなどの生産があった（中国汽車工業史編審委員会，1996: 134-144）．

第二汽車の建設完成に伴い，中型トラック市場が第一汽車と第二汽車によって寡占的に占められるようになった．それを受け，地方政府による投資は主に，大型・小型トラック，各種類の改装車両，専用車両の生産拠点，2000数社に及ぶ部品メーカーに振り向けられた．地方政府による投資はその後も高い伸びを示し，改革開放以後は地方の非政府系企業による投資も加わり，中央政府による投資より高い水準で推移している．

「閉鎖的自主発展期」においては，上述のように中国の自動車産業に対する投資は二層構造をなしていたが，1980年代の改革開放の動きの中で，大量の郷鎮企業や，その他の非政府系プロジェクトが第3の層として加わり，1990年代には三層からなる重層的な構造が形成された．頂点には中央政府が行う大

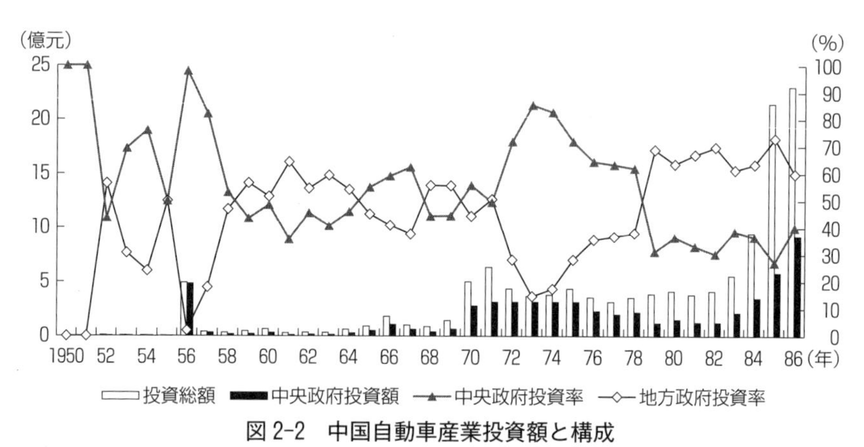

図2-2　中国自動車産業投資額と構成

注：元注によれば，1971～1975年中央政府による投資金額について，合計15.7億元という数字しかなかったため，年間平均の3.14億元を使用し，表記している．

出所：趙 英・胥 和平（1991）「需要与短缺一汽車産業生産組織結構不合理性的成因」『汽車情報』1991年12号1-6頁より，筆者作成．

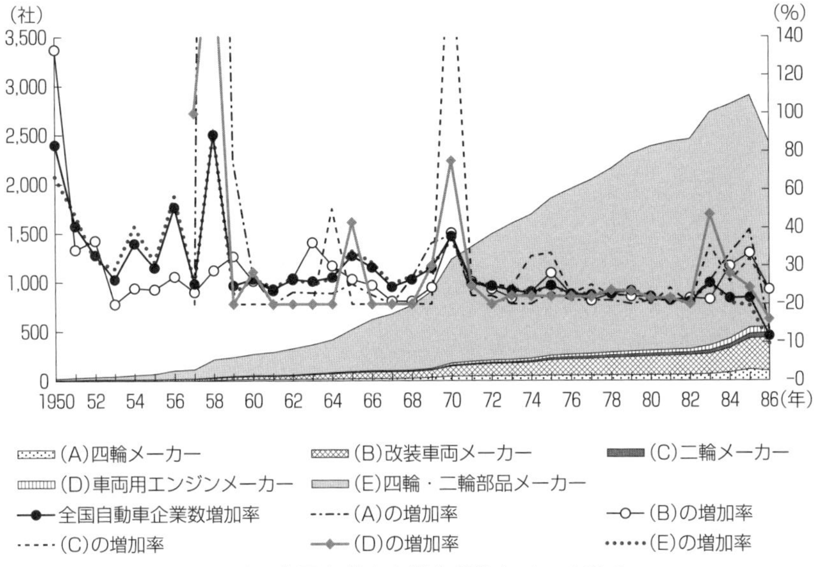

図2-3　中国自動車産業企業数とその変動率

注：1958年の「(A)の増加率」は700%，「(D)の増加率」は200%，また，1970年の「(C)の増加率」は200%である．乖離が激しいため，ここに別記する．
出所：国家信息中心経済予測部・中国汽車貿易総公司（1997）『1996中国汽車市場展望』（内部資料）より，筆者作成．

規模かつ長期の投資である第一汽車，第二汽車，および関連の中核部品製造プロジェクトに対する投資があり，また中間部では，地方政府が自らの重点プロジェクト，改装車両と専用車両メーカーに対する投資を行い，最下層では，大量の郷鎮企業が，改装車両や特殊車両の製造に参入し，また多額の資金や高い技術を要しない部品の製造に携わっていたのである．この図式にあてはまらない事例も少数みられたが，総じて，投資主体のいわば棲み分けがみられたのである（趙・胥，1991）．

こうした重層的投資構造の結果，自動車産業への産業企業数は著しく多くなり，かつ，地域的にも極めて多数の地域に自動車製造関連企業が存在するという，産業組織的にも地理的にも分散的な構造が出現した[4]．こうした趨勢は**図2-3**の自動車関連企業数の増加から伺える．例外的な年はあるものの，部品メーカー数の増加率は，全国自動車企業合計数の増加率より高い水位で推移していた．改装車両メーカー数の増加率は，四輪メーカーの増加率より高い水位で推移していた．このことは，地方投資が活発に行われたこととともに，産業全体の中での企業間分業の形で製品多様化が進んだことが確認できる.

2.3 大手自動車メーカーをとりまく苦境

上述の中央政府の態度, 重層的投資構造, 地理的分散化と多数の企業の参入, 企業ごとの製品多様化等で特色づけられる産業組織の下で, 大型の国有自動車生産企業（以下:「国有大型企業」と略す）が置かれていた諸条件と, その下でのこれら企業の生産体制について確認しておこう. ここでは, 主として中央政府の投資に依存する第一汽車, 第二汽車などの代表的な事例を念頭に整理する.

2.3.1 国有大型企業の生産体制

まず, **図 2-4** を用いて, 改革開放期以前の計画経済の下での国有大型企業の生産体制を簡単に説明しよう. 全ての生産は, 原則として国家計画委員会が作成した生産計画に従う. 完成車はユーザーに対してではなく, 国庫に納められる. その後, 生産企業とは無関係に, 国家計画委員会がこれを各ユーザーに配給する. その結果, ユーザーからのフィードバックは, 生産企業にほとんど届かないという問題が生じる. 他方, ソ連の援助を受けて発足した中国自動車産業では, ソ連と同様, 新製品開発を担当する研究開発機関は生産企業に属さず, 企業の外部に存在していた. そのため生産企業は製造機能を持つに過ぎず, 国有大型自動車企業でさえ, 設計開発体制を欠いていた.[5)]

また, 計画経済の下, 国有大型企業の経営裁量権は厳しく統制され, 主体的に製品を改善するモチベーションは著しく低下した. 上記の生産体制の下で製品改善を行うためには, まず政府に対して申請を行わねばならない. 申請が受

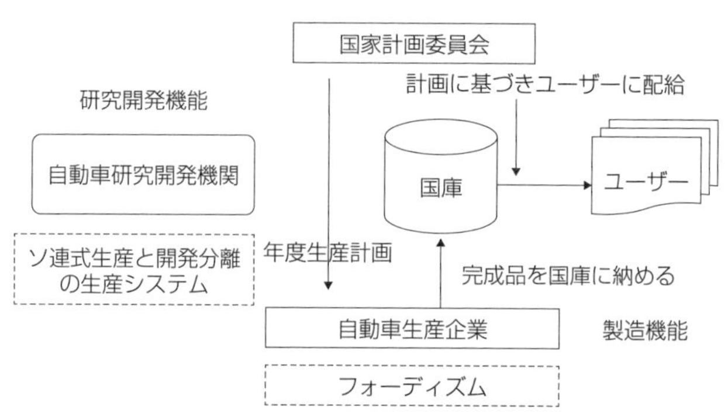

図 2-4　計画経済体制下の自動車生産体制

出所：筆者作成.

理された後，専門家チームが派遣され，改善の必要性と可能性などの関連事項について審査を行う．審査の結果，実行可能なプロジェクトと判断された場合に限り，改善が許可されるが，そのために必要な経費については政府からの支給を待たねばならず，しかも通常，順番待ちが発生する．このプロセスは，どの時点でも挫折しかねない非常に煩雑なものであり，生産企業での製品改善のモチベーションを大きく低下させた（陳，2005）．

例えば，第一汽車の大型トラックでは，ドライバーが前輪を踏み台にしないと運転室に入ることが出来ない構造となっていたため，運転手等が楽に乗降できるように，ドアの下に踏み台を二段追加してほしいという注文が来たが，この些細な設計変更に，実に6カ月を要したのである（路・封，2005: 113）．

そもそも，第一汽車の事例にみられるように，生産システムはソ連から移植されたフォード式大量生産方式に立脚していたため，専用設備が多数使われ，フレキシビリティの欠如が深刻であった．新モデルの投入に際して大量の設備の改造を要するという，フォード式の生産システム固有の問題も，成長の障害要因となっていた．例えば，1986年，第一汽車の『解放』CA141モデル・チェンジの際には，旧モデルの4046個部品のうち，78.2%の部品が再設計，実験され，従来の2万324種類の組立設備の他，2万4870種類の組立設備，1847台非標準設備，168台工作機械の新規据付が要された．更に，既存の7800台の生産設備の他，1万1574台の新規据付が必要とされた．延べ4億4000元を費やした経費には，中央政府が最初に支給した金額は僅か6000万元であった．

2.3.2　国有企業を取り巻く財政制度

当時，国有企業に対しては，中央政府は資金の「統収統支」（統一に徴収してから統一に支給する）という財政体制を採用していた．こうした「統収統支」のもとでは，国有大型企業の裁量の下にある資金はごくわずかであった．基本的に，毎年の利潤（経常利益）の0.1%に相当する金額を，国有企業の技術改造（生産技術改善）資金として上納金から控除することができた．しかし，その控除の手続きはいったん全額を上納した後に，0.1%に相当する額が政府から返還されるというものであり，実際には企業に確実に戻ってくるという保障はなく，多くの場合，省政府など中間段階で他の目的に流用されたのである．この控除率は，1990年代以後，生産企業の努力によって1%まで引き上げられたが，いずれにせよ実質的な改善を実現するには全く不十分な金額であった[6]．

表 2-1　中央政府投資と自動車産業による上納利潤（経常利益）・税金

（単位：万元）

年	上納利潤・税金額	中央政府投資額	投資額対上納金額
1980	168,482	15,100	9％
1981	110,183	12,600	11％
1982	135,570	12,500	9％
1983	164,843	21,500	13％
1984	231,764	34,800	15％
1985	395,371	58,100	14％
1986	322,612	92,500	29％

出所：趙 英・胥 和平（1991）「需要与短缺—汽車産業生産組織結構不合理性的成因」『汽車情報』1991 年 12 号，6 頁より，筆者作成.

表 2-1 では，生産企業が上納した利潤（経営利益）・税金と中央政府による投資の関係を表している．長期にわたって実施されてきた「統収統支」という財政制度の下で，国有大型企業は恒常的な資金不足状態に置かれ，新規需要に対する自主的な対応の可能性を顕著に低下させた．

2.3.3　研究開発における能力結成——人的資源の制約——

上述のような生産と販売での統制，投資の分散性や重層性，主要大手生産企業の資金不足の結果，中国自動車産業の研究開発能力は，著しく低い水準に留まっただけではなく，潜在需要への対応において硬直性すら生みだされたのである．この研究開発能力を位置づける上で，後の民族系メーカーの登場において重要なのは，上記のような制約によって人的資源の蓄積が総じて阻害されたこと，他方，限られた範囲ではあるが，人的資源の蓄積が無視しえぬ水準でなされていたことである．しかし，そうした蓄積は既存の国営企業中心の体制の下では十分に活かされず，むしろ後に，民族系メーカーの登場を支え，それによって初めて有効に活かされることになったと考えられるのである．

人的資源の蓄積の妨げとなった要因として，研究開発を担う人材の育成体制が挙げられる．まず企業内においては，前述図 2-4 に示したように，研究開発機関と生産機関が別々に設けられ，両者の連携はほとんど行われなかった．例えば，自動車産業を統括する中央政府機関である「第一機械工業部」の傘下にあった南池子汽車工業籌備組汽車試験研究所は，地方政府に移管時に「長春汽車研究所」と改称され，自動車に関する研究を行っていたが，1980 年までその研究は自動車の生産に直結する開発としての要素をほとんど持っていなかった．他方，生産活動を担う組織は研究開発機能を持たず，当然ながら専門的な人材も育成されなかった．そうした中でも，第二汽車など一部の企業では，少数ながら専門的な人材が育成されていたが，しかし，開発行為を実践する機会は少なく，人的資源の蓄積は非常に緩慢であった（陳，2005: 92-93）．

社会的な人材育成・教育体制においても，教育内容と実際の開発に必要とされる知識の間に大きなずれがあった．その一例を，ボディの設計に関わる人材の教育体制に見ることができる．中国では，伝統工芸美術品と家電製品などの軽工業製品の意匠設計が伝統的に重視されてきた．そのため，高等教育機関の工業デザイン学部に設置されてきたのは，おおむね工芸美術品の意匠・造型設計に関する専攻であった．そのため資格（中国語では「職称」と表記）は「工芸美術師」と「建築造型設計師」しかなく，教育課程でも，自動車産業に応用できるような内容は乏しかった．さらに，造型設計専攻の卒業生は，家電産業と軽工業，外国貿易関連部門や広告会社に就職する傾向がつよく，自動車産業にはボディ設計を担う人材が非常に不足していた．こうした中で，「工程師」（エンジニア）という，極めて包括的な一般的資格を取得したにすぎない者が，専門的なデザイン知識を欠いたまま自動車のボディ・デザインにあたることになり，結果として，実際の開発能力は低い水準にとどまった．

1980年代後半になると，こうした貧弱な教育体制に起因する問題は，改善されるようになった．湖南大学を始めとする一部の高等教育機関は，第一汽車，第二汽車，天津汽車製造廠，南京汽車製造廠に対し，依然として少数ではあったが，適切な人材を送り始めたのである．しかし，今度はこれらの企業での開発体制の性格のために，むしろ人材の遊休化という問題が生じたのである．これらの企業は，この時期，外国で開発されたモデルを採用して合弁生産を行うか，外国へ設計業務自体を委託してしまったため，これらの人材に，能力を発揮する機会が与えられず，人的資源の遊休化に帰結してしまったのである．

一方，当時その他の大多数の企業，特に中小規模の自動車生産企業では，依然として開発能力を持つ人材が不足しており，また資金等の制約もあって，ボディ設計にあたっては，外国製品の写真，または広告モデルを参考にしてコピー・模倣という手段をとらざるを得なかったのである（夏，1991: 2）．

以上の分析の通り，「閉鎖的自主発展期」に確立し，その後も自動車産業の発展を制約した構造的な問題は，以下の3点に集約される．①自動車生産全体が硬直的な国家統制の下にあり，自動車生産企業の自主的裁量権が乏しく製品開発・改善にインセンティブが働かず，製品の研究開発機能と生産機能が分割されていたこと．② 資金面においても，「統収統支」財政制度によって，国有大型自動車生産企業の開発力の蓄積が妨げられたこと．③ 人材育成体制にも大きな不備があり，それらが部分的に改善された後にも，育成された人材の活躍の場が限られたこと．これらの要因が総合的に働いたために，「真の自主技術[7]」が蓄積されないという状況が生じていたのである．

2.4 「閉鎖的自主発展期」における技術導入の特徴

以上のように，「閉鎖的自主発展期」に遡る中国自動車産業の歴史的背景には，総じて，自主開発能力の蓄積には直接にはつながらないものが多数あった．しかし，民族系メーカーの出現に先立つ時期の経験が，その登場にとって無意味であったと結論することもできないであろう．というのも，「閉鎖的自主発展期」にも，組織の外部から外来の製品モデルや技術，生産管理方法を導入し，その消化吸収を通じて，一定程度の能力を蓄積するという経験は存在しており，これが，――間接的であるとはいえ――いわばある種の「在来的」技術基盤，技術そのものというよりは，消化吸収能力そのものがノウハウとして後の時代に活かされた可能性が，否定できないからである．後述のように，奇瑞汽車の立ち上げ期において社外の各種の技術要素を消化吸収し，エンジニアを統括する役割を演じた康来明，馮建権，胡復ら，また同様に吉利汽車の参入時に同様の役割を果たした楊建中，徐浜寛らは，いずれも「閉鎖的自主発展期」に，若いエンジニアとして国有企業で類似の経験を体験していたのである．

「閉鎖的自主発展期」における製品導入は，2つの主要な方式に類型化できる．1つは，外国からの技術導入である．こうした外国技術からの導入は周知のソ連による技術援助の他，当時西欧諸国からの導入も見られた．導入された製品には，現地需要に適応させるための改良設計が行われた．ソ連による技術援助についてはよく知られているので，フランスからの技術導入など他の事例について簡単に触れておこう．

1962年ごろ，対ソ関係悪化の中，軍事用5トン以上の大型オフロードの需要が一層高まってきたが，国内で対応可能な製品は3トンまでの『黄河』しかなかった．こうした中，1965年のフランスのNATO離脱による中国との関係改善を契機に，フランスのベルリエ社から大型トラックの技術が導入された．

契約の総額は860万ドル（当時）であり，GCH（6トン6X6）軍用オフロード，GLM（15トン6X6）ダンプトラック，T25（25トン4X2）鉱山用ダンプトラック，TCO（50トン6X6）牽引車など，軍用・民用双方の需要を考慮した大型トラック技術が中心であった．その他，3種のエンジン技術及びその製造技術もあわせて導入されたが，当時の中国の政治的な不安定性のために，実際に生産まで持ち越されたのはGCHとT25だけであった（陳，2005: 109）．

単に技術導入とはいっても，実際には極めて複雑な，高度な対応能力を必要とするプロセスであった．ベルリエ社からのこの技術導入では，契約に基づき，製造技術に関する資料[8)]が，2435点，引き渡された．そのうち，上記4車種の車種別の資料が合計2195点であり，残りは共通の資料であった．しかしながら，それらの資料には実際の生産条件とは一致しない情報が多く，しかも，資料の欠落や記載ミス，年月を経て読解不可能であるなど，多数の問題があり，参照できる，あるいは情報として価値のあるものはその3分の1に過ぎなかった．そのため，そのまま採用された部品ないし生産技術は，全部のわずか12%でしかなかった[9)]．その後，西欧6カ国から主要加工設備を78台輸入し，輸入設備の使用率が73%に上った．

他方，フランスから図面が届く1965年4月に先立って，長春汽車研究所から輸入技術の受け皿となった四川汽車製造廠に所属を移転した技術者らは，既存のGCHを対象に，独自に分解測定を行い，図面起こしを行った．このような，「リバース・エンジニアリング」的手法を用いて，導入図面に不足している情報を補足しつつ，1966年6月には，2台の『紅岩』CQ260の組み立てに成功した．これは軍に引き渡され，2万キロの走行試験にかけられた．同年のうちに延べ35台が生産され，そのうち34台が，試験的に軍に納入された．

試験車輌の供給をうけた軍では，1967年3月，「八吨重型越野車使用調査簡報」（8トン大型オフロードの使用調査報告）を作成し，『紅岩』CQ260の品質に対し，14箇所の改良設計意見を出した．同年7月に，第一機械工業部が「越野車工作会議紀要」（オフロード業務会議紀要）を作成し，1968年に，中国での使用条件に適合させるために，エンジンの出力増強，運転室の中国式への適応設計，電気・ブレーキ系統の簡素化，車幅の拡張など6項目の意見をまとめ，CQ260からCQ261への改良設計を指示した．文化大革命の影響で，CQ261の試作は1970年までずれ込んだが，軍の要求を満たす形で，改良設計を行い，ほぼこれに応えた（中国汽車工業史編審委員会，1996: 119）．

このように外来技術の導入と応用を試行錯誤的に実現した四川汽車製造廠は，1970年代末から，軍用オフロードの発注の減少の中で，CQ261をベースに民需向けの多様な製品の開発に乗り出し，CQ261CZ・CQ262Cリグトラック（掘削機搭載車輌），CQ261Qセミトレーラー，CQ261CYタンクローリーなどの開発に成功した（中国汽車工業史編審委員会，1996: 125）．

以上の四川汽車製造廠の事例の他にも，1979年にはルーマニアから「ローマン」シリーズトラック技術が導入され，また1983年には，オーストリアのシュタイヤー社からも技術が導入された．いずれにおいても，単なる技術導入にとどまらず，現地化のための改良設計が行われていた．

第2の製品導入類型は，第1の類型と部分的に重なるが，特定のモデルを選んだ上で，「リバース・エンジニアリング」的手法を用いて行う開発である．これらについては，田島（1996）が詳しいのでここで繰り返すことはしないが，こうした開発手法で得た知識やノウハウは，改革開放期以降においても，設計改良の能力の基盤として一定の意味を持ち続けたと考えられる．これらの開発では，企業間の図面供与・技術移転，ユニット部品の共通化によるコピー・移植といった技術拡散のルートが，一般的に見られていた[10)]．

しかし，「閉鎖的自主発展期」においては，第1の類型である外国技術の導入がなされたのは基本的には商用車に限定されており，乗用車の開発は主に第2の類型である「リバース・エンジニアリング」的な手法によって行われていた．そのため世界的な技術水準との懸隔が当初から大きく，さらにその差は開く傾向にあった．改革開放政策が開始されて間もなく，「三大・三小・二微」の各指定企業が，いずれも乗用車生産においては真っ先に合弁による外国技術の導入に走った背景には，こうした大きな技術的懸隔があったのである．次節では，この「三大・三小・二微」の形成の，民族系メーカーの登場に対する歴史的な影響関係について検討する．

3　政府介入の強化と「三大・三小・二微」体制の成立

3.1　合弁事業の勃興と乗用車技術の導入

3.1.1 「合弁」という概念の由来とその普及

1978年10月，GMの代表団が中国を訪問し，大型トラック技術の中国への導入について協議が行われた．この商談で初めて，GMはジョイント・ベンチャー案を中国側に伝えた．イデオロギー的な考慮が支配的であった当時の状況の下，その是非についての最終的な判断は鄧小平氏に委ねられ，その同意を得て，ようやく実現されたのである（李，2008）．

1978年，上海汽車製造廠は，輸入代替のために外国から轎車の生産ラインを1本導入し，従来の『上海牌』轎車の生産規模を拡大したいとの要望を，当局に提出した．当時中国の自動車産業を統括していた「中国汽車工業総公司」の総経理である陳祖涛らは，この企画に賛成し，部分的な輸入代替と国内公用車需要の充足のために轎車生産の拡大を説く報告書を，国家計画委員会などの管轄部署に提出した．しかし，「乗用車はブルジョア階級の生活様式の象徴」と主張する一部の担当者の反対に遭い，却下された[11]．その後，陳は人脈を駆使して鄧小平に上記の報告書を届け，その結果，轎車生産にも合資の適用を許可すべきであるとの判断が下された．以後，「中国資本と外国資本の合弁事業」は定着し，中国語では「中外合資」と表現されるようになった．合弁という手法は，その後，乗用車に限られず，主要な技術導入の方式として自動車業界全体に急速に普及していった．

1983年に，北京汽車製造廠と米国のアメリカン・モーターズ・コーポレーション（American Motors Corporation，以下「AMC」と略す）の間で，「北京吉普汽車有限公司」という中国初の合弁事業契約が交わされた．他方，上海汽車製造廠は世界の主要な自動車メーカーと交渉を続け，その結果，ドイツのフォルクスワーゲン（以下：「VW」と略す）との提携が具体化し，上海フォルクスワーゲン（以下：「上海VW」と略す）の設立が合意された[12]．

その他の企業も，轎車の生産準備を始めた．第一汽車は，1985年に轎車生産拠点として正式に指定される以前から，国務院の許可を持たずに，クライスラーとの交渉を開始し，年間生産能力30万台の2200ccのエンジン生産ラインを買収し，轎車生産の迅速な立ち上げに備えて，自社工場に設置した．これは，クライスラーから『Dodge600』を導入し，外観を変更した後，『小紅旗』CA7220という名称で公用車として政府に供給する計画の一部であった．同時に，提携が順調に進んだ場合には，クライスラーの高級車であるCシリーズをも導入して，『紅旗』シリーズの中でも高級車と位置づけられる『大紅旗』に改良設計することも，計画されていた（陳，2005: 242-243）．

しかし，クライスラーとの交渉は難航した．クライスラー側は，既に自社からエンジン技術を導入した第一汽車が，クライスラーを提携先とする以外に他の選択肢がないに違いないと考え，完成車の技術導入が打診されると，ライセンス料として1760万ドルという多額の対価を要求し，一切の譲歩を拒んだ.[13)] そのため，第一汽車はより有利な条件を提示したVWとの提携を決め，1988年に『アウディ100』の技術移転契約を交わした.[14)]

第二汽車も，轎車生産技術の導入について，最初に富士重工，続いてGMとの接触を試みたが，両社の製品が第二汽車に与えられた小排気量普及型轎車という政府方針に合わなかったため，最終的に仏シトロエン社と提携した.[15)]

3.1.2　陳祖涛の乗用車生産体制構想と政府の対応

1982年に前述の「中国汽車工業公司」が設立されると，当時その総工程師（チーフ・エンジニア）を務めていた陳祖涛らは，中国の乗用車産業の将来構想の策定に取り組んだ．陳は，経済委員会，交通部，交通運輸研究所など，関係当局の各部門と共同の研究討論会を開き，自動車産業にとって合理的と考えられる製品構成比率を導き出した．当時，世界では，乗用車と商用車の比率は7～8割対2～3割であり，商用車では大型車が1割，中型車が2割，残りは全て「小型」と「微型」の製品であった．それに対し，当時の中国では，製品構成の90%以上を商用車が占めており，そのうちの70%以上が中型車であった．この点から，陳は中国の生産比率に合理性を欠いたものであると結論し，これを乗用車産業拡張の理論的根拠としたのである（陳，2005: 226）.

1983年以降，陳は，機械工業部長の段君毅，周子健，祁田などの自動車産業関係者中の実力派とも研究討論会を開き，乗用車産業について議論を重ねた．1987年5月，陳らは，これらの議論を踏まえ，「関於発展我国汽車工業的建議」（我が国自動車産業の発展に関する提言書），「発展轎車工業，促進経済振興」（轎車産業の発展による経済振興），「関於発展轎車工業的建議」（轎車産業の発展に関する提言書）という3つの書類を作成し，中央政府に提出した．

その2カ月後の1987年7月，陳らは，中央政府の主要幹部たちが集まる北戴河会議の会場を直接訪れ，薄一波（国家経済体制改革委員会副主任），李鵬（国務院副総理），胡啓立（中央政治局常務委員），姚依林（中央政治局常務委員・経済担当副総理），林宗棠（経済委員会副主任），黄毅誠（計画委員会副主任）（肩書きは全て当時）など複数の主要部門の担当幹部との直接面談を通して，乗用車産業の発展を支持するよう説得した.[16)] この進言は奏功し，会議中に姚依林が中央政府を代表し，正式に轎車産業の発展方針を許可した[17)]（陳，2005: 234）.

これが，後に「三大・三小・二微」体制の発足につながった通称「北戴河」

会議であった．この「北戴河」会議では，第一汽車，第二汽車と上海汽車という3つの轎車生産拠点，いわゆる「三大」として指定された．第一汽車には排気量2000 cc以上の中高級轎車が，また第二汽車には1300～1600 ccの普及型轎車が，そして上海汽車には，上海VWという合弁プロジェクトによる1800～2000 ccの「サンタナ」の生産が，それぞれ割り当てられた．その他，ノックダウン輸入組立から参入し，順次国産化を進めることを条件に，「三小」として天津，北京，広州の各地で轎車を生産することも認めた（陳，2005: 235）．数年後，軍事企業の生産能力を，民需品生産に転用する試みの一環として，長安奥拓（長安アルト），貴州雲雀（貴州レックス）の2つの微型轎車（日本の軽自動車規格）の生産プロジェクトが加えられ，轎車生産における「三大・三小・二微」体制が確立された[18)]．

その後，「三大・三小・二微」の枠から外れる投資計画が各地で表面化し，多数のメーカーの乗用車製造への参入による乱立が危惧されるに至った．そのため，「北戴河」会議から5年後の1992年1月，国務院は，生産能力の過剰が目立つ産業や，資本集約的大規模投資が必要な業種など，轎車生産を含む25の製造業の業種に対し，投資の抑制を指令する通知文書を出した．これにより，「三大・三小・二微」に集中的に資源を投入し，その以外のプロジェクトを許可しない姿勢をいっそう明確にしたのである[19)]．翌1993年にも，国務院は，「国務院関于厳格審批轎車，軽型車項目的通知」（国務院による轎車，軽型車のプロジェクトについての厳格許可に関する通知）を公布した．自動車産業への投資の過熱に直面した国務院は，参入規制を課そうとしたのである．

1994年3月，国務院は国家計画委員会の作成による「汽車工業産業政策」を公布し，「三大・三小・二微」体制を一層強化した．「汽車工業産業政策」では，「2010年までに，自主開発，自主生産，自主販売，自主発展ができ，国際競争力を有する3～4社の大型自動車企業集団」を育成することを目標とする一方，轎車生産への参入審査を中央政府の手に集約し，地方投資による参入を形式上完全に遮断した．これらの措置により，中国乗用車市場では，少数の中・高級車メーカーによる寡占市場構造が作り出された．

4　「三大・三小・二微」体制による「意図せざる結果」

4.1 「移行期」(1983〜2000 年) ——公用車の輸入代替を主とする市場拡大——

まず,「移行期」の乗用車産業の動態を確認しておこう．自動車生産台数は,1983 年の 23 万 9886 台から，民族系メーカーが参入し始めた 1998 年の 162 万 7829 台までに増加した．この市場拡大の中で，轎車生産台数は 1983 年の 6046 台から 50 万 7103 台へ増加し，公用車需要において輸入代替を実現し，更に個人所有の車の需要をも満たし始めた．1997 年頃まで急速に割合を高めた轎車供給拡大を担ったのは，外資合弁事業を中心とする「三大・三小・二微」の各企業であった．

図 2-5 は，個人所有の拡大を示している．1984 年に自動車，小型船舶，トラクターの個人所有を許可する「関於農民個人或聯戸購置機動車船和拖拉機経営運輸業的若干規定（農民個人若しくは複数家庭の連合による運輸業のための自動車，船舶，トラクターの購入に関する若干規定.）」という法令が国務院によって公布された．これで，個人の自動車所有の合法性が初めて示された．以後，個人所有の自動車保有率が 1984 年の 6.66% から 1998 年の 32.11% までに増加した．「個人所有車保有台数」に占める「載客汽車」(実質的には乗用車とバスの合計）の比率が，1984 年の 3.23% から 1998 年の 54.44% に上昇したことが確認できる．

以上のように,「移行期」の中国市場では，依然として公務用車需要が中心であるものの,「個人所有車保有台数」に占める「載客汽車」の比率が半分を超えた点などから，自動車社会への移行が進行しているといえよう．

4.2 「開放経済期」(2000 年〜) ——個人所有の需要増加——

開放経済期には，個人所有への転換の動きは一段と加速した．個人所有自動車の保有率は，1998 年の 32.1% から 2007 年の 66.0% まで，自動車年間生産台数の増減とはほぼ無関係に，年間平均おおよそ 20% の伸び率で安定して拡大し続けてきた．2002 年前後にはその数字は非個人所有の自動車保有率を逆転した[20]．

他方,「個人所有車保有台数」に占める「載客汽車」の比率も，1998 年の 54.4% から 2007 年の 80.5% までに増えた．特に「個人所有載客汽車」のうち,

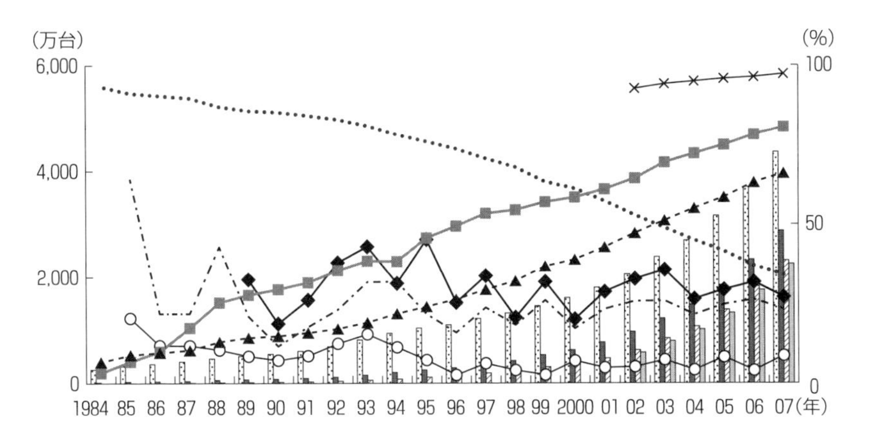

図 2-5　中国の自動車保有台数

注：1）統計分類上，「個人所有車保有台数」の項目には，「載客汽車」と「載貨汽車」という2つの子項目しかなく，個人が保有する乗用車はバスと一緒に「載客汽車」項目に集計される．

2）1985 年から 1988 年までの「個人所有載客汽車台数変動率」はそれぞれ 244.64%，78.24%，113.37%，108.31%である．乖離が激しいため，ここに別記する．

出所：中国汽車工業史編審委員会『中国汽車工業史 1901〜1990』人民交通出版社，徐 長明（1997）「私人汽車市場現状分析与展望」『汽車情報』1997 年 5 号，国家信息中心経済予測部・中国汽車貿易総公司（1997）『1996 中国汽車市場展望』（内部資料），中国自然資源数据庫（交通運輸郵電数据庫［http://www.data.ac.cn/zrzy/G33.asp?name=&pass=&danwei=］），『中国統計年鑑』（2001〜2008 年版），『汽車情報』（2003〜2008 年各号）より，筆者作成．

一般乗用車の需要に近いと思われる「小型・微型載客汽車」[21]の保有台数が確認できる 2002 年以後，同値が「載客汽車」の合計に占める比率は 2002 年の 92.66%から 97.25%まで上昇し，一貫して 9 割を超える水準で推移している．この点から，この間の個人所有「載客汽車」の増加の大半が，個人所有の乗用車の増加によるものであることが判明する．

4.3　合弁事業によるスピルオーバー効果

前述の「閉鎖的自主発展期」に行われた外国からの技術導入では，外国で作成された図面に基づき，中国側が国内需要条件に即した設計変更を行うが，製造面では主として中国の国産部品を用いて生産が行われる．この場合，最終製品の品質は，オリジナルな図面の設計品質のみならず，中国で国産される部品の品質や，中国側の設計変更の能力からも影響を受けざるを得ず，結果的に，導入先の製品の品質に比して水準がある程度低下する事態が生じたと考えられる．一方，「移行期」[22]における合弁事業での技術導入では，設計図面のみならず，生産管理技術，経営ノウハウ，特に部品の現代的な生産技術も併せて導入された．端的には，中国自動車産業の技術水準の底上げをもたらす波及効果が発生したのである．

VW社の中国進出を例にこの点を検討してみよう[23]．上海VWの設立当初，VWからの特許譲渡をきっかけに，ドイツ政府の支援も受けながら，知的財産権保護制度が中国で初めて作られた．当時の中国の部品産業は貧弱であり，1987年の国産化率はわずか2.7%であった．国産化率を引き上げるために，VW側は世界200数社の部品サプライヤーに対し，中国への進出を呼びかける一方，上海汽車のサプライヤーに対して，技術支援を行った．これらの対応の成果もあって，上海VWのサプライヤーは2007年には400社に達し，これらの企業は上海VWのみならず，他の自動車メーカーにも部品供給を行っている．他方，2008年まで，VWは中国において総額81億ドルを投資し，13社の関連企業を設立した[24]．これにより，3万3000の直接雇用の機会と30万の間接雇用の機会が創出され，現代的な技術とそれを支える各種の理念及び認知の普及が促された．

例えば，社内教育において，提携を開始した1980年代から，ドイツ式の社内教育体制が導入され，中国人管理者と技術者がドイツの本社や関連子会社に派遣され，教育を受けさせた．その規模は，後には常時100人を超えるに至っている．その結果，合弁の開始後近年までの20数年の間に，ローカライゼーションに必要な現地人材が大量に育成されたようになった．

このような波及効果は，外資合弁メーカーのみならず，直接的な提携・合弁関係を外資との間で持たなかった民族系メーカーにも及んでいた．後述のように，奇瑞汽車を立ち上げた最初の技術者チームはこの一汽VW出身者であったため，間接的には，外資合弁事業を通して，部品の生産技術，部品サプライヤー育成，生産管理と経営ノウハウ，生産技術，設計開発技術などが，民族系メーカーにも移転されたのである．

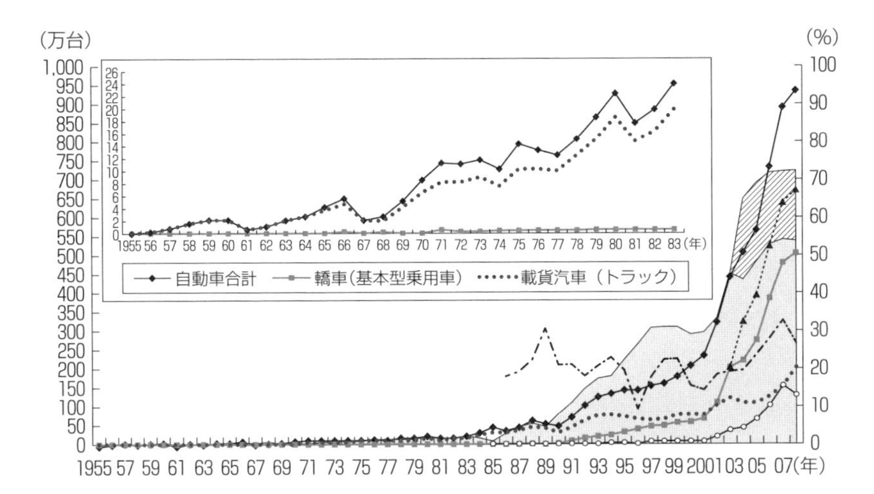

轎車(基本型乗用車)率(B)／(A)(右軸)　　乗用車(轎車を除き)率(C-B)／(A)(右軸)
(A)自動車合計　　(B)轎車(基本型乗用車)
(C)乗用車全体　　載貨汽車（トラック）
自主ブランド轎車生産台数　　自主ブランド轎車比率(右軸)

図 2-6　中国の自動車生産状況

注：1）2003 年までの載貨汽車（トラック）の生産台数に当年度の底盤（シャシー）の生産台数が含まれている．2004 年以後の生産台数は「貨車総計」と「非完整貨車総計」からなる．
2）2001 年以後の分類基準の改正で，従来のマイクロバスとして計上されていた一部の車（主に定員 9 人以下のマイクロバス）を乗用車としてカウントされるようになった．従来の「轎車」という概念は新分類基準では「基本型乗用車」に対応している．

出所：中国汽車工業史編審委員会『中国汽車工業史 1901～1990』人民交通出版社，『中国汽車工業』（1997，2001～2003 年版），『中国汽車工業発展年度報告』（2000～2003 年版），中国自然資源数据庫（交通運輸郵電数据庫［http://www.data.ac.cn/zrzy/G33.asp?name=&pass=&danwei=］，「中国統計年鑑」（2001～2008 年版），『汽車情報』（2003～2008 年各号），「自主品牌轎車暦年産量表」『轎車情報』2008 年 11 期 30 頁，羅 蓉「汽車零部件的世貿首戦」『中国商務部一網刊』2006 年 21 期［http://www.cacs.gov.cn/cacs/webzine/webzinedetails.aspx?webzineid=698］2008 年 06 月 09 日閲覧より，筆者作成．

4.4 「三大・三小・二微」体制による「意図せざる結果」

しかし，こうした中でも，WTO 加盟を目前にした 1990 年代後半になると，グローバル競争にさらされることになる中国自動車産業の競争力への関心が次第に高まった．金（1996），金・賈（1997），王（1997），張（1996），呉（1996）らは，外資と提携している「三大・三小・二微」の各指定メーカーが，かつての日本や韓国のメーカーとは異なり，外資合弁からの波及効果を活かして，轎車（基本型乗用車）生産で「自主開発」体制へと転換しないのはなぜかという問題を新たに提起したのである（金・賈，1997: 5）．**図 2-6** に示したように，轎車市場の拡大の中で，「自主ブランド」製品はむしろ減少に転じて，1994年に出された「汽車工業産業政策」の目標達成にはほど遠くなっている．

図2-6では，1985年から2007年までの各年度の轎車（基本型乗用車）生産台数に占める自主ブランド轎車の割合を，「自主ブランド轎車比率」と表記している．1991年まで，自主ブランド轎車は『上海牌』と『夏利』に限られており，1992年に『上海牌』の生産が中止されてから1999年までは，天津汽車の『夏利』が唯一の自主ブランドであった．2000年まで「自主ブランド轎車比率」が乱高下しているのは，当時の『夏利』の不安定な操業実績の結果である．『夏利』の生産台数は1999年に過去最高の12万7159台を記録したが，翌年の2000年には8万1951台に落ち込み，それにより「自主ブランド轎車比率」も15.5%に下がった．

これらの論者は，従来の商用車の技術導入では中国側が自ら改良設計を行う局面が存在したのに対し，合弁による乗用車技術の導入においては，「三大・三小・二微」メーカーは中国市場の需要特性に対応するための改良設計をもっぱら外国側に任せてしまい，そのために吸収・消化への努力が十分に行われなかったとして，これら中国の各社の怠慢を指摘している[25)]．時間の経過につれて，新製品の開発も，外来のモデルの改良設計も，外資側に頼らざる得ない状況が生じており，事実上，「外資技術依存」という現象が生じているとして，これに懸念を表明している．

5　おわりに

以上の分析を簡単に要約しておこう．まず「閉鎖的自主発展期」においては，交通政策上の鉄道重視，国有自動車生産企業をとりまく環境，とりわけ計画経済体制に固有の硬直性，乗用車生産に排除的なイデオロギー的な価値判断等の諸制約条件が存在していたために，自主的な製品開発能力の蓄積や自動車産業の自立性獲得は，著しく阻害されていたのである．

この時期の商用車の製品開発では，外国からの技術導入と，「リバース・エンジニアリング」的手法にもとづくモデルの導入という2つの類型がみられたが，乗用車部門での本格的な技術導入は，後の「移行期」における「三大・三小・二微」体制の成立を待たねばならなかった．

「三大・三小・二微」体制のもとでは，外資との合弁という新しい形態が選択され，世界水準から大きく遅れをとっていた中国乗用車産業の設計開発，生産管理，経営ノウハウ，人材教育を急激に底上げする効果をもたらしたが[26)]，他方では，こうした幼稚産業保護産業政策の結果，「三大・三小・二微」メーカーでは，外資技術依存という現象が起こり，「自主開発」への転換がかえって実現できなくなったのである．

高橋（2007）では，「組織吸収能力のロックアウト」について，Cohen and Levinthal（1990）を援用して以下のように論じた．

> 「企業が自身の吸収能力への投資を一旦止めると，動きの速い分野ではもう二度と新しい情報の吸収同化も探索もできなくなるという経路依存性の極端なケース」を「ロックアウト」と名づけている．またその現象が出現する理由について，以下の2点を指摘している．「(i)組織が初期に吸収能力を発達させないと，吸収能力が発達していれば期待を変化させたはずの兆候の重要性に気がつかず，その分野にある技術的機会に関する確信が時間を経ても変化しない傾向があり，(ii)吸収能力に対する初期投資が低レベルだと，その後の期で，たとえ技術的機会に気がついたとしても，投資の魅力度を減衰させてしまうからである」．

外資合弁事業が軌道に乗った結果，「三大・三小・二微」体制のもとでは，中国の自動車製品の総合的な品質は，著しく高まった．そのため，独自の開発・製造能力の構築が不十分な中でも，自動車製品の品質に対するユーザー（主に官庁・法人需要）の要求は，これに伴い著しく厳しくなった．その結果，従来型の製品開発能力と製造技術しか持たない「三大・三小・二微」メーカーの中国側企業は，独自にこれに対応することが不可能になってしまったと考えられる．とりわけ，東風汽車（第二汽車），広州汽車，北京汽車のように，最初から乗用車の生産開発技術を持たないメーカーの場合には，乗用車開発設計に関する技術ノウハウの吸収・消化は短い試行の後に放棄されてしまったのもそれが所以である．こうした現象を，産業政策の「意図せざる結果」の一例とみなすことも可能かもしれない．しかし，この間の産業政策の主眼は，官庁用車の輸入代替であり，決して国民車の供給における「産業自立化」ではない点を忘れてはいけない．その結果，政策的に手厚く保護された「三大・三小・二微」メーカーが既存の中高級轎車市場に閉じこまれると同時に，次第に高まった低価格小型車の需要を潜在的な状態のままにした点が，第2の「意図せざる結果」，いわゆる市場の歪みといえよう．

注

1）当時，旅客運送に使われていたバスの騒音が大きく，走行速度も低かった．最大の問題は車外から埃が浸入することであった．貨物運送では，大型車両は不足しており（当時，7割以上のトラックは4～5トンの中型トラックであった），走行速度も低かったため，輸送能力を担うことは十分ではなかった．これらの問題が悪路と相俟って，道路による運送業の発展を大きく阻害したのみならず，政府による自動車工業に対する重視度も阻害していた（陳，2005: 280-281）．

2）当時の鉄道運賃が低額であったことも，鉄道運送を有利にした原因の1つであった（陳，2005: 280-281）．

3）1991年からはじまる第8次『五カ年計画』では，「自動車製造業は，交通運送業の需要を満たすためだけではなく，国民経済発展の全般においても，重要な地位を占めている」と位置づけられていた．また，第9次『五カ年計画』（1996～2000年）では「自動車産業において，部品産業，経済型轎車，大型トラック産業を重点的に発展させ，国内に技術開発体制を立ち上げ，規模化経営を実現させる」ことを目標としていた．更に，第10次『五カ年計画』（2001～2005年）では「轎車の一般家庭への普及を推進し，公共交通産業に力を入れて発展させよう」と計画されていた．最後に，第11次『五カ年計画』（2006～2010年）では，新たに「省エネ・燃費のいい自動車の製造と使用を推進する」と決まっている．

4）関連分析は，田島（1996）が詳しい．

5）第二汽車を建設する際に，こうした問題点を総括的に解決するために，専属の製品研究開発機構，技術センター，金型工場，鋳物工場，機械加工工場などの自社設計開発施設をあわせて建設し，第一汽車が発足した当初よりある程度の状況改善がされた（陳，2005: 94）．

6）「長期にわたって，自動車産業は基幹産業として重視されず，しかも，科学技術能力建設に対する投資比率が常に低かった．建国以後，（1994年まで；引用者注）政府による自動車工業での科学技術能力建設に対する総投資額は合計3億元未満で，全部の科学技術機関の総資産合計は外国中型完成車メーカー，若しくは大型部品メーカーの規模より少ない」．機械工業部汽車工業司（1995: 9）．

7）詳細は山岡（1996）第9章第2節を参照されたい．

8）原文では中国語の「工芸技術」と表記している．

9）中国側は，これらの資料の不備を理由に，ベルリエ社に賠償金として120万ドルを要求し，獲得した（中国汽車工業史編審委員会，1996: 118）．

10）関連分析は，田島（1996）と山岡（1996）などの文献が詳しい．

11)「轎車生産に対して，計画生育（一人子政策）と同様に厳格に規制すべき，一台でも多く生産してはならない」と担当者から意見を述べられた（陳，2005: 236-237）．

12) 中国との取引に関して，フォルクスワーゲンの経営陣の内部でも対立的な意見が生じていた．しかし，会長のカール・H・ハーンが反対意見をおしきって，将来の中国経済の成長に希望をかけることにした．1980年代，ハーンは中国汽車工業公司のトップ宛てに手紙を出し，中国との提携についていっそう大きな目標を提示していた．つまり，上海における合弁事業は中国に対する支援であり，協力でもあったため，見返りとして，今後の中国自動車工業における外国提携先をフォルクスワーゲン1社のみに指定すべきと主張した．また，上海VW，第一汽車とのアウディ100プロジェクト以外には，轎車生産権を持つもう1つの「三大」企業である第二汽車との合弁事業にも，意欲を表明した．しかし，ハーンの態度から中国側が危機感を感じ，第二汽車との合弁を回避させた（陳，2005: 246）．

13) 金額が合わないため，商談の成立を求めて陳祖涛と朱鎔基はクライスラーの本社を訪れて合意のために努力した．しかしクライスラー側は，完成車との一致性（製品アーキテクチャの角度からいわゆる擦り合わせ）等の点で第一汽車にはクライスラー以外には選択肢がないと認識しており，金額について一切の譲歩を拒否した．これで，第一汽車がやむを得ず，以前から合弁に好意を寄せ，いい条件を提示していたフォルクスワーゲンを選んだ．両社の合意をしたことを知ったクライスラーは，慌てて態度を変え，すぐ契約にサインをすれば，ライセンス料を象徴的に1ドルとすると提案したものの，手遅れとなった（陳，2005: 244）．

14) 李（2005: 115）では，「一汽は当初，アウディ100に搭載することを目的にクライスラーの『CA488』エンジン（ダッジ600ミニバンに搭載されていた）のライセンスを取得し，一汽の敷地内に工場を建設したが，VWのブランド特許に抵触するため，結局アウディへのCA488エンジンの搭載は出来なかった」としたうえで，このクライスラーのエンジンと，『アウディ100』の組合せを念頭に，『小紅旗』の開発が，「ライセンス部品の寄せ集め」によってなされたと結論している．しかし本文で述べたように，陳の回顧録によれば，このような組合せは当初から意図されたものではなく，提携交渉の不調の結果，やむを得ず選択されたものである．むろん，結果的に「ライセンス部品の寄せ集め」となったことは事実であり，その点で李（2005）の指摘は妥当なものではあるが，これを，企業の戦略的な方向性として解釈するならば，行き過ぎであろう．

15) 富士重工が提供しようとした車種は軽自動車で，一方，GMが提供した候補車種は第二汽車に定められた製品ポジションより大きかった．

16) 1984年以降，個人の乗用車保有は合法化されていたものの，実態としては，そのほとんどは公用車であった．1990年代初頭までは，自動車の個人的な使用を前提としない制度が多々あり，これが一般家庭へ普及を阻害していた．例えば，各地の自動車教習所への入学条件の1つには，職場の紹介状が含まれていた．こうした中，轎車生産の拡大という点で中央政府の説得に成功した陳は，1988 年以降，轎車の一般家庭への普及を訴え始めた．影響力のある経済紙である『経済参考報』の 1988 年 1 月 23 日号には，小型轎車の富裕家庭への普及奨励を説く陳のインタビュー記事が掲載された（「鼓励小轎車進入富裕家庭」）．この記事が嚆矢となり，その後は一部のマスコミで乗用車の一般家庭への普及が説かれるようになったが，その本格的な普及は，2000 年以後を待たねばならなかった（陳，2005: 236）．

17）中央政府が轎車工業の発展に対して，方針転換を採った理由には，改革開放後の輸入急増を止めようとする思惑も働いたと思われる．

18）1988 年 12 月 14 日に，国務院は「関於厳格控制轎車生産点的通知」（厳格に轎車生産拠点を抑制する通知）を公布し，中央政府の許可なしの生産プロジェクトを一切認めないとして，新規参入を遮断した．

19）「国家計画委，国務院生産弁公室による若干の長期産品及び熱点産品の建設プロジェクトの申請・批准に関する意見書に対する回答通知書」（1992.1.23）．

20）いわゆる，公的資金によって購入され，政府及び関連機関，国有企業，社会集団が所有する自動車のことをさし，本章では特別な断りがない限り，「公務用車」と同様な意味で使用する．

21）公安部が公布した「機動車登記工作規範」（自動車登録規範：筆者訳）では，全ての四輪自動車が，人を乗せる自動車を意味する「載客汽車」，貨物を載せる自動車を意味する「載貨汽車」とトレーラーと専用車両を含む「其他」という 3 種類に分類されている．また，車体の長さ（L）と定員数（P）によって「載客汽車」を「大型」（L≧6 m 或いは P≧20 人），「中型」（L＜6 m，9 人＜P＜20 人），「小型」（L＜6 m，P≦9 人），「微型」（L≦3.5 m，排気量≦1000 cc）という 4 種に分類する．したがって，一般的に言う乗用車が登録の際に「小型」と「微型」に分類されている．

22）少なくとも，1997 年の上海 GM の設立までの時期．

23）ここでの記述は断りのない限り，大衆汽車リリース「大衆汽車，与中国同行」（2009 年 1 月 24 日閲覧）[http://caefi.mofcom.gov.cn/aarticle/m/200809/20080905782453.html?2734252667=3900901850] 及び「大衆汽車推動中国汽車工業振興」（2009 年 1 月 24 日閲覧）[http://autos.cn.yahoo.com/08-11-/321/286kw.html] を参照．

24）上海大衆汽車有限公司，一汽一大衆汽車有限公司，大衆汽車（中国）投資有限公司，大衆汽車変速機（上海）有限公司，大衆汽車一汽平台有限公司，上海大衆汽車動力総成（発動機）有限公司，大衆汽車一汽集団発動機（大連）有限公司，上海集団大衆汽車銷售有限公司，一汽集団大衆汽車銷售有限公司，大衆汽車汽車進出口業務公司，大衆汽車金融（中国）有限公司，大衆汽車北京中心公司，大衆汽車自動変速機大連有限公司という 13 社である．

25）外国側が改良設計を担当する理由には，知的財産権上，図面の所有権，及びその関連する設計変更を承認する権利は依然外資側にあることは重要である（路・封，2005: 39-44）．

26) この底上げ効果は，外資合弁企業に働いたのみならず，間接的には，民族系メーカーにも波及した．例えば，奇瑞汽車の最初の開発組織である「佳景科技」（第6章参照)」の前身は第二汽車内部において，長期間にわたり，外資合弁事業を通して，乗用車の設計開発能力を鍛え上げたチームであった．同チームは，第二汽車での独自の乗用車開発の断念により，チームごとに奇瑞汽車に移籍した．

参考文献

〈日本語文献〉

高橋伸夫（2007）「組織の吸収能力とロックアウト――経営学輪講 Cohen and Levinthal（1990）――」『赤門マネジメント・レビュー』6(8)．

田島俊雄（1996）「中国的産業組織の形成と変容」『アジア経済』37(7)(8)．

山岡茂樹（1996）『開放中国のクルマたち』日本経済評論社．

李春利（2005）「自動車――国有・外資・民営企業の鼎立――」『新版グローバル競争時代の中国自動車産業』（第4章・第1節）蒼蒼社．

〈中国語文献〉

陳 祖涛（2005）『我的汽車生涯』人民出版社．

機械工業部汽車工業司（1995）「国内外汽車工業技術水平対比分析」『汽車情報』8号，1-10頁．

金 履忠（1996）「関于我国小轎車発展的幾個戦略問題」『汽車情報』11号，10-13頁．

金 履忠・賈 蔚文（1997）「引進外資到了認真総結経験的時候了」『汽車情報』8号，2-6頁．

李 安定（2008）「鄧小平拍板轎車合資」『共産党員』3，46-46頁．

路 風・封 凱棟（2005）『発展我国自主知識産権汽車工業的政策選択』北京大学出版社，113頁．

王 祖徳（1997）「我国汽車工業引進整車技術現状，問題及建議」『汽車情報』12号，19-21頁．

呉 法成（1996）「提高利用外資質量水平，加速民族汽車工業自主発展」『汽車情報』12号，5-9頁．

夏 天（1991）「対目前我国車身設計傾向之我見」『汽車情報』11号，1-11頁．

張 寧（1996）「浅談我国汽車産業技術創新体系的建立」『汽車情報』11号，5-9頁．

趙英・胥 和平（1991）「需要与短缺一汽車工業生産組織結構不合理性的成因」『汽車情報』12号，1-6頁．

中国汽車工業史編審委員会（1996）『中国汽車工業史1901～1990』人民交通出版社．

〈英 語 文 献〉

Cohen, W. M. and D. A. Levinthal (1990) "Absorptive capacity: A new perspective on learning and innovation," *Administrative Science Quarterly*, 35, 128-152.

第3章 制度の「すきま」と新興国企業の企業成長

1 はじめに

今から振り返ってみれば，2000年前後に民族系メーカーが出現したが，その歴史的準備要件とは，① 閉鎖的自主発展期の商用車開発での経験，② 外資合弁事業での「技術移転」によって生じたスピルオーバー効果，③ それらの底上げ効果としての民族系メーカーへの間接的な波及，この3点であった．とりわけ，外資合弁事業に携わった国有企業では，乗用車の自主開発に必要な人材も，その開発活動を支える経験や開発データの蓄積も行われず，育成されかけていた人材は，後に社外に流出し，民族系メーカーの初期開発体制の主力となった．しかし，「三大・三小・二微」体制の下で，認定された外資合弁メーカー以外のすべての自動車企業は，そもそも制度的に排除される対象となっていた．そのため，低価格小型車に対する潜在需要がいかに高まっても，供給の役割を担う企業の存在しなかった場合，第1章で分析したように，中国自動車市場におけるモータリゼーション期の出現は，到底実現に至らなかったのであろう．市場勃興として顕在化に導いたのは，企業努力のほかに，何かしら徹底的な要因が存在するに違いない．

本章では1990年代後半から2001年にかけて，中国民族系メーカーが乗用車生産への参入を果たした過程において，当時の自動車製品管理制度に存在する不備がいかに低価格小型車市場の顕在化に寄与し，民族系自動車メーカーの成長機会になったかを明らかにする．

2 中国自動車製品管理体制とその不備

中国の自動車産業政策に関する研究は，従来は主に「中国自動車産業政策」の解釈を中心に行われてきた．たしかに，「中国自動車産業政策」（以下：「産業政策」と略す）は，中国自動車産業において，いわゆる一国の法律制度の中にある憲法の存在と同じく，産業全体の秩序と方針のあり方を規定する根本規範である．しかしこれは，政策の骨格を規定するにすぎず，「産業政策」の実施は，実際には政府の各関連担当部門が各自に制定する実施細則，関連法律・条令によって行われている．例えば，自動車の安全性に関する評価基準——3C（China Compulsory Certification）基準の制定と実行は，国家質量監督監査検疫総局と中国国家認証認可管理委員会が担当しており，環境保護，排気規制に関する評価基準は，国家環護総局が担当しているのである．したがって，「産業政策」の影響を評価する際には，一歩踏み込んで実行基準にあたる各実施細則と関連法律・条令まで分析の目を向ける必要がある．それにより初めて，政策側と企業側とのダイナミックな関連づけがより鮮明に浮び上ってくるに違いない．

また，「産業政策」に対する既存の分析の多くは，主に外資規制，輸入政策など対外的な政策の分析を対象としており，国内の経済主体に対する規制やその影響に関する分析は，ほとんどないに等しいといってよかろう．本章では，管理制度の「意図せざる結果」の１つとして，枠外からの民族メーカーの参入という現象のメカニズムを分析する．公的な「産業政策」の体系は，「市場メカニズム」を排除する方向を向いていたが，その政策の下でも実際には市場メカニズムは機能しており，その１つの帰結が，民族系自動車メーカーの参入であったと考えられる．この点を明らかにするために，まず中国自動車製品管理制度の仕組みから説明しよう．

2.1　中国自動車製品管理制度の構成

一般的に，1990年代の中国自動車製品管理制度は「産業政策」と各実施細則，関連法律・条令から構成されるというように捉えられる．したがって，本章では，自動車産業政策と自動車プロジェクト投資管理，撤退管理，自動車製品分類，安全基準認定，自動車流通，登録管理に関連する法令を「中国自動車製品管理制度」として定義する．一方，実施機関の立場から考えれば，「中国自動車製品管理制度」は，「産業政策」が産業全体の各方面の発展方針を示し，関連担当部門が自らの責任の範囲内で，関連する条例，基準を作成，実行するという「分権構造[1]」を有している．ここでは，「産業政策」を作成する部門が「どの部門が何をどうすればよい」というような観点から他部門に指示を発し，全般を仕切る調整役ではないことを理解する必要がある．こうした自発的・水平的な「分権構造」の下では明確な権限配分は存在せず，調整役が不在のため，「自動車製品消費」に関する規制・条例が空白のまま，排気・環境汚染問題には3つの部門が各自規制・条例を出し，多重管理を行っている．一元的な組織を欠いたこうした状況を，中国語では「多頭管理」と揶揄されていた．こうした中でも，新規参入と最も深く関連しているのは自動車プロジェクト投資管理を中心とする法令である．その中でこの役割を中心的に担っているのは，「目録管理」という管理制度（以下：「目録管理」と略す）である．

2.2 「目録管理」実行のメカニズム

2.2.1 「目録」の正体

「参入規制」の機能を果たす一連の法令の中で，中国のマスコミ，または一部の研究者の間で広範に使われている「目録」，「生産権」，「生産許可」という用語は政府産業担当部署が自動車生産企業を「目録」に登録し，生産の正当性，すなわち，生産権を認める「目録管理」のことを指す．まず「目録管理」制度の発展経緯を簡単に振り返ってみよう．目録制度の発祥は1989年に中国汽車工業聯合会と公安部が共同で発布した『全国汽車，民用改装車と摩托車（二輪）生産企業及び産品目録管理暫定規定』（以下：「暫定規定」と略す）にまで遡ることができる．その後，制度内容と担当部署は何度も変化を加えられた（**表3-1**参照）．2000年12月29日に国家機械工業局によって発布された『2000年全国汽車，民用改装車と摩托車（二輪）生産企業及び産品目録（総目録）』，『2000年全国汽車，民用改装車と摩托車（二輪）生産企業及び産品目録（補充第一期）』，『2000年全国汽車，民用改装車と摩托車（二輪）生産企業及び産品目録（補充第二期）』，『2000年農用運送車生産企業及び産品目録』（総称：目録）は当時広い範囲で言われていた「目録」の正体である．

2.2.2 「目録管理」実行のメカニズム

製品を「目録」で管理することはいかにも計画経済的な特色を持つ行政管理手段であった．2000年までの時期は基本的には参入の行政審査と製品の指定生産が「目録管理」制度の特徴として挙げられる．また，政府は産業全体の無秩序な拡大及び低水準な工場乱立を防ぐにはそれが適切であると主張した．「目録管理」の実行メカニズムは以下の2つステップで構成されている（**表3-2**参照）．

表 3-1　自動車参入関連の管理法令の変遷

	名　称	発布(年.月)	担当部署
目録制度	『全国汽車，民用改装車と摩托車（二輪）生産企業及び産品目録管理暫定規定』（目録暫定規定）	1989.5	中汽聯と公安部
	『全国汽車，民用改装車と摩托車（二輪）生産企業及び産品目録』と『農用運送車生産企業及び産品目録』（産品目録）	1993	機械工業部と公安部
	『2000 年全国汽車，民用改装車と摩托車（二輪）生産企業及び産品目録（総目録）』，『2000 年全国汽車，民用改装車と摩托車（二輪）生産企業及び産品目録（補充第一期）』，『2000 年全国汽車，民用改装車と摩托車（二輪）生産企業及び産品目録（補充第二期）』，『2000 年農用運送車生産企業及び産品目録』（総称：目録）	2000.12	国家機械工業局
公告	『車両生産企業及び産品公告』（公告）	2001.1	国家経貿委員会
		2003.6	国家発展と改革委員会

出所：中国国家機械工業局・公安部（1999）『関于改革汽車，摩托車，農用運輸車目録管理的通知』（国機管 563 号），マスコミ報道より，筆者作成.

表 3-2 「目録管理」実行のメカニズム

	企　業	産業担当部署	消費者	公　安
Step1	新車開発中・販売前に目録申請	資料審査 地方政府→中央政府に推薦→許可		
		品質検査→通過		
		企業と製品情報を目録に掲載・公示		
Step2	販売開始		車購入	
			新車登録	製品情報と目録での掲示情報と照合
				一致→ナンバープレート発行→登録 販売機能初めて実現
				不一致→登録拒否

出所：「全国汽車，民用改装車と二輪生産企業及び産品目録管理暫行規定」と中国国家機械工業局・公安部（1999）『関于改革汽車，摩托車，農用運輸車目録管理的通知』（国機管 563 号），マスコミ報道より，筆者作成.

まず，申請段階（Step1）では，新規の場合には，企業が所在地の自動車管理部門に申請を出し，地方担当部署による受付，審査，同意を得た後，申請が中央政府の管理部門に推薦される．中央管理部門の最終審査によって許可が下される．全ての審査を通過すると，企業と製品の情報が「製品目録（リスト）」に載せられ，社会に公示される．この時点では当該企業の認可された製品の全国における販売が可能になる．また，既存製品のモデル・チェンジの場合も必ず上述したプロセスを経て，許可されなければならない．

次に，実行段階（Step2）では，企業が認可を受けた製品を市場で消費者に販売する．消費者が車を公安部門に持ち込み，新車登録手続きを行う．公安部門は公示された「製品目録（リスト）」に付属する製品の写真，型番，主要なパラメータ等の情報だけではなく，生産企業の情報も照合する．両者が完全に一致した場合のみ，ナンバープレートが発行される．一致しない場合には，新車登録が拒否される．また，公安当局は持ち込まれた車が密輸入車であると判明すれば，摘発する．「目録制度」の下では，政府担当部門が企業の「製品生産権」と生産権を持つ企業の「製品販売権」に対する「二重許可」で，認可しない企業及び製品を市場から締め出し，産業全体の秩序を維持しようとしている．ここで強調しておきたいのは，この産業規制の機能が事実上製品流通段階で果たされることが，後に民族系企業に参入可能性を与える重要な要因となったことである．

2.2.3 「目録管理」の問題点[2)]

1989年に発足した「目録制度」の趣旨は，80年代後半の中国自動車産業の「散・乱・小」，「重複建設」を収拾することであった．この点については，その歴史的役割を評価すべき面があるものの，品質検査以外には各申請段階に明確な判断基準が存在せず，人為的要素に影響されやすい．結局，随意性が生じ，審査は行政審査となってしまったのである．「製品生産権」と「製品販売権」による「企業」と「製品」に対する「二重許可」となった「目録制度」は企業の経営裁量権を侵害し，企業経営に過度の干渉を与えた．例えば，微細なスペック変更も全部の申請プロセスを通過しなければならないので，企業の経営資源の浪費となる．さらに，新車を発売する前に申請を済ませなければならないことから，秘密性がまったくないともいえる．したがって，こうした「目録制度」の存在が，企業の研究開発活動を妨げ，ユーザーの潜在要求を無視し，市場需要へ適応するための企業のモデル・チェンジを遅らせ，企業内部において自らの能力構築活動を抑制するメカニズムを醸成させたといえよう．

3　1994年以後における中国自動車市場の変化
──高まる「国民車」需要──

表3-3で示したように，1993年から1996年にかけて寡占市場が形成されるにつれ，上位3社への集中度が上がる一方，寡占によって，市場構造が歪められるようになった．さらに，歪んだ寡占市場構造は高い寡占利益を生み出し，ついに，参入規制の存在にも拘らず，高額な利潤率[3)]を求め，政府の認めた「枠組み」の外からの参入が引き起こされ，1996年以後，上位3社への集中度が急速に逓減しはじめたのである．

3.1　構造的非合理性に歪められた市場構造と「枠組み」外からの参入

3.1.1　需要面の要因

まず，需要面から見てみよう．「中国社会調査事務所が2000年1～4月に行ったアンケート」では，一般大衆が2000年の時点で乗用車価格に対する受容能力は主に10万元以下に集中し，全体の77%も占めている．また，大衆の消費水準に対する推測から直轄市と省都を除き，中国には10万元以下の市場が広く存在していることが明白である（畢，1992; 胡，1997; 藍・伍，1993; 向，1996; 徐，1997; 賈，2004; 賈，2005; 周，2006）（**表3-4**参照）．「中国自動車市場調

表3-3　中国乗用車（轎車）産業上位集中度

（%）

年	1993	1994	1995	1996	1997	1998	1999	2000	2001
CR3	80.8	84.5	82.6	87.3	81.8	83.0	78.84	69.15	61.29

出所：干春暉・戴榕・李素栄（2002）「我国轎車工業的産業組織分析」『中国工業経済』第8期，15-22頁．

表3-4　2000年一般大衆の乗用車価格受容能力

5万元以下	5万元～10万元	10万元～15万元	15万元～20万元	20万元以上
36%	41%	15%	5%	3%

大衆消費水準への推測

東　部	中西部	西　部	直轄市	省　都	地方都市
14.5万元	9.5万元	9.9万元	15.7万元	10.4万元	5.6万元

出所：塩見治人編著（2001）『移行期の中国自動車産業』日本経済評論社．

査研究会が発表した『中国の都市における自動車の家庭所有状況調査報告』によると，輸入車を購入する実力を持つごくわずかな有産者を除けば，高収入家庭の自動車購入予算は18万元，一般収入家庭は7.6万元である」（塩見，2001: 325）というような数字もある.

3.1.2　供給面の要因

一方，**表3-5**のように市場に出回っている乗用車価格を見てみると1990年代末には13万元以上の「中級の乗用車が乗用車市場の大半を占める」（塩見，2001: 323）．中国乗用車市場の需要の7割以上を占めるローエンドでの潜在需要に対応できる製品は不十分だったことが分かる.

ローエンド需要に対して，乗用車の指定生産拠点として，「三大・三小・二微」のメーカーがなぜ十分な供給が出来なかったか，若しくはしなかったか．ここで，その問いについて，主として『東風小王子』を例にして説明しよう.

『東風小王子』は，これまでの技術導入期でみられる幾度のリバース・エンジニアリング的開発と異なり，独自開発の源流ともなった車種として，中国の自動車産業の歴史に残る存在である（亦，2002; 李，2003）.

中国初の自主ブランド小型乗用車として，1994年に発足されてから8年間の歳月をかけて東風汽車[4]が独自開発したのは『東風小王子』である．ローエンド市場で普及を念頭に，販売価格を5万元前後に設定したものの，**表3-6**に示すように，『東風小王子』の目標スペックは，後出**表3-10**にある天津夏利『TJ7101』に比較しても遜色しないものである．何より，後者はダイハツのシャレードの技術供与をベースとしたうえ，1990年代を通して，中国におい

表3-5　中国主流メーカー製品価格比較

単位：万元

車種名		2005年	車種名		2005年
紅旗CA7560	52（'95）	56	シトロエンZX	13.5（'97）	7.78
サンタナ	13.5（'97）	12.5('00)	プジョー505	13.5（'97）	—
サンタナ2000	16.5（'97）	17.1('00)	チェロキー2021	18.8（'97）	—
アウディ100	28.9（'94）	34.5	シャレード	6.65（'97）	3.38
小紅旗	22（'97）	24.8	アルト	6（'97）	3.28
ジェッタ	13.5（'97）	—	レックス	6.28（'94）	4

注：　上記比較には完全同様の車種とは限らない.
出所：各マスコミ報道に基づき，陳晋（2000）『中国乗用車企業の成長戦略』信山社，64頁，表3-5に加筆し，筆者作成.

表 3-6 『東風小王子』EQ7100 主要スペック

車型	2BOX5Door
価格（万元）	5.88～7.98
全長／全幅／全高（mm）	3,465/1,475/1,395
整備重量（kg）	760
満載重量（kg）	1,020
ホイルベース（mm）	2,350
最大乗車人数（名）	4
エンジン	376Q
排気量（cc）	993
圧縮比	9.5：1
最大出力（Kw/rpm）	38/5,600
最大トルク（N・m/rpm）	75.8/3,200
最高時速（km/h）	125
加速性能（0～100 km/h）・S	17.5
サスペンション前	独立懸架装置
サスペンション後	独立懸架装置
駆動方式	FF
燃費性能（km/L・60 km/h 走行時）	22.2

出所：李 陸山（1999）「"小王子" 微型轎車」『大衆汽車』1999 年 3 期，1 頁．写真は「汽車之家」[http://club.autohome.com.cn/album/24083.html; http://club.autohome.com.cn/album/24082.html] より，筆者作成．

て実質上「国民車」を担う存在であった．もちろん国産化率の向上に伴い，天津夏利『TJ7101』の販売価格も次第に低下してきたが，1990 年代後半では依然 6 万 6500 元～9 万 2000 元を要していた．そこで，『東風小王子』の商品企画は時代の潜在需要に十分とらえていると思われる．

低価格車とはいえ，『東風小王子』の開発では，当時の中国自動車メーカーに思えないほどの開発実力を見せていた．例えば，車体の設計開発には，100万キロ以上の道路実験と複数回の衝突実験を行った．意匠設計だけでも5回変更された．これが実現できた理由は，ボディ設計では従来の手書き方法と違い，コンピュータを用いたCAD・CAEなどの新規取得技術が図面作成にフルに活用されたからである．設計能力の向上で，ボディ構造に対して騒音影響解析まで行うことができ，衝突実験を含む諸耐久性能の評価実験も省かれずに行ったことで（李，1999），評価→修正→性能向上→再評価といった脱リバース・エンジニアリング設計のための，現代的な設計能力が初めて中国自動車メーカーにて確認された事例といえよう．

競合する外国技術導入車種に勝つために打ち出した低価格戦略のかなめは国内で既に存在する部品に対する積極利用である．コスト削減を図るが，当時国産車では故障率の高い，ヘッドライト，テールライト，ドアロック，ドアハンドル，ドアヒンジなどの機能部品にあえて輸入部品を採用することで，設計品質全体の耐久性能を担保したのである．1998年に，試作車50台が生産され，機械工業局が主催した製品鑑定会（開発完了評価会議）も無事通過でき，プロジェクトが量産化段階へ突入した．その後の生産拠点の配置について，東風汽車が本社所在地の湖北省にて3万台の生産プロジェクトが承認され，部品サプライヤーとの調整にも手がけはじめた．

しかし，『東風小王子』のために，プレス工場を建設するだけでも1億元以上の資金が要する投資計画に対して，1998年頃，当時の東風汽車の経営陣がローエンド市場の見通しについて，いまだ不明瞭だと判断し，投資規模を控え，「小規模投資によるリスク回避」という方針を採った．

そのため，初期ではプレス工場を建設せず，容易に加工成型できる繊維強化プラスチック（FRP）の採用に至った．FRP素材の採用で，設計開発段階で確定した衝突性能の放棄が余儀なくされた．同様なリスク回避の経営方針のもと，生産拠点も本社所在地から山東省栄城にある東風汽車の孫会社に移転され，生産計画が年間5000台に下方修正されたのである．以後，量産移行に対して，東風汽車が持続的に資金を投入せず，『東風小王子』が山東省で試生産（パイロット生産）段階にとまったまま，2002年以後生産中止となった．

『東風小王子』の事例を用いて，後述する吉利汽車の成長発展経路と比較すると，国有自動車生産企業での経営判断には，市場需要だけでは通用しない一面を確認できよう．『東風小王子』の開発とほぼ同時期に，ローエンド需要に注目し，吉利汽車も製品開発・導入を試みた．しかし，**表3-10**で分かるように吉利汽車が生産する『豪情』が2000年時点になっても，価格の面では必ずしも『東風小王子』に対して優位的といえず，特に設計品質の面において，リバース・エンジニアリング的開発をはるかに超えた体系的開発によって世に送り出された『東風小王子』と比べ，断然劣位にあるといっても過言ではない．それにもかかわらず，順調に生産規模を拡大でき，成長してきたのはなぜか．それは，『東風小王子』の没落を通じて見えてくる，潜在需要の前に躊躇した東風汽車の経営陣の経営判断能力の高低というより，むしろ，自主ブランド製品を独自開発する際に，欠けていた「市場志向」の有無が大きな相違点といえよう．そのため，『東風小王子』は「三大・三小・二微」の枠内の企業として，独自開発できるのに，自主開発をなぜ敢行しないのかという問いを理解するには一例に過ぎないかもしれないが，きわめて代表性がある一例である[5)]．もちろん，第2章で既述した国有大型自動車メーカーを取り巻く苦境に由来する諸制約条件も忘れてはならない．いずれにせよ，「三大・三小・二微」で構築された独自開発の能力が枠内では開花できず（『東風小王子』），市場志向と出そろってからようやく自主開発へ昇華できるメカニズムについて，第6章にて言及する奇瑞汽車へ移籍した『東風小王子』開発チーム（佳景）の事例で改めて詳述する．

結局，潜在需要に対して，指定された生産拠点による供給が十分に対応できなかった．広範囲に存在していた潜在需要及び過剰保護による高い国内市場価格・利潤率の存在が，1997年以後直ちに「枠組み」外からの猛烈な参入を誘発する動因に化した．そして，その動因に刺激され，参入規制を回避した形として現れてきたのは準轎車[6)]であった．以下では，中国自動車分類基準と合わせて，準轎車のことを説明する．

3.2　準轎車の出現

3.2.1　中国自動車分類基準

中国では2001年7月3日に新しい自動車分類基準GB/T3730.1-2001とGB/T15089-2001が発布され，全車種を乗用車と商用車に分類するまでは，1989年に設定したGB9417-89標準を用い，車を**表3-7**に示す通り，8種類に分類していた．この基準は「目録制度」の成り立ちを支える根本的なものとなっていた[7)]．マスコミがよく使う「6ナンバー」，「7ナンバー」という用語は

表 3-7　車分類（GB9417-89 基準）

分類	車
第１類	トラック
第２類	オフロード
第３類	ダンプトラック
第４類	牽引車
第５類	専用自動車
第６類	バス
第７類	轎車
第８類	予備分類
第９類	セミトレーラー

出所：筆者作成.

表 3-8　中国自動車製品型番構成例— JL6360

□□ ○ ○○ ○ ■■	a：企業名略号（拼音表示）例：JL—吉利
a b c d e	b：車両種類別略号 例：６—バス
□□○ ○○ ○ □□□ ■■	c：車両主要諸元略号
a b c d f e	例：36—車台の長さ：3.6Ｍ
□：アルファベットのみ	d：製品順番号 例：０—当会社０番目製品
○：数字のみ	e：企業自定義略号
■：両者とも可能	f：専用自動車分類略号

出所：筆者作成.

実はこの分類ナンバーのことで，通称の「６ナンバー」はバス生産権をさし，「７ナンバー」は乗用車生産権をさしている．したがって，実用の際，製品の種類を表示するために，型番が設けられている．**表 3-8** のように，型番が基本的にａ～ｄまでの４つの部分から構成されていた．ｂの位置に，「６」からはじまると，その車がバスであることを表し，「７」からはじまると，轎車になる．轎車の場合には，ｃの位置に排気量を表す数字が記入されるが，バスの場合には，ｃの位置に車台の長さを表す数字が記入される．例えば，JL6360とは「吉利」ブランドの０番目のバス製品（長さ3.6メートル）を表しているのに対して，MR7130が「美日」の1.3Ｌクラスの０番目轎車製品を表す．

旧分類標準のGB9417-89は当時の生産状況を反映したもので，その時点では合理的なものであったが，不備も内在していたことは無視できない．1989年までは，中国国内の自動車生産はトラックを中心的に行われていた．GB

9417-89 標準が当時のトラック中心という生産状況を反映し，第１種類のトラック以外にも当時生産量が多かったダンプトラックを第３種類に，牽引車を第４種類に，セミトレーラーを第９種類にそれぞれ単独種類として定義した．そのように，トラック，バス，乗用車の間の区別より，トラックを何種類にも用途別に分けて異なる種類として過大定義する一方，乗用車を暗黙に轎車（スリーボックスのセダン）として過小定義してしまった[8)]．しかも，従来，部品産業を育成するために，一部のバス参入に対する生産審査権を地方政府に譲ったことで，地方政府がバス参入の審査権を持つようになった．その後，外資合併事業の勃興につれ，それまで中国国内に存在しなかった車種が続々と中国市場に投入された．例えば，ツーボックス，SUV，MPV である．その結果，轎車の分類が乗用車全般の状況に対応しきれなくなるのは必然であった．一方，中央政府が猛烈な乗用車への参入をより狭い定義の轎車分類で引き締めようとする行為[9)]は市場需要と管理体制のミスマッチを物語っている．こうしたミスマッチの下で，地方政府はバス生産参入審査権を用いて，乗用車をバス分類で認証し，「準轎車」という分類上に存在しない車を作り出した．

したがって，「分権体制」と「ミスマッチ」が合わさり，「準轎車」という「枠組み」外から参入できる良い条件を提供した．そのミスマッチを狙い，準轎車メーカーが急激に出現した．

3.2.2　準轎車の出現

前述した分析のように，中央政府が「三大・三小・二微」体制を維持するために，「目録制度」管理を強化[10)]し，徐々に寡占的な歪んだ市場構造を作り出した．また，分権体制の下で，「目録制度」自体に内在する不備――乗用車に対する過小定義の存在――が，市場需要と管理体制の間でミスマッチの生じる根本的な原因となり，地方政府の支持を持って参入制限を回避できる参入ルートを作り上げた．誘発動因と参入ルートが揃ったうえ，政府の産業規制の思惑とは正反対に「枠組み」外からの参入が一層猛烈に誘発されるようになった．

表 3-9 で示した準轎車メーカーも指定生産メーカーが対応できない潜在需要に応え，乗用車をバス（6 ナンバー）名義で生産・販売し，ローエンド製品と競合しながら力強い成長の勢いを見せていた．例えば，**表 3-10** で示したように，吉利汽車がバス（6 ナンバー）として販売していた HQ6360 と天津夏利が轎車（7 ナンバー）名義で販売していた TJ7101 が明らかに同様な消費者の需要に応えていたにも拘らず，分類上は異なっていた．こうして参入してきた準

表 3-9　1990 年代後半から準轎車メーカーの販売台数

メーカー	車種	価格（万元）	1999 年（台数）	2000 年（台数）
東南（福建）汽車（合弁）	富利卡	9.380	0	10,313
長豊（集団）公司（合弁）	猟豹	15.000	4,099	10,278
悦達起亜汽車公司（合弁）	PRIDE	9.900	5,607	7,216
寧波吉利汽車公司（民族）	豪情	5.800	3,750	11,425
南汽南亜汽車公司（合弁）	英格爾	6.800	801	4,663
安徽奇瑞汽車公司（民族）	奇瑞	8.798	0	2,600
合　計			14,257	46,495

注：価格は各マスコミ報道に基づく 2000 年頃の価格である.
出所：干春暉・戴榕・李素栄（2002）「我国轎車工業産業的分析」『中国工業経済』2002 年第 8 期 15-22 頁.

表 3-10　準轎車 HQ6360 と轎車 TJ7101 の比較

パラメータ	HQ6360	TJ7101
写真		
種類	第 6 種類―バス	第 7 種類―轎車
価格（万元）	5	8
メーカー	吉利汽車	天津夏利
長・幅・高（mm）	3,650/1,615/1,410	3,680/1,615/1,385
ホイルベース（mm）	2,340	2,340
エンジン	376Q	TJ376QE
排気量（cc）	993	993
車体重量（Kg）	1,170	815

写真出所：（左）李書福（2018）「向改革開放四十周年致敬」『台州日報』 4 面　2018 年 5 月 21 日付.
（右）「北京のタクシー　30 年の変遷」人民網日本語版［http://j.people.com.cn/94475/8285230.html］2019 年 2 月 14 日閲覧.
出所：マスコミ報道より，筆者作成.

轎車メーカーの殆どが合弁企業である中で，「自主開発」を揚げて参入を果たした「寧波吉利汽車公司」と「安徽奇瑞汽車公司」は異色の存在である．両社の参入は中国自動車産業の自立化という使命の担い手は「三大・三小・二微」

で指定された国有企業から民族系メーカーへ切り替ったことを意味する歴史的な出来事に違いない．

4　民族系メーカーの歴史的登場

4.1　奇瑞汽車の参入[11]

4.1.1　生産能力の形成

奇瑞汽車は通称奇瑞というが，2008年時点の正式会社名は「奇瑞汽車股份有限公司」（英文名はChery Automobile Co., Ltd）である．奇瑞汽車の前身は安徽省創新投資有限公司，安徽省投資集団有限責任公司，安徽国元（集団）有限責任公司，蕪湖市建設投資有限公司，蕪湖経済技術開発区建設総公司という5つの国有投資公司の出資によって設立された「安徽省汽車零部件工業公司」（安徽省自動車部品工業会社）である．1992～93年当初，安徽省蕪湖市政府は自動車生産がもたらした経済効果の大きさから，自動車プロジェクトの立ち上げを目論んでいた．1995年，市の責任者が欧州を視察した際に，フォードのイギリス・ウェールズ工場で中古のCVHエンジン生産ライン1本が売りに出されていることを知り，エンジン生産プロジェクトを立ち上げるという申請で中央政府から認可を受け，1996年に2500万ドルで，エンジン生産技術と生産ラインを同時に購入した．1997年，公に「安徽省汽車零部件工業公司」の名称でエンジンメーカーとしてスタートを切った．1999年に，第1基CAC480エンジンをラインオフした．一方，年間30万基というエンジン生産能力を消化するために，内部で「951工程」（951プロジェクト）と称し，1995年よりプレス，溶接，塗装，組立生産ラインなどを続々と建設し，乗用車生産に乗り出した（路・封，2005: 86）．1999年12月に第1号車の「奇瑞」CAC6430をラインオフした．販売価格を8.798万元に設定し，同セグメントのジェッダ，サンタナの価格の12～16万元より大幅に安い設定であった．

4.1.2　販売問題

2000年に2000台あまりを生産したが，中央政府の乗用車の生産許可を所持していなかったため，全国販売は不可能となっており，生産能力を消化するために，地元政府の援助で，地元蕪湖市域内のタクシーとして販売を開始した．一方，余りのコスト・パフォーマンスの良さで域外への販売も要求された[12]．その手法は新車販売とナンバープレート登録をセットにする方法であった．すな

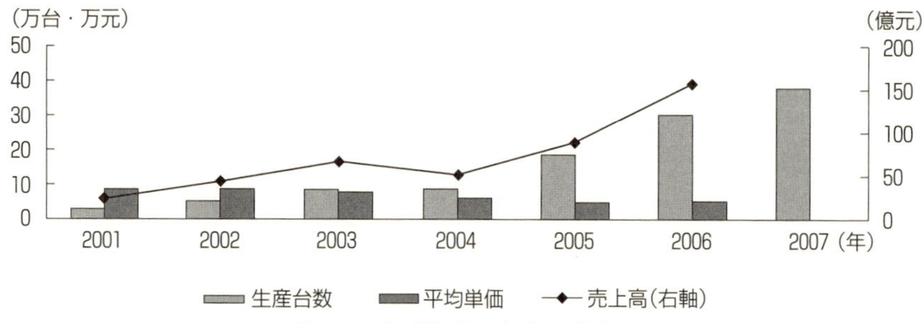

図 3-1　奇瑞汽車の初期経営状況

出所：『汽車情報』(2001～2008 年各号) より，筆者作成.

わち，蕪湖市政府の保護を持って認められた「皖Ｂ」という地元（安徽省・蕪湖市）のナンバープレートで登録済みの新車をユーザーに売り，その後，ユーザーが所在地で車籍の名義変更を行う「間接登録」であった．二度手間になるが，蕪湖市以外では『目録』に名前のない奇瑞社製品が登録手続きできない問題を回避するための苦策であった．しかし，当時，マスコミが奇瑞汽車によるこうした「間接登録」を「乱の元」と見なし，報道で取り上げた[13]．それがきっかけで，2000 年 6 月 9 日に公安部交通管理局が「奇瑞ブランドの登録を禁止する通知」を公布し，奇瑞の車の販売を差し止めた．これを受け，販売問題，つまり，生産許可問題は再び難関となった．結果的に，2000 年末，地元政府の説得もあり，国家経済貿易委員会幹部（当時）の斡旋をもって，国有資産転移という方式で，資本金の 20％の 3.5 億元を上海汽車集団に移転させ，上海汽車集団の一員となった．前述した「目録管理」からすれば，新設参入では認めないが，参入済みの上海汽車集団の増設として，上海汽車集団の持つ「目録」が適用される事態として解釈されたのであった．これで 2001 年 1 月，社名を「安徽省汽車零部件工業公司」から「上海集団奇瑞汽車有限公司」へ変え，同時に国家機械局が発布した「全国汽車，民用改装車和摩托車生産企業及産品目録」（全国自動車，民用改装車とオートバイ生産企業及び製品リスト）に社名と製品名が掲載されるようになった．これで，上海汽車集団の増設子会社として，中央政府から正式に生産が認可され，乗用車産業への参入に成功を収め，完成車メーカーとして正式に船出したのである（図 3-1 参照）．

4.2　吉利汽車の参入

吉利汽車（Geely Automobile.）は中国浙江省杭州市に本社を置く吉利控股集団（Geely Group Holding Co., Ltd. 以下：「吉利集団」と略す）の子会社である．吉利集団は1997年5月に吉利集団有限公司が設立されるまでは現会長李書福を中心とする同族経営であった．企業の発祥地は日本で中国型資本主義の「温州モデル」として取り上げられている浙江省である．浙江省では民営企業が大半を占めており，市場経済がいち早く発達している地域でもある（王・任，2005）．浙江省の南部にある台州で李書福が生まれた．李書福による初期の車開発活動について深く立ち入ることは第7章に譲るが，本章では彼の商人としての鋭い目と先見性は吉利汽車の誕生に深く関わった経緯を重点に整理することにする．

4.2.1　李書福の商人経験[14)]

彼の商人経験と吉利汽車との関連を見出すために，まず，彼が歩んできた商人としての経歴を詳しくみてみよう（**表3-11**参照）．李書福は1963年浙江省にある台州の農家に生まれ，1982年に高校卒業後，19歳の時，父親からもらった120元でカメラを購入し，路上で記念写真撮影の商売をスタートさせた．後

表3-11　吉利汽車会長の李書福の経歴と四輪事業の展開

年	事　業	特　徴
1982	路上で記念写真を販売	高校卒業後，事業原点
1982	写真屋	
1983	廃棄物から貴金属の還元	
1984	冷蔵庫部品生産	家庭内手工業，後町工場
1986	冷蔵庫本体生産	「北極花」冷蔵庫
1990	車造りの発想の芽生え	製品技術習得開始
1991	建築材のジュラルミン板製造	主な収入源
1992	海南省で不動産	失敗
1994	試作車「吉利1号」完成	産業規制政策の影響で，量産化に至らず，中止
1994	二輪に参入	主な収入源
1998	再び四輪試作．CJB6360，CJB6410，CJB1010をラインオフ	四川国有工場との合弁で，生産目録を入手し，四輪製造に参入．
1999	製品を改良し，発売開始	

出所：浙商網―2005年7月5日付の記事（2006年6月18日閲覧），『商務週刊』（2004年17期）記事より，筆者作成．

に，記念写真撮影の商売が儲かり，店舗を開いた．同時期に，写真現像用の薬液に廃棄物の金属部品を入れて，金や銀などの貴金属が分離できることを発見し，それがきっかけで，廃棄物から貴金属の分離事業に転じた．その後，靴を作る小さな町工場へオーダーメードの靴を取りに行った時に，その工場で当時の冷蔵庫のある部品を作っている光景を見かけ，簡単な生産手法であったため，彼もその部品の生産を手掛け始めた．そして，1984年に兄弟4人や仲間で掻き集めた1万元ほどの元金で「黄岩市製冷元件廠」（冷蔵庫の部品工場）を立ち上げた．この工場は李書福のモノづくりの原点となり，年間4，5千万元の売上があったといわれた．李書福は当時の業績に満足せず，冷蔵庫本体の生産に参入すると他の出資者に提議したが，他の出資者から理解を得ることができず，部品工場は解散となった．李書福は仲間の技術者と一緒にコアな部品のエバポレーターの製品開発に取り組み，一年間で開発に成功した．1986年，兄の李胥兵と共に，「黄岩県北極花氷箱廠」（北極花冷蔵庫工場）を創業し，自ら工場長を務めた．1985年頃には，冷蔵庫は商品として，政府の統一分配販売商品で，「造れば造るだけ売れた売り手市場だった[15]．」．1989年5月で売上が4000万元に達し，「北極花」ブランドの冷蔵庫が全国でも有名な製品となり，他メーカーからのOEM生産も請負うようになった．1989年6月政府がメーカー乱立を収めるために，冷蔵庫の指定生産政策を打ち出し，「民営」ブランドの「北極花」は指定生産企業リストに載ることができず，冷蔵庫生産からの撤退を迫られた．その後，李書福が深圳大学へ経済管理を勉強しに行った時，宿舎の内部インテリア用ジュラルミン板が完全に輸入に頼っていることを知り，この建築材料には市場商機があると判断し，再び製品開発に取り込んだ．やがて，初の国産ジュラルミン板の開発に成功した．数年後には，販売総額が2億元に達し．中国全体シェアの80%ほどを押さえた．1992年前後，中国では若者の間にオートバイ・ブームが起こり，供給が需要に追いつかない状況であった．1993年，李書福は国有オートバイ企業を見学した後，オートバイ生産への参入を決意した．しかし，当時のオートバイ産業は前述した自動車と同じく，「目録」制度で管理されているため，生産許可，つまり，企業の「産品目録」への登録ができなければ，生産・販売活動ができない．状況を打開するため，彼は「杭州にある倒産寸前の国有オートバイメーカーと提携，浙江吉利摩托車廠を設立，オートバイの生産を始める」（丸川・高山，2005: 293）のであった．その国有メーカーは郵便用オートバイを生産していたが経営不振で倒産寸前に追い込まれたものの，企業名が「産品目録」に登録されており，生産許可を持っていたのである．吉利との提携において，国有メーカーが所持した生産許可を出資分とし，吉利が技術と資金を出して，オートバイを生産するという形で行われたと思われる．李書福にとっては，ここまで踏みきれたのは1つ要因があった．当初，冷蔵庫を生産していたとき，生産許可がないため，撤退をやむを得ず選択したが，一方，同様に生産許可がなく，撤退に直面した「美的」や「科龍」といったメーカーは撤退せずに，あらゆる手法を使い，生産を維持しつづけ，既成事実を持って，後に政府の事後的な追認を受け，正式に生産許可を手に入れ，現在の家電大手メーカーにまで成長してきた前例があった．冷蔵庫から得た経験をオートバイで生かし，1998年に負債額6000万元の国有企業の吸収合併と引き換えに，李書福の会社が国家機械工業部から生産許可を受けた．その生産実績を見ると，オートバイ生産台数が1995年の6万台から，1996年には20万台，更に，1998年には35万台へと飛躍的な拡大を見せ，海外22カ国へも輸出するようになった．オートバイ産業の参入から，後の乗用車産業への参入を実現させるための貴重な規制回避のノウハウを蓄積したといえよう．

乗用車生産に参入する前までの李書福の商人経験を見る限り，以下の結論が得られる．まず，市場の需要変動に敏感で，数々の事業は全て時代の一歩先を読んだ経営方針の産物で，先手を打った事業化である．また，参入を図る時期の当該産業における競争が不十分で，利幅が大きいことが共通点といえる．したがって，最初の資本蓄積を短期間で実現し，他事業の展開に運用できる資本の蓄積体制を完成させた．さらに，市場ニーズに対する鋭い先見的な判断力や，政策や体制の制約を突き破る起業家精神などの要素も，これまで一連の産業へ参入する前に繰り返して行われた「リバース・エンジニアリング」的な研究開発の活動と一緒に先発優位の維持に貢献した．例えば，オートバイ生産に参入する前，他のメーカーが解決できなかったカウリングの金型の研究開発に成功し，一歩リードできた．また，全国から招いた技術者と共に，台湾・日本からの輸入製品に対して「リバース・エンジニアリング」的開発を行い，国産初の4気筒エンジンのスクーター式バイクの開発にも成功した．1996年5月，李書福が傘下の事業をまとめ，「吉利集団有限公司」として再編し，自ら董事長に就任した．

4.2.2　乗用車生産への参入

前出のジュラルミン製板とオートバイ事業で吉利集団が勢いよく成長する中，会長の李書福は企業グループの規模を拡大し，更なる事業展開を求めるために渡米した．滞在中，米国の自動車の数に驚き，自動車を事業拡大戦略の１つとして考え始めた[16)]．1992～93年の中国自動車市場の好調や，1994年の政府による自動車の個人購入に対する推奨政策の発表を背景にして，李書福は乗用車市場への参入を決意した．しかし，生産許可を必要とすることを知り，直ちに，生産許可を申請したが，新設が基本的に認められないため，地方及び中央政府の産業担当部門からの生産許可は下りなかった．生産を可能にするために，これまでのオートバイへの参入と同様に，「目録」を持つ国有メーカーとの合弁を通して参入を図ろうと躍起になった．1998年に四川省徳陽市にある国有自動車工場[17)]との合弁出資で「四川吉利波音汽車有限公司」（後に吉利汽車製造公司に変更）を設立し，生産を開始した[18)]．しかし，生産条件が不便なため[19)]，交渉の末，吉利汽車は合弁相手が持つ30％の出資分を買い取り，工場を浙江省に移転した．そこで「浙江省豪情汽車製造有限公司」を設立し，車を生産し始めた．1999年，元台州市委員会書記の寧波への赴任を機に，寧波への投資を誘われ，寧波に「寧波美日汽車製造有限公司」を設立し，「美日」ブランドの車の製造を開始した．当時吉利汽車は合弁で，入手したのは「６ナンバー」のバスの生産権で，マイクロバス名義の下で，前掲**表3-10**のようなツーボックスタイプの製品を準轎車として市場に投入し，轎車需要を取り込もうとした．しかし，前掲**表3-9**で示したように，準轎車として販売台数は伸びていたものの，やはり正真正銘の「７ナンバー」でないため，轎車需要への対応は部分的にしかできなかった．市場で最も必要とするスリーボックス型の製品は生産できず，準轎車の存在自体も当時相次いで批判され，経営リスクは決して低くはなかった．

そこで，政府から自社の生産権が正式に認可されるように努力する一方で，再び，合弁で「７ナンバー」乗用車の生産権を手に入れようと動き出した．2001年，「７ナンバー」の乗用車生産権を持つ『アルト』のライセンス生産の４つの譲与先の１つである湖南江南機器廠と合弁で「江南吉利汽車有限公司」を設立した．2002年に排気量1.3リッターのスリーボックスの乗用車を生産する計画を立てた直後に，転機が訪れた．2001年10月に吉利集団に属する「浙江省豪情汽車製造有限公司」及びその製品のJL6360，HQ6360車と「寧波美日汽車製造有限公司」及びその製品のMR6370，MR7130が『国家経済貿易

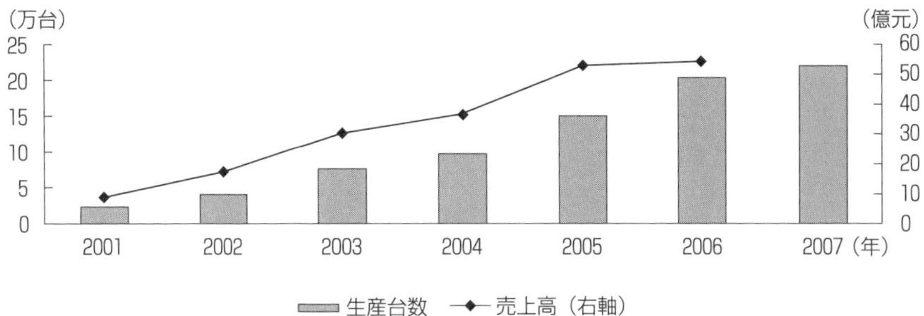

図 3-2　吉利汽車の初期経営状況

出所：『汽車情報』(2001～2008 年各号) より，筆者作成.

委員会 2001 年第 21 号，27 号公告――「車両生産企業及び産品」(第六批) と(第七批)』によって公布され[20]，吉利汽車は「7 ナンバー」乗用車を生産できる企業として認定されたのである (図 3-2 参照).

4.3　なぜ民族系メーカーの参入を認めたのか

4.3.1　外部環境の変化――「保護論」から「競争論」へ――

1990 年代後半から参入してきた準轎車メーカーが潜在需要に応え，「枠組み」内の企業の製品より割安で製品を提供し，猛スピードで発展を遂げ，無視できない存在となった. 一方，1999 年以後，WTO 加盟を控え，自動車産業，製品管理制度に対して，WTO 加盟後の影響を予測する研究が数多く行われた (庄・叶，2002; 張，2004; 庄・庄，2006; 張・張・程，2006; 李・朱・鄭，2003; 陳・劉・馮，2004; 孔・武・劉，2006). その結論として加盟後これまでの高い保護関税が徐々に切り下げていけば，中国国内の自動車メーカーが外国輸入車との熾烈な価格競争を直面しているに違いないと予測された. また，グローバル競争を目前に，全国の自動車企業を 3 ～ 6 の汽車集団に再編するような集約と自主開発の能力の増強を早急に講じる必要があると提言された. 例えば，楊 (2000) がある. こうした議論を受け，WTO 加盟までの産業再編をきっかけに，国内の自動車産業における保護規制の整理と撤廃，保護主義的な「目録」制度の改正が議題に挙がり始めた. しかし，将来の新管理制度の下では，準轎車メーカーを乗用車メーカーとして認めるべきかをめぐって，「排除論」と「許可論」との対立が現れた. 更に，こうした論争には学者の研究領域にとどまらず，自動車産業に長年携わってきた政府関係者たちも精力的に，政府に提言を行った結果，「許可論」が徐々に主流となってきた[21)]．政府関係者の中で最も代表となる人物は，前出元中国汽車工業総公司総経理の陳祖涛である．陳が2000年4月に当時の江沢民国家主席宛に直接に手紙をだし，2000年までの中国自動車産業に存在した問題点を提示した．特に，WTO加盟後5年間の幼稚産業保護期間を利用して，中国自動車工業の競争力を育てるために，これまでの参入制限を撤廃し，外資の参入と共に，民間資本の参入を認めようと提言した．更に，自動車消費政策の策定と共に，「目録」の弊害を一掃し，自動車製品管理制度を改正すべきであるとも提言した．陳の提言を受け，江沢民国家主席，朱鎔基首相，胡錦濤国家副主席，温家宝副首相[22)]がそれぞれ賛成の意見を書き加え，「全国自動車産業現状調査研究」を開始するように指示した．この「研究調査」がきっかけで，中央政府が現状を把握し，改革方向を確定した（陳，2005: 328）．後に「目録」制度から「公告」制度への改革，吉利汽車と奇瑞汽車の参入が認められたという結果から見ると，当時の陳の提言が大いに影響を与えたといえよう．

4.3.2 「目録」制度から「公告」制度への移行

中国政府は2001年7月3日に新しい自動車分類基準GB/T3730.1-2001とGB/T15089-2001を発布し，これまでの世界常識の通りに，改めて全車種を乗用車（9席以下のバスを含む）と商用車（9席以上のバス，トラック，セミトレーラー等を含む）に分類した．2000年までの「目録」制度は主に国有企業を市場の主力のプレイヤーと暗に想定していたため，産業秩序を維持することが主眼であった．申請から許可までのリードタイムが長く，一部の企業の自主裁量すべき活動も審査の対象にし，正常な企業経営と新製品の投入に大きな妨げとなった．新たな分類基準の下で2001年以後，**表3-12**のように「目録」制度が全面的に「公告」制度に切り替わった．こうした「公告」制度の下で，従来の「目録」制度の下での投資主体性審査を重視する態度を改められ，生産能力の有無が重視されるようになってきた．奇瑞汽車と吉利汽車のような有力なメーカーの参入を認める一方，生産権利だけを持ち，生産能力を有していないメーカーに対する生産資格停止の方針も固めた．他方，「公告」制度の下では，新規参入のための初期投資規模や研究開発機関の設立などの参入条件[23)]を明示し，参入ハードルを上げると共に，強制的「品質規制」が設けられ，クリアできない低生産性のメーカーを市場から締め出す機能も内包している．例えば，横衝突に対する保護機能，燃料タンクの技術・安全性能などの強制的な技術の評価

表 3-12 「目録」から「公告」への移行

	「目　録」	「公　告」	移行後変化
申請段階	所在省の担当部署へ第1次申請，審査を経て国家産業管理部門へ申請	国家管理部門へ直接申請	申請手続きの周期の短縮
審査段階	国家産業管理部署による審査，許可	優秀な有力企業，検査機構，仲介組織の推薦を受けた専門家が関連基準，規則及び政策規定に従って審査を行い，国家経済貿易委員会が許可	審査段階の人的影響を排除
許可段階	細かくチェック	「同一式車両認定基準」を設定し，同一車両に対する重複審査を省略して許可	審査と許可の総申請件数を削減
公示段階	年2回公示（政府文書）	毎月1回（政府文書・インターネット掲示）	公示頻度範囲を拡大し，透明度を向上

出所：国家経済と貿易委員会ニュース・リリース（2001年5月25日）.

実験を義務づけると共に，排気基準も設けた．こうした強制技術要求のグレードアップのスケジュールを公示し，全メーカーの技術向上を図る．これで，市場での存続ハードルを徐々に引き上げていくことで，従来の「行政審査」と替わって，技術規制による「参入規制」の機能を果たそうとしている．しかし，「公告」制度は従来の「目録」制度より一歩進んだとはいえ，「生産一致性[24]」や事業撤退などの問題が依然残ったままである．

4.3.3　奇瑞汽車と吉利汽車の参入が認められた理由

厳密にみれば，奇瑞汽車の参入は「目録」制度の下で許可され，吉利汽車の参入は「公告」制度の下で許可されたことになる．両社がそれぞれ許可された背景には，その他の後発メーカーが真似できない要素が秘められている．まず，奇瑞汽車は地方政府が設立した会社のため，地方政府のもつ政治資源に大きく依存しており，同時に「保護論」から「競争論」へ上層部の従来認識が変わったことも追い風になり，参入が実現できたのである．その政治資源と上層部の認識変化というチャンスのいずれも簡単に複製可能な競争力要因ではない．しかも，実施手法はこれまで一貫して見られた地方投資による乱立をもたらした地方政府による融通手段と何の相違もない[25]．次に，吉利汽車は「7ナンバー」乗用車メーカーとして許可されたものの，その許可された事実も，「公告」制度の下での新規参入として許可されたとみるより，むしろ「目録」制度の遺留問題である「準轎車」問題の後処理としての「後追認方式」とみた方が妥当的である．なぜならば，前出表3-9にあった準轎車メーカーもほぼ同時期に「7

ナンバー」乗用車メーカーとして認可を受けたからである．2001年より，「公告」制度に切り替わってから，生産許可は持つものの，生産能力を持たないメーカーの整理と共に，新規参入としての投資規模などの参入要件を明記し，強制的「技術規制」もあわせて導入されたことで，かつての吉利汽車のように，「生産許可」資源を買収し，「準轎車」として参入を図る径路は，事実上封じられたのである．これで，旧制度に「準轎車」をもたらした「ミスマッチ」が，「公告」制度の下では是正され，従来のように，インフォーマルなルートを通して参入することが一層困難となったともいえる．それは，2005年に，「公告」制度の下で，初めて正規ルートを通して参入を図った力帆汽車の事例からも確認できる．同社が，許可される見通しはいまだ不明瞭な段階で，既に，製品を開発し，工場を建設したといった既成事実をもって，辛うじて新規参入として認められたのである．これで，「目録」制度の下で，参入し始めた奇瑞汽車と吉利汽車が「公告」制度の下で，新制度の発足によって後継的参入から，2005年まで守られていたともいえる．

5　おわりに

1994年版「産業政策」の公布以来，形成された「三大・三小・二微」の寡占体制の下で，供給と潜在需要との激しい乖離によって作り出された歪んだ市場構造が奇瑞汽車と吉利汽車を含む「枠組み」外からの「準轎車」メーカーの猛烈な参入を誘発した．他方では，多頭管理が特徴とした分権体制の下で，GB9417-89標準に基づく「目録」制度が，市場需要と管理体制との間に「ミスマッチ」を造りだした経緯を見出した．潜在需要と「ミスマッチ」という参入ルートが偶然揃ったうえ，「準轎車」メーカーの制度の「すきま」を利用した参入が管理制度にとって「意図せざる結果」となった一方，産業発展の必然な結果であったとも言える．奇瑞汽車と吉利汽車もこの波に乗り，参入に成功した．独自かつ自主的開発能力の育成という関心から，両社の存在が，やがて学者，政府自動車専門家，マスコミなどによるWTO加盟に控えた中国自動車産業の現状に対する反省とあいまって，「目録」制度から「公告」制度への移行をもたらしてきた．

最後に，WTO加盟の直前になって，「三大・三小・二微」体制に対する反省では，「目録」制度の存在は中国国内市場の成長を阻害したと一般的に認識

表3-13　2000年代初頭での中国モータリゼーション可能性分析

モータリゼーションのきっかけ			
	米　国	ドイツ	日　本
本格化した時期	1910～20年代	1950年代	1960年代
大衆車の価格Ⓐ	550ドル T型フォード	4500マルク VW1200Exp	41～43万円 カローラ，サニー
1人当り年平均所得Ⓑ	500ドル 1914～23年平均	3800マルク (1958年)	38万円 (1966年)
Ⓐ／Ⓑ	1.1倍	1.2倍	1.1倍

中国での車両価格と対1人当たり年平均所得比					
普及車の価格①	約10万元（トヨタ「ヴォイス」10.5万元，ホンダ「フィット」9.98万元）				
民族車の価格②	約4万元（吉利「豪情」2.999～4.299万元，奇瑞「QQ」2.98～5.28万元）				
	中　国	北京市	天津市	上海市	広東省
1人当り年平均所得③	8184元	22577元	20369元	33285元	14976元
①／③	12.2倍	4.4倍	4.9倍	3.0倍	6.8倍
②／③	4.89倍	1.78倍	1.96倍	1.2倍	2.67倍

注：1人当たり年平均所得はGNPないしGDPを人口で割った（中国は2002年統計）．民族系メーカー製品の価格は2005年11月時点の数字．
出所：「すぐそこに来た『マイカー時代』は本物か」『エコノミスト』(2004年9月28日号）25頁，新浪汽車記事より，筆者作成．

されていた（濤，2001）．しかし，**表3-13**で示すように，その制度の存在がゆえに，これまでの潜在需要に応じ，初期では，奇瑞汽車と吉利汽車などの民族系メーカーがあまり品質は高くなくても，「自主開発」した製品を低価格で提供することで，中国国内市場では莫大なローエンド市場を顕在化させることに可能性を与えた．重複を回避するために，その「自主開発」過程において，いかにコア資源を外部より調達したかという詳細事実を後継各章に譲るが，当時の自動車製品管理制度において排除される立場におかれながら，結局のところ，いかに潜在需要に適応する低価格車を世に送り，大量に販売するかという問題は重要である．その既成事実をもって，「自主開発」という，本来指定された外資合弁メーカーに期待され，果たせなかった使命を代わりに果たし，自らの正当性＝存在価値を主張する選択肢しかなかったのである．そのため，管理制度に由来する経営リスクに，需要対応に必要とされる緊急性が加わり，自動車の開発製造の経験を持たない参入者として，現実な選択肢として外部から利用可能な資源を優先的に考慮せざるを得ない点も理解しやすくなった．

他方，諸先行研究で指摘された通り，「寄せ集め」でできた製品に生まれつきの品質問題は本来大きな制約であり，市場から淘汰されることはごく自然である．しかし，「公告」制度による参入規制の存在が後継参入を制限したことがゆえに，先に参入に成功したメーカーが，たとえ非常に低いレベルの「自主開発」といっても，相対的に潜在需要が高く，競争相手が少ない当時のローエンド市場（例えば，それまでモータリゼーションに参加できない都市の中低収入層や中小都市というターゲット市場）では，長期的「供給不足」がもたらした高価格・高利潤という歪んだ市場構造に内包された寡占的市場メリットを十分享受できるため，この先発優位性は，奇瑞汽車と吉利汽車に，初期の経営体制の拡大と健全化，そして量産体制の構築などを講じるための余裕を与えたのである．

それがゆえに，民族系メーカーが存続し，業績を伸ばすことができたのである．結果として，民族系メーカー参入初期の経営体制が早期にて成立したことに際して，「自主開発」戦略が功を奏したというよりも，当初の「目録」制度（後の「公告」制度）の存在により，参入後も，同戦略が採用され続けることとなり，「自主開発」戦略が更に堅持できる（＝外部資源に依存しつつ，成長を模索する）土台が出来上がったというべきことは，疑いの余地もないのであろう．

よって，民族系メーカーの間における成長発展のパフォーマンスの差異を考慮する際に，第1に「目録」制度の存在にその原因を求めねばならなかった．

2006年中央政府が，中国自動車工業の自立性を図るうえで，奇瑞汽車と吉利汽車などの民族系メーカーの存在の意義を改めて認識し，「自主創新」（自主イノベーション）を打ち出した．100数社の完成車メーカーの中から乗用車メーカーの奇瑞汽車，吉利汽車，第一汽車とバスメーカーの宇通だけを「創新型モデル企業」に指定し，資金面と政策面から重点的に支持すると発表した．このような政府の方針転換の原点は，「自主開発」を提唱した奇瑞汽車と吉利汽車の異例的な参入が，徐々にコア資源の外部依存性を低減させていくことによって，長年嘆願されてきた中国自動車産業の製品設計開発活動に「自主性」が確立できる見通しが立ったことにほかならないだろう．すなわち，「目録」管理体制の下から「意図せざる結果」として出てきた「自主開発」路線に従って，将来中国自動車工業の自立性を実現させる役として期待されている民族系メーカーの登場が，本来両社のような地方投資による参入を，「乱の元」として厳しく排除しようとしており，その排除によって中国自動車工業の自立性を担う企業の育成を目標とする「目録」体制の出発点と，偶然にも合致したからである．

注

1）ここでの「分権構造」とは，上部と下部との間に起こる権力配分関係ではない．中国には日本の国土交通省のような自動車産業の全般を管理する部門が存在しないため，当時の中国自動車製品管理制度は日本のような「権力一本化」とは反対に，調整役が存在しない自発的・水平的な分権構造になっていた．

2）ここでの記述は以下の引用に基づく．「《目录》作为计划经济体制下一种行政管理手段，在一定时期内对抑制汽车行业盲目扩张和低水平重复建设发挥了作用，但是随着国家经济体制改革的深入和市场机制的不断强化，《目录》管理方式对企业的束缚和制约越来越突出，已不适应市场经济条件下汽车行业发展的需要．《目录》管理方式把一些应由企业自主决策，自主经营的行为作为政府行政审批的主要内容，对产品管理过细，发布不及时，…（中略）…不利于企业及时推出新产品，积极调整产品结构，参与市场竞争，更难以推动行业组织结构的优化，解决企业“小而散”的问题．同时，《目录》的审核方式人为因素影响多，缺乏规范，有效的监督措施．」国家経済と貿易委員会「『目録』管理制度を改革する」[http://www.gzii.gov.cn/middle2/jmkx/2001/05/52905.htm] 2008年5月25日閲覧．

3）「乗用車業界が他の車製品業界より比較的寡占的構造を有しているために，利益率も最も高い．1999年，諸乗用車メーカーには『工業資金利税率』が20％を超える企業が全乗用車メーカー数の25％を占め，同率が10％～20％である企業が同全メーカー数の31.3％を占めている．一方，同期軽型バスメーカーとの同指標の割合がそれぞれ5.1％と15.4％で，同じく，軽型トラックメーカーの同指標の割合がそれぞれ3.3％と10％となっている」（干・戴・李，2002）．『工業資金利税率』＝（当期利益＋税金総額）／（当期流動資産平均値＋固定資産平均残高）×（12／累計月数）×100％（筆者注）．

4）これまでの分析では「第二汽車」という用語を使用していたが，1993年より，第二汽車が東風汽車へ改称したため，以下では，1993年以後の第二汽車にふれる際に，「東風汽車」という用語を使用する．

5）第一汽車でも類似する事例があった．1990年代初期，第一汽車研究所の副総工程師を務めた楊建中と華福林両氏が余暇時間を利用して，超小型轎車の『三口楽』を開発した．僅か1万元の価格で，当時の市場の受容能力に適していたため，展示すると，すぐに話題となった．投資して一緒に量産化しようと希望する企業家も現れた．その話を聞いた第一汽車の経営陣は，両氏に対して，各10万元の奨励金を与え，『三口楽』の生産も第一汽車で行うと態度を表明したが，社内から，「技術者が余暇時間を利用したとはいえ，担当業務に全力を尽さず，私利に励む行為を推奨してはならない」と奨励金の交付を猛烈に批判した意見が出た．結果，第一汽車の経営陣がその批判を受け，逆に両氏に処分を下し，『三口楽』の生産も結果を出さずに終わってしまった．**表 7-4** の通り，両氏が 2000 年代初頭に吉利汽車に入り，吉利の発展を支えた．

6）準輌車は分類上，乗用車（輌車）の概念範疇に入り，乗用車の特徴が非常に強いセダン，2Box スタイル 5 ドアハッチバック，ミニバンなどを輌車の名義（7 ナンバー）ではなく，バスの名義（6 ナンバー）で生産，販売される自動車製品のことを指す．

7）これは 7 類と第 6 類に分類されると，単に自動車製品自体の構造上の違いだけではなく，メーカーが直面する政府の規制度，参入の難易度も違ってくるためである．

8）GB9417-89 の標準自体には「輌車」について明確な技術的定義を与えていないために，各政府関連部門に各自で解釈する余地を与えた．

9）中華人民共和国国務院　国発（1997）を参照されたい．

10）「轿车一严格按照国家规定的三大，三小，重点是三大．……加强企业目录管理和产品目录管理．……对生产企业及其产品实行“目录管理”，定期公布“生产企业和产品目录”．」(中国汽車工業総公司，1991: 8-9)．

11）奇瑞汽車の参入過程に関する詳細な歴史事実の整理は第 5 章に譲り，ここでは参入制限に関わる部分のみ取り扱うことにする．

12）2000 年 5 月 9 日，捷順有限公司が奇瑞の初ディーラーとして車を 100 台仕入れ，四川省での販売を開始した．

13）「怪！禁止牌照車競然上市銷售」(「中国青年報」2000 年 12 月 27 日付）北京大学財経新聞研究中心ホームページより再引用（2006 年 11 月 22 日閲覧）．

14）特別な断りがない限り，本節での記述は以下の資料に基づく．『アジア・マーケットレヴュー』(2005 年 7 月 15 日）26-27 頁，ジェトロセンサー（2003 年 6 月）52-53 頁，『Nikkei Business』(2004 年 7 月 12 日号）48-51 頁，『商務週刊』(2004 年 17 期)，「浙商網」ホームページに掲載の「李書福のインタビュー」，『財経時報』に掲載の関連記事など．

15）『アジア・マーケットレヴュー』(2005 年 7 月 15 日)．

16）中国 CCTV テレビ番組『新聞会客庁』——李書福インタビューより（2004 年 6 月 17 日)．

17）ミニバスとミニバンの生産権を持つ四川徳陽汽車廠という国有企業は当時四川徳陽監獄（看守所）の所有であった．(四川徳陽監獄が資料提供で『中国大墻特刊』ホームページより再引用）(2005 年 4 月 30 日閲覧)．

18）合弁内容については，四川徳陽汽車廠が生産権（目録）と設備を 30%の出資とし，吉利が資金と技術を 70%の出資分として投入し，合弁企業を創るというものであった．『中国企業家』(2001 年第十期「2001.10.8」通号：198）より．

19）工場が監獄にあるために，出入りが非常に不便であったことと，経営判断が徳陽側の行政審議によって素早く市場反応ができなかったことなどが挙げられている．出所：同上.

20)　国家経済貿易委員会公告—「車両生産企業及び産品」2001年第21号（第六次）と2001年第27号（第七次）.

21)　奇瑞汽車の参入を積極的に斡旋した国家経済貿易委員会主任盛華仁氏（当時）「許可論」を持つ立場で，当時の政策体制の実施側面に残った操作余地を利用して，奇瑞汽車の参入を実現させたといわれる.

22)　肩書きは全て当時の肩書きである.

23)　一例として，初期投資総額は20億人民元以上でなければならない．更に，20億元のうち，自社資金は8億元以上，研究開発機関に対する投資規模は5億元以上でなければならないとも併せて要求している.

24)「生産一致性」とは性能検査に送られたサンプル車両の品質と日常に製造される同型製品の品質との間に，決められた誤差範囲以上に乖離してはいけないことを指す．しかし，「公告」制度の下では，導入時，それに対する明確な定義が欠けていた.

25)　例えば，1984年に，全国軽型車会議が広州で開かれ，軽型車プロジェクトに対する多数の地方政府の情熱を煽った．当時広州市市長の叶選平氏も年産1万台のピックアップトラックのプロジェクトのために，融通工作に走った．当時，自動車新設プロジェクトの審査を統轄する国家計画委員会では，「陳祖涛の同意を得ない，承認しない」と明言した．しかし，陳によれば，彼が自動車プロジェクトの新設申請を審議・承認する権利がないと断ったが，叶とも親友関係にあり，サインをした．これで，広州がプジョーから『プジョー504』と『プジョー505』というピックアップ技術を導入し，1987年の「北戴河会議」を期に，軽型車プロジェクトを轎車プロジェクトへ昇格させることに成功した（陳，2005: 264-265).

参考文献

〈日本語文献〉

塩見治人編著（2001）『移行期の中国自動車産業』日本経済評論社.

陳晋（2000）『中国乗用車企業の成長戦略』信山社.

丸川知雄・高山勇一編（2005）『新版　グローバル競争時代の中国自動車産業』蒼蒼社.

〈中国語文献〉

畢 大寧（1992）「対我国微型轎車的設想」『汽車情報』(7).

陳 清泰・劉 世錦・馮 飛 編著（2004）『迎接中国汽車社会——前景・問題・政策』中国発展出版社.

陳 祖涛（2005）『我的汽車生涯』人民出版社.

胡 信民（1997）「振興中国汽車工業必須大力開拓私人購車市場」『汽車情報』(6).

干春暉・戴榕・李素栄（2002）「我国轎車工業的産業組織分析」『中国工業経済』第8期，15-22頁.

賈 可（2005）『中国汽車調査』上海交通大学出版社.
賈 新光（2004）『透析車界』人民交通出版社.
孔 祥俊・武 建英・劉 澤宇（2006）『WTO 規則与中国知識産権法――原理・規則・案例――』清華大学出版社.
藍 軻・伍 旭昇 主編（1993）『牛！私人汽車』北京師範大学出版社.
李 耕（2003）「我行我素――東風小王子」『轎車情報』8.
李 陸山（1999）「“小王子” 微型轎車」『大衆汽車』3.
李 栄林・朱 彤・鄭 昭陽（2003）『WTO 的理論基礎与中国的市場建設』天津大学出版社.
路風・封凱棟（2005）『発展我国自主知識産権汽車工業的政策選択』北京大学出版社.
喬 梁・李 春波・劉 孝紅（2005）『中国汽車投資――理論 VS. 案例――』中央編訳出版社.
滸 小雨（2001）「質疑公告制：汽車産業管理制度亟須改変――中国汽車工業発展研究所所長李清質疑公告制――」『軽型汽車技術』(11).
王 尚銀・任 麗萍（2005）『現代化進程中的温州社会階層結構研究』中国文史出版社.
向 生寅（1996）「消除産需 “瓶頸”，推行多種方式銷車」『汽車情報』(12).
徐 長明（1997）「私人汽車市場現状分析与展望」『汽車情報』(5).
楊 帆（2000）「加入 WTO 対中国経済的影響」『当代中国研究』4.
亦 凡（2002）「東風小王子微型轎車八年磨一剣」『車時代』5.
張 先鋒・張 慶彩・程 遥（2006）『汽車消費政策国際比較』合肥工業大学出版社.
張 占斌（2004）『比較優位――中国汽車産業的政策模式戦略――』清華大学出版社.
中国国家機械工業局・公安部（1999）『関于改革汽車，摩托車，農用運輸車目録管理的通知』国機管 563 号.
中国国家経済貿易委員会・公安部　国経貿産業（2001）『関于在生産及使用環節治理整頓載貨類汽車産品的通知』(808).
中国国家経済貿易委員会　国経貿産業（2001）『関于車輌生産企業及産品目録管理改革有関問題的通知』(471).
中国国家経済貿易委員会　国経貿産業（2002）『関于清理整頓車輌生産企業及産品的通知』(242).
中国国家経済貿易委員会 産業政策司（2001）『関于做好汽車，摩托車，農用運輸車新産品申報工作有関事項的通知』.
中国汽車工業聯合会・公安部（1989）『全国汽車，民用改装車和摩托車生産企業及び産品目録管理暫定規定』中汽総聯字(225).
中華人民共和国国務院　国発（1988）『国務院関于厳格控制轎車生産点的通知』(82).
中華人民共和国国務院　国発（1992）『国務院批転国家計委，国務院生産弁関于控制若干長線産品和熱点産品建設項目審批請示的通知』(17).
中華人民共和国国務院　国発明電（1993）『国務院関于厳格審批轎車，軽型車項目的通知』(1).
中華人民共和国国務院　国発（1997）『国務院批転国家計委等部門関于進一歩加強汽車工

業項目管理意見的通知』(24).
周 麗娟 (2006)『一個女汽車眼中的中国汽車』(中国汽車報作品系列叢書) 海天出版社.
庄 継徳・叶 福恒 (2002)『WTO与中国汽車工業』北京理工大学出版社.
庄 蔚敏・庄 継徳 (2006)『汽車政策法規与汽車産業発展』北京理工大学出版社.

第4章　環境適応競争下の競争構造及び固定観念の影響

1　はじめに

中国自動車市場の始動は1990年代以降であり，全面成長は2000年に入ってからの出来事である．1990年代の「三大・三小・二微」体制において，セグメント別に車種ごとに1社を指定するといった産業政策の指導方針ものと，公務用車主体といった市場特性もあるが，消費者の購入動機が割と画一的で，メーカー側からみれば，ブランド，技術と価格などの選好のいずれかに重きを置くポジショニング戦略が依然有効な手段であった．しかし，2000年代に入ると，競争激化に伴い，新車モデルだけでも年間200種類以上投入される今日の中国乗用車市場[1)]では，個人消費者も常に複数選好軸において効用の最大化を図るようになった．同様な購入予算（仮に2010年前後8万元）だと，①「価格選好」優先なら民族系の最新車種か（例えばコンパクトカー・セグメントの奇瑞『A3』），②「ブランド選好」に重きを置くならば，同セグメント内の外資系の旧モデルか（例えばコンパクトカー・セグメントの北京現代『旧エラントラ』）③もしくは，「技術先進性」を重視し，1つランク下の外資系の新しいモデルか（例えば小型車セグメントの広州ホンダ『Fit』），という複数の選択肢が常に消費者の目の前にある．実際では，購入予算には多少幅があることは，容易に想像できるため，消費者の潜在購入範囲はいっそう複雑な流動状況になる．消費者は常に自らの用途，社会的地位，購買力等の諸要件と照合しながら，購入直前の状況に合わせて複数の選好軸の優先順位を変更し，最大の消費者余剰を享受できそうなモデルをダイナミックに決める．したがって，こうした消費者の流動的な意思決定行動に高い不確実性を有しており，自動車メーカー間の競争を激化させる要因をなしている．なぜなら，定番商品やロングセラーだけで常に優位に立つと限らない「十人十色」の新興国市場だからである．そのため，企業も複数の潜在的選好軸において，自社の競争優位を流動的に組み合わせ，市

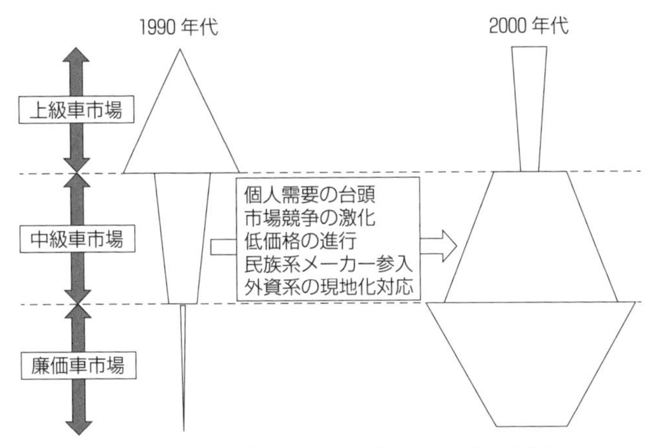

図4-1　中国乗用車市場の構造変化（概念図）

出所：筆者作成.

場の変化に俊敏に反応できるよう必死についていく．つまり，環境適応競争の幕開けである．

市場構造に目を向けると，1990年代「三大・三小・二微」時期の外資合弁メーカーによるセグメント別独占的すみわけ体制から，2000年代の全セグメント・フルラインナップにわたる全面競争に急速に変貌したのである．**図4-1**では，左側のスルメイカ型から右側の蓋付き丼型へ変化したのが象徴的である．こうした市場構造の変化の結果，セグメント内での競争はもちろん，セグメントの境界線における競争は，潜在的選択肢が多いため，なおさら激しいものであった．蓋付き丼の形になった所以であろう．そこで，2000年以来の中国の自動車市場の構造変化を理解するためには，消費者の意思決定に対する把握がカギとなる．**表4-1**は中国乗用車の個人消費者の購入動機について，特徴的な変化を反映している．モータリゼーション期の初期となる2000年ごろには，低価格重視の志向が際立ったが，モータリゼーションが終盤に差し掛かろうとする2010年時点になると，低価格は依然重要な購入動機ではあるものの，デザイン（外観・内装）が消費者の購入決定に主要な決定要因となったことがわかる．ところで，品質に対する消費者意識は一応高まる傾向にはあったが，一貫して，主要な決め手ではなく，むしろ重要性が次第に下がり，2010年には最下位に転落したのである．ここで，前出したタタ・モーターズの『NANO』の失敗事例を思い出すと，問うべき質問の1つは，なぜ中国の消費者はインド

表 4-1　2000 年代中国人消費者の自動車に対する購入動機の変化

Reason to Buy (% Response)	2000	2010	Percentage Change
Low Purchase Price	28%	12%	−16%
Good Vehicle Quality	5％	9％	4％
Good Vehicle Styling	3％	19%	16%
Roominess／Interior Space	2％	10%	8％

出所：Alexander, A., Sanjaya and Susanto. (2015) *Volvo and Geely*. [https://www.slideshare.net/SanjayaSanjaya/volvo-and-geely] Accessed June 20, 2016.

の消費者に見られた「安物買いの銭失い」という賢明さを持ち合わせておらず，いわゆる理性的な消費者に依然としてなっていないのかという点であろう．

本章では，こうした消費者の購入動機の変化を糸口に，先進国多国籍企業が展開する品質競争にさらされる中，中国民族系メーカーの取った企業行動に光を当て，その答えを探ることにする．具体的には，企業行動を通じて，中国乗用車市場にいかなる「異質性」が存在し，それが長期にわたって多国籍企業の環境適応競争にいかなる影響を及ぼしているのかを明らかにする．

2　環境適応競争の幕開け

――2000 年以来の数量的拡大と構造的変化――

2000 年の中国自動車生産台数はいまだ 206 万 9400 台の規模で，2007 年においても依然米国の半分に過ぎないほどの 727 万 9700 台である．しかし，持続的な好景気に見舞われる中，2010 年に入ると，中国の自動車生産台数が急速に 1826 万 4700 台に膨らんだのである．他方，自動車純輸入台数を加算すれば，実質上 2010 年の中国国内では，1834 万 6500 台の自動車が販売され，米国の過去最高記録の 1781 万 2000 台を塗り替え，名実とも世界第一の自動車市場になった．以降も持続拡大をたどり，2017 年になると，自動車販売台数が 2887 万 9000 台まで増加した．自動車統計と別統計で計上した 200 万台超の農用車（いわゆる昔日本でも存在したオート三輪車）を足せば，実質年間 3000 万台の規模に達している（**図 4-2** 参照）．

図 4-3 にみられる通り，基本型乗用車市場が 2001 年の 61 万台程度から 10 年間で 1000 万台超規模へ急拡大しながら，乗用車市場全体では一貫して 7 割

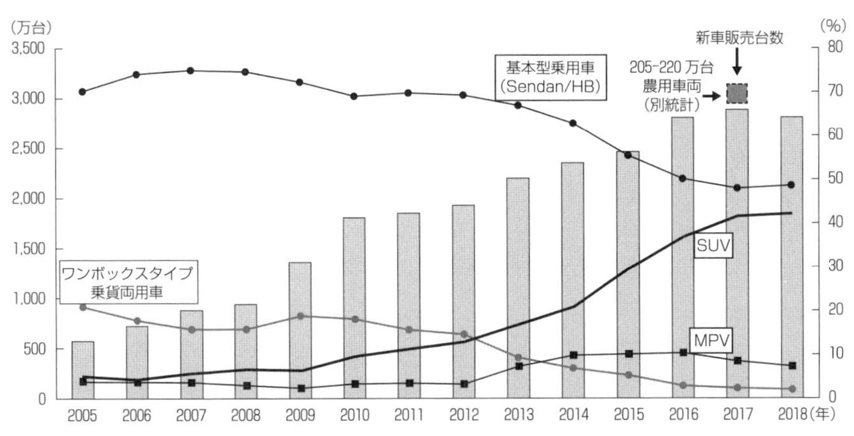

図 4-2　中国年間自動車販売台数推移と乗用車市場タイプ別構成比

出所：中国汽車技術研究中心（CATARC）より，筆者作成.

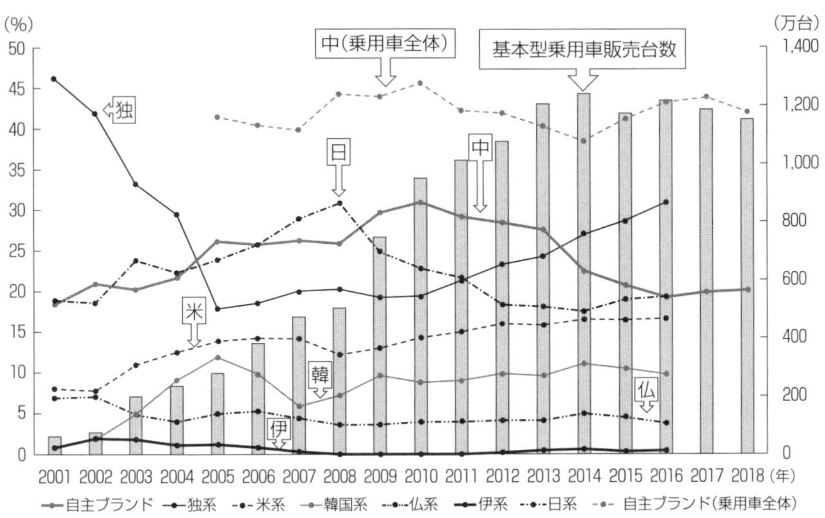

図 4-3　基本型乗用車市場における年間販売台数の構成比（国別）

注：基本型乗用車市場における国別の構成比について，2017 年から中国系ブランドのみが公開されるようになった．代わりに，乗用車市場全体では，中国ブランドの 43.88%を皮切りに，独，日，米，韓，仏と伊のシェアがそれぞれ 19.62%，17.01%，12.30%，4.63%，1.84%と 0.72%になる.

出所：中国汽車技術研究中心（CATARC）より，筆者作成.

以上のシェアを維持し（**図 4-2** 参照），2012 年まで中国の乗用車市場拡大のけん引役を演じたのである．他方，2013 年以降に目を向けると，基本型乗用車市場の規模がおおむね 1200 万台規模を中心に安定推移するようになり，対照的に，存在感を急拡大しているのはSUV製品である．2017年以降SUV製品が基本型乗用車市場とほぼ互角の規模まで成長してきている．他方，MPVとワンボックスタイプ乗貨両用車の存在感が次第に薄れてゆき，総じて中国乗用車の市場構造は2000年代のセダンタイプを中心とする基本型乗用車市場の拡大から，2010年代に入るとセダンとSUVタイプの二強体制へ移り変わっているのである．分析の便益上，本章では2000年以来の基本型乗用車市場拡大を主体とする時期を量的拡大期と言い，2010年代におけるSUV商品が好調な（同時に基本型乗用車需要が飽和する）時期を嗜好向上期と呼ぶようにする．つまり，二つの異なる段階が存在すると垣間見える．こうした市場構造の変化は企業パフォーマンスに対していかなる影響を及ぼしているかについて，**表4-2**をもって，いくつか特徴となる出来事を取り上げて説明する．

第一に，首位陣営の結成と下位メーカー淘汰である．2001年以来，VW，GMの現地合弁企業（上海VW，一汽VWと上海GM）がフルラインナップ展開を武器に，ほかの追随企業を追い払い，次第に第一陣営を結成した．したがって，量的拡大期には，フルラインナップ展開競争が外資合弁企業の間において主要な競争秩序をなしており，基本体力（いわゆるラインナップの多寡）の順に，ランク外へ転落していくメーカーが続出している．時系列では，長安鈴木，広州本田と一汽豊田などがある．他方，現代自動車と日産自動車が中国専用仕様車の導入により，かろうじてトップ10の地位を維持できたのである．詳細について，後述する．

第二に，民族系自動車メーカー陣営では，段階ごとに，入れ替わりの様子を呈していたことである．量的拡大期では，廉価車市場の始動を追い風に，規模拡大を実現できた奇瑞汽車・比亜廸が嗜好向上期において，SUV市場の勃興への対応が怠ったため，上位から姿を消した．代わりに，台頭したのは長安汽車や長城汽車である．特に留意すべき点として，一度ランク外に転落したものの返り咲きを実現できた企業もあった．吉利汽車である．

3　外資系メーカーの間に繰り広げられた環境適応競争
——「V字回復」現象を解読——

図4-3の国別市場シェアの推移を眺めると，程度の差はあるものの，独，米と韓国メーカーの市場シェア曲線に，急低下と回復，いわゆる「V字回復」を

表 4-2　中国乗用車市場販売台数 TOP10（メーカー別）

（単位：千台）

2001		2002		2003		2004		2005		2006		2007		2008		2009	（年）
上海 VW	241	上海 VW	301	上海 VW	396	上海 VW	354	上海 GM	325	上海 GM	406	上海 GM	495	一汽 VW	499	上海 VW	728
一汽 VW	125	一汽 VW	208	一汽 VW	298	一汽 VW	300	上海 VW	250	上海 VW	349	一汽 VW	461	上海 VW	490	上海 GM	708
天津汽車	80	上海 GM	111	上海 GM	201	上海 GM	252	一汽 VW	240	一汽 VW	345	上海 VW	456	上海 GM	445	一汽 VW	669
上海 GM	58	一汽夏利	95	広州本田	117	広州本田	202	北京現代	234	奇瑞汽車	302	奇瑞汽車	381	一汽豊田	366	北京現代	570
神龍汽車	53	神龍汽車	85	一汽夏利	114	北京現代	144	広州本田	230	北京現代	290	広州本田	295	奇瑞汽車	356	東風日産	519
広州本田	51	長安鈴木	65	神龍汽車	103	一汽夏利	130	一汽夏利	190	広州本田	260	一汽豊田	282	東風日産	351	奇瑞汽車	484
上海奇瑞	28	広州本田	59	長安鈴木	100	長安鈴木	110	奇瑞汽車	189	一汽豊田	219	東風日産	272	広州本田	306	比亜廸	448
吉利汽車	22	上海奇瑞	50	上海奇瑞	85	吉利汽車	97	東風日産	158	吉利汽車	204	北京現代	231	北京現代	295	一汽豊田	417
—	—	風神汽車	41	吉利汽車	76	神龍汽車	89	吉利汽車	150	東風日産	203	吉利汽車	220	吉利汽車	222	広州本田	365
—	—	吉利汽車	40	風神汽車	65	奇瑞汽車	87	神龍汽車	140	神龍汽車	201	長安福特	218	長安福特	205	吉利汽車	329

2010		2011		2012		2013		2014		2015		2016		2017		2018	（年）
上海 GM	1,012	上海 GM	1,186	上海 GM	1,364	上海 GM	1,543	一汽 VW	1,781	上海 VW	1,806	上海 VW	2,000	上海 VW	2,063	上海 VW	2,065
上海 VW	1,001	上海 VW	1,166	一汽 VW	1,329	上海 VW	1,525	上海 VW	1,725	上海 GM	1,724	上海 GM	1,880	上海 GM	1,999	一汽 VW	2,037
一汽 VW	870	一汽 VW	1,035	上海 VW	1,280	一汽 VW	1,513	上海 GM	1,724	一汽 VW	1,650	上海 GM 五菱	1,878	一汽 VW	1,957	上海 GM	1,970
北京現代	703	東風日産	809	北京現代	860	北京現代	1,031	北京現代	1,120	上海 GM 五菱	1,182	一汽 VW	1,872	上海 GM 五菱	1,895	上海 GM 五菱	1,663
東風日産	661	北京現代	740	東風日産	773	東風日産	926	東風日産	954	北京現代	1,063	長安汽車	1,219	吉利汽車	1,248	吉利汽車	1,501
奇瑞汽車	617	奇瑞汽車	601	奇瑞汽車	530	長安福特	683	上海 GM 五菱	933	東風日産	1,001	北京現代	1,142	長安汽車	1,128	東風日産	1,156
比亜廸	520	一汽豊田	529	一汽豊田	495	上海 GM 五菱	631	長安福特	806	長安汽車	938	東風日産	1,117	東風日産	1,108	長城汽車	915
一汽豊田	506	比亜廸	448	長安福特馬自達	494	長城汽車	627	長安汽車	710	長安福特	869	長城汽車	969	長城汽車	950	長安汽車	883
吉利汽車	416	吉利汽車	433	吉利汽車	491	一汽豊田	555	神龍汽車	704	長城汽車	753	長安福特	944	長安福特	828	北京現代	810
長安福特	411	東風悦達 KIA	433	長城汽車	487	神龍汽車	550	東風悦達 KIA	646	神龍汽車	705	吉利汽車	799	北京現代	785	広州本田	741

注：1）2002 年 6 月，天津夏利が第一汽車に吸収合併されたため，標記を「天津汽車」から「一汽夏利」へと変更した．
2）2004 年奇瑞汽車が上海汽車集団から独立し，社名を「上海奇瑞汽車有限公司」（「上海奇瑞」と標記）から「奇瑞汽車有限公司」（「奇瑞汽車」と標記）へと変更した．
3）吉利汽車に関するデータには関連会社の「美日」や「華普」などの台数が含まれるが，Volvo は含まれていない．
4）網掛けは民族系自動車メーカーである．交叉乗用車（別称：乗貨両用車）は計上されない．
5）出所が異なるため，2001 年のデータは他のデータとの整合性は保障されていない可能性がある．
出所：中国汽車技術研究中心（CATARC）より，筆者作成．

成し遂げた痕跡が確認できる.

3.1　VWの事例

まず，**表4-2**で見られたように，VWが第一集団の地位を死守できた背景には，2005年の販売不振をきっかけに，中国の競争環境に適応するために一連の組織変革を通じて経営の現地化を行った経緯があった．2005年に市場全体の販売台数が対前年比13.70%増の576万6700台に達したにも拘らず，上海VWと一汽VWの販売台数は逆に前年割れとなり，首位の座を上海GMに明け渡した．そのため，VWが中心とするドイツ系乗用車の市場シェア（現地生産車のみ）は，2002年の40%から，2004年の26.4%へ急減少した．販売不振に陥ったVWは2005年に「オリンピック計画」と名付けた新中国戦略を打ち出し，主に以下六項目に対する取り組みにより，復活に努めた．①2009年までに10～12種類の新モデルを導入し，経営体制と製品の現地化を強化する．②コストを40%削減し，国産化率を引き上げる．③一汽VWと上海VWの製品ラインナップのすみわけを推進する．上海VWでは，2007年から「シュコダ」ブランドを新たに導入し，低級・中級車市場でのシェア拡大を目指す．④生産能力の拡張計画を一時中止し，合弁会社との協力体制を強化する．⑤合弁企業における自主ブランドの発展を促す．⑥一汽VWと上海VWの販売網は統合しないものの，販売網全体の効率化を図り再編する[2)]．こうしてマルチブランド化によって，フルラインナップの展開に合わせた，製品企画，ブランド戦略，生産調達，そして販売組織まで多岐にからむ経営体制の現地化を目指す組織再編は奏功し，首位奪還できた.

3.2　GMの事例

上海GMは首位の座を3年間死守した後，2008年にVWと同様に販売台数の前年割れを味わった．原因の1つとして，2003年から上海GMの急成長を根本から支えてきた主力車種が販売不振に陥り始めた事が挙げられる．例えば，大人気の『君威（Regal)』の年間販売台数は，ピーク時の9万台前後から，2008年には3800台に大きく落ち込んだ．しかし，より根本的な原因として，以下の点を指摘できる．GMは中国において，参入と同時に，外資系メーカーとして初のR&Dセンターとなる上海汎亜汽車技術中心（Pan Asia Technical Automotive Center，以下「PATAC」と略す）を開設するなど，現地化に積極的に取り組む姿勢はあったものの，PATACの技術力は改良センターのレベルにとどまり，即戦力にならなかった．特に，GMの初期マーケティング戦略は，品質の作り込みや商品訴求性の向上というより，「ビュイック（Buick）」ブランドに依拠した商品イメージの「グローバル側面」を大きく強調する点に特徴があった．こうした「グローバルブランド」という商品イメージを強調する戦略が2000年代前半の中国市場において一定の成果はあったが，次第に色あせ始めた．その背景には，2000年代後半の乗用車市場では，主要需要の発生源である公務用車に取って代わり，マイカー需要が主流となり急増した．それによって，ブランドイメージや商品の「グローバル性」よりも，使い勝手，品質，意匠設計などの商品の中身に対する訴求性がより重要視されるようになってきたのである．特に自己主張が強いと言われる1980年代と1990年代生まれの若年消費者層の台頭が，こうした変化をいっそう加速させた．したがって，「グローバル商品」のイメージを有する『君威』の販売不振は，まさしく上海GMの既定マーケティング戦略が機能しなくなったことを映し出し，現地要件への適応の重要性，例えば若年層の好みをいかに掬いあげるかという経営課題を顕在化させた．こうした消費者層の変化について，上海GMは検知し，事前に対応を進めていたが，事態の進展は想定以上に速かったため，『君威』が急速に販売不振に陥った．『君威』の凋落は上海GMにとって外部競争環境の構造変動を解読する判断材料を提供した．それによって上海GMはPATACに現地デザインセンターという新機能を追加し，『君威』のモデルチェンジにあたり，商品力向上，特に現地では好まれるスポーティな意匠設計を突出する方向へと舵を切った．そして，2008年12月に投入した『新君威』は見事に前述した市場の潜在的変化をとらえ，上海GMの業績回復をみちびく起点となった．以降，『君威』で得た経験が『君悦』などの他の主力車種のモデルチェンジにも援用され，2010年に上海GMの首位返り咲きに貢献した．

3.3　現代自動車の事例

上海GMの販売不振とほぼ同時期に，同様な難局に遭遇したのが北京現代である．北京現代の全称は「北京現代汽車有限公司」であり，2002年10月に北京汽車投資有限公司と韓国現代自動車との折半出資によって設立された外資合弁自動車メーカーである．

2002年に中国市場に参入した現代汽車は，2006年まで，現地投入車のラインナップを構成するために，段階的に車種導入を行った．しかし，当時の中国市場のローカル状況について理解できていないことに加え，全社的に，「World Wide Car」の方針，つまり，世界で認められた車を現地に導入すればいいという考え方に従って，投入される現地生産車が決定されていたために，現地の状況を考慮していなかった．2000 年代前半の市場勃興期には，こうした「World Wide Car」戦略は一定の成果があった．特に主力車種の『エラントラ』が日系車と欧米系車の特徴を兼備した商品設計に基づき，豊富なオプションと日系と欧米系車に比較して割安な価格設定が功を奏し，2004 年から躍進的成長を遂げた（**表 4-2** 参照）．他方では，北京現代の第 1 工場が完成する直前に中国ではモータリゼーションが始まり，それに合わせて即座に現地供給ができた．事後的に考えれば，当時参入のタイミングが非常に良かったのである．

なお，2000 年代半ばから始まった消費者ニーズの多様化と向上化，そして消費者の若年化によって，市場の好みが「とりあえずなんでも付いている」から「個性主張」へ次第に変わった．こうした消費嗜好の変化に対応して，2005 年から外資系他社が中国現地ニーズに合わせた車を数多く導入し始めた．結果として，以前「中庸的な美学」すなわち日系・欧米系車の特徴が全て入っている事をセールスポイントとした『エラントラ』が燃費性能では日系車に劣り，安全面では欧米車に及ばないと指摘され，逆に「特徴なし」と不評されるようになった．「World Wide Car」戦略で一時期に成功をおさめた現代自動車はそうした消費嗜好の変化への対応に遅れを取っていた結果，2007 年には，北京現代を急激な販売不振に導いた．

苦境にあえぐ北京現代は，2004 年に先行して業績不振に陥ったフォルクスワーゲンの組織改造を参考に，中国での進出形態に対する改造を行った．まず，フォルクスワーゲングループの現地販売ネットワークに地域統括販売会社の設立によって，迅速な市場対応を追求できた改革を参考に，北京現代汽車も中国における販売ネットワークの改造に取り込んだ．最も顕著な変化点として，地域統括販売会社制度の導入によって，地域別に異なるローカルニーズへの対応を迅速に行うように，マーケティング関連の決定権を地域統括販売会社へ移管した．また，沿海部大都市において 4S 方式に偏った販売手法にもメスを入れ，北京現代が，日系メーカーが固く禁じたサブディーラーの起用とサテライトの出店などを許可した．それに伴って出店支援政策まで取り入れた．結果，沿海部大都市の 1 級市場のみならず，中小都市と農村市場に隣接する 2，3 級市場への販売網のカバー率が上がり，後に業績回復の土台を固めた．

加えて，製品面でも前述した「World Wide Car」という本社方針に対する修正が図られた．現代汽車は自ら中小型車における優位性を確保するために，新型アバンテ（Avante）＝エラントラを中国現地仕様適応車＝『エラントラ悦動』として投入した．

その現地ニーズ適合設計は主に以下のように行われた．第一に，外観について，北京現代が中国において消費者調査を行い，消費者が好むデザイン要素の抽出に努めた．調査結果から，「World Wide Car」の下で販売されている『エラントラ』は，韓国と北米向けの製品のため，中国市場には合わないところがあることに気付いたのである．調査の結果を概略的に言うと，「中国消費者が好む車はまず大きくて光るものでなければならない」ということであった．具体例として，中国ではクーロム化されたグリルグリッドや，より大きな居住空間が好まれる傾向があり，それに比べ，当時の『エラントラ』は非常に地味なイメージが持たれていた．

第二に，現地適応仕様が挙げられる．以前は「World Wide Car」という方針の下で，北米地域，ヨーロッパ地域のように大地域区分で車種仕様が決定されていたが，これも市場調査を通じて，中国で好まれる方向に合わせて細分化された一国専用仕様を提供する事が決められた．そこで，中国事業部が実施した市場調査の結果が中枢開発部門の南陽（ナムヤン）技術研究所に送られ，最終仕様の選定が行われた．この段階では特に興味深いのは中国人の好みという感性的な表現を商品設計に反映する際に，外部専門家によるデザインレビューと意見収集が製品の最終成功につながった点である．

第三に，量産立上げタイミングである．第2工場の建設完成時点をあえて，『エラントラ悦動』の販売時期に設定した事によって，供給のボトルネックをあらかじめ解消できる体制を確保した．

第四に，マーケティングである．旧型エラントラの「中庸的」という市場イメージに引きずられないように，エラントラの後継車種というより，『悦動』という若々しくスポーティなコンセプトを新たに反映できる独自な差別的にマーケティングを行った．

2008年に米国に端を発した金融危機によって，各外資系メーカーが中国市場において，減産計画が相次ぎ発表されるなか，唯一増産と計画したのは北京現代汽車であった[3]．

最後に，現代自動車が外資系メーカーの中から先駆けて，中国市場に，中国人ユーザーの好みに適合した専用車＝中国型「アバンテ」＝『悦動』[4]を投入し，大成功を収めたのである．なお，2010年に入ると，北京現代が，現地適応戦略をいっそう徹底し，あらかじめ中国市場の需要要件をレファレンス仕様とした『瑞納』を新型グローバル戦略車に据え，ラインオフした．

総じて，上記一連の「V字回復」現象から，先進国市場を念頭に企画された商品を途上国に投入するフルラインナップ展開に，「中国仕様車」という現地化戦略が修正措置として加えられたという共通した企業行動が見て取れる．

3.4　日系メーカーの浮き沈み

1990年代後半に，大量の外国製中古車が華南地域に密輸された時期があった．VW製『サンタナ』と『ジェッタ』以外，まともな選択肢は存在しなかった当時の中国において丈夫で燃費の良い日本車が優れモノという評判が一気に広まった．そのため，『レクサス』，『カローラ』，『カムリ』と『アコード』などの日本車に対して根強い人気が日系メーカーの進出前に華南地域に形成された．華南は，中国において経済発展を最も遂げている地域で，購買力も高かった．そのため，経験上，2010年ごろ華南の自動車市場は中国全体の3分の1強に匹敵する規模になった．そのうち日系メーカーは半分前後を占める．それを中国全体の市場シェアに換算すると，おおよそ15%前後になる．なお，当時中国市場全体における日本車の市場シェアは23%前後なので，日系車は華南市場に過剰に依存していたのは一目瞭然である．したがって，先行する欧米韓メーカーに比べ，日本車は2000年代の中国での展開において，参入前から地理的に偏在する優位性にとらわれたため，真の全国展開が逆に阻害されがちであった．したがって，そのレガシーが薄まり始めると，自然に拡張のテンポが遅くなったのである．

トヨタとホンタに比べ，日産が一貫して，トップ10の座をキープできたのはなぜか？まず，参入が遅れたことに，グローバル・ラインナップ戦略を堅持していない点が指摘できる．日産は「グローバル・ラインナップ」に拘れず，地域テーストを演出した車種の少量生産体制をとり，中国においては参入当初から，現地スタッフの声を重視し，都市部市場のみならず，周辺部市場にも積極的に出店する事で，業績を伸ばしながら，最適な現地運営体制を探っている．更に，トヨタとホンダと異なり，商品ポジショニングでは後述する「上澄み」

戦略を取っていない点も重要である．すなわち，日産は低価格車ニーズに積極的に対応しているのである．ほかの外資系メーカーと同様に，同じブランドの下で先進国と新興国の異なるニーズを同時に対応するには限界があるという制約を受け，日産ブランドの中国専用仕様車だけではなく，先陣を切って，外資系メーカー他社よりいっそう現地化戦略を徹底した形で，中国専用ブランドの「ヴェヌーシア」を企画し導入したことが奏功したのである．

4　民族系自動車メーカーの上級化挑戦

4.1　2000年代の市場構造と民族系自動車メーカーの上級化挑戦

中国では，ホイルベースの長さによって，乗用車製品を「微型車」，「小型車」，「緊湊型（コンパクト）車」，「中級車」，「中高級車」と「豪華車」に分類している．「中高級車」と「豪華車」といったハイエンドゾーンは2009年時点では外資系製品の一色で，輸入車も多く存在する．輸入車での車種ごとの販売データが入手困難という制約もあり，本項では「中高級車」と「豪華車」に関する分析を割愛し，主に「中級車」以下のセグメントに集中し分析する．結論は変わらない．

まず，**図4-4**で確認できるように，「微型車」と称されるセグメントは，基本的には民族系メーカー製品の一色となっている．最低価格は4万元（約50万円；2009年時点，以下同様）を軸に，3万元（約37万円）から5万5000元（約68万円）までの狭い商品ゾーンを形成している．中には，BYD『F0』，奇瑞『QQ3』という最低価格が3万元（約37万円）からなる超低価格車も存在する．両者がともに年間10万台以上売られ，民族系メーカーの成長を支えている．

一方，上海GM五菱と長安スズキなどの外資系メーカーの存在も確認できる．GMの中国運営では，概して「ビュイック（Buick）」を中級車までの量産車セグメントに対応させる一方，ローエンド需要に対して，「シボレー（Chevrolet）」ブランドをもって積極的に対応する．そして上海GM五菱『楽馳（Spark＝Matiz II）』はその先兵役にあたり，年間6万台も売られる人気量産車種である．

2009年以降「微型車」セグメントでは，奇瑞『QQme』と『瑞麟X1』が代表するように，民族系製品の価格帯は次第に外資系製品よりも高い5万5000

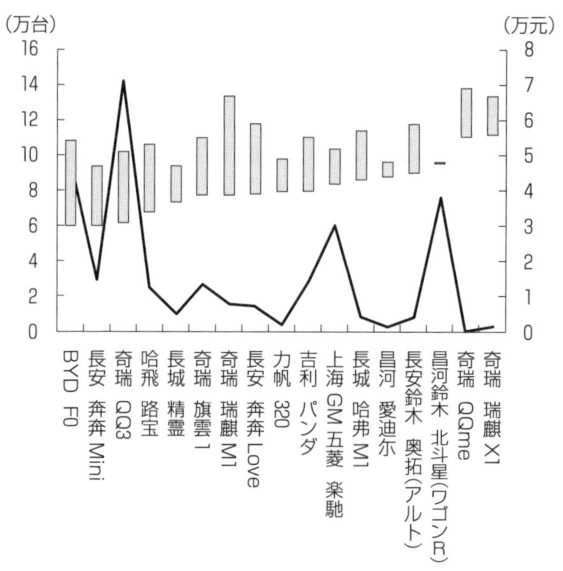

図 4-4　2009 年中国乗用車市場「微型車」セグメント（ホイルベース<2,350 mm）

注：折れ線は販売台数，ローソク線は車種の価格幅を意味する．以下同様．
出所：販売データは中国汽車技術研究中心（CATARC），価格情報は db.auto.sohu.com/home（2009 年 12 月閲覧）より，筆者作成．

元というところへ延伸し始めた．下へラインナップを浸透させる外資系メーカーに対する反撃として，ポジションを向上させようとする努力が確認できる．

次に，「微型車」より 1 つ上の「小型車」セグメントに目を向けると，セグメント内の車種数が倍増になり，最低価格も 5 万元（約 62 万円）から 9 万元（約 112 万円）へ広がっている（**図 4-5** 参照）．興味深い現象として，7 万元（約 83 万円）前後に，民族系製品と外資系製品の境目が存在し，販売台数では両者が拮抗している様子が窺える．加えて，このセグメントでも，**図 4-4** 中の上海 GM『SAIL』のような，民族系メーカーの陣営に浸食する外資系商品を確認できる．他方では，GM と同様に虎視眈眈と狙っているのは韓国勢である．7 万元付近に，『Rio』と『Accent』を配置し，民族系メーカーの上位製品を検討するユーザーの囲い込みを狙う．これに対し，日系メーカーの製品が**図 4-5** では右寄りで，同セグメント内のより高い価格ゾーンのニーズを対応する「上澄み」的なポジションにある．

ただし，看過できないのは，このセグメントには 8 万元（約 100 万円）前後

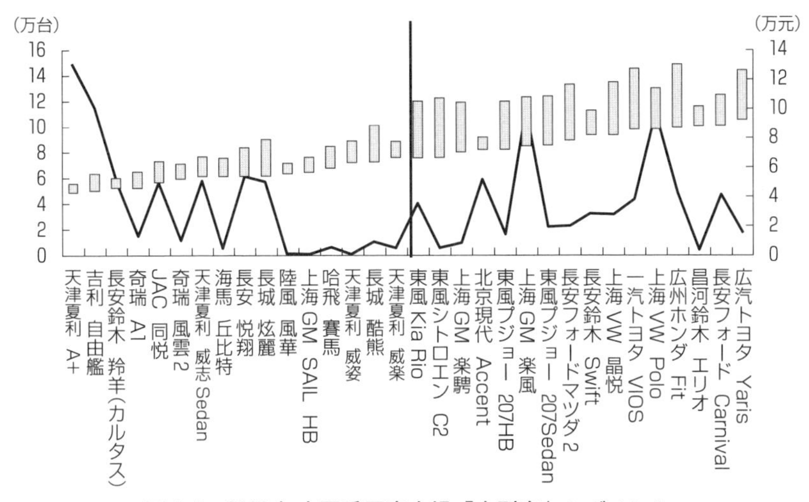

図4-5　2009年中国乗用車市場「小型車」セグメント
（ホイルベース：2,350-2,500 mm）

出所：販売データは中国汽車技術研究中心（CATARC），価格情報は db.auto.sohu.com/home（2009年12月閲覧）より，筆者作成.

の上海GM『楽風』と上海VW『POLO』や，4万元（約50万円）前後の天津夏利『A+』など，価格が倍以上異なる製品が共に10万台以上販売されている点である．ここで読み取れる指摘としては，車格上，同一セグメントに所属しても，価格からみれば，100万円商品を選好するユーザーと50万円商品を購入しようとするユーザーが1つの階級（集団・グループ）に属する可能性は低いと考えられることである．言い換えれば，同一セグメントに分類されるとはいえ，代替競争はさほど起こっておらず，異なる性質を持つ複数商品群によるすみわけ構造として理解すべきである．

更に，「小型車」より1つ上の緊湊型（コンパクト）車セグメントでは，最低価格の幅は4万元から13万元まで，前述の2つのセグメントよりも更に広がり，投入車種数は最も多くなっている（**図4-6**参照）．8万元前後にして，民族系と外資系の境目が見え，車種と販売台数では外資系に若干優位な状態となっている．そして，最低価格が7万元から10万元の間は，民族系メーカーの製品と外資系メーカーの製品が入り交じる状態となっており，接戦となる．更に，現代自動車，VWやトヨタなどの一部外資系メーカーが新旧車種の併売戦略を実施する事で，低価格ゾーンに浸食し，民族系製品のコスト優位性を対抗し

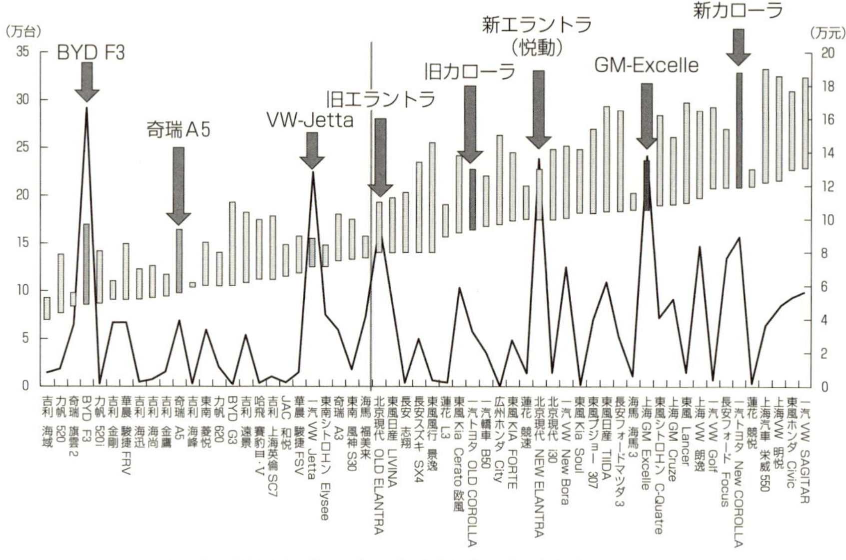

図 4-6　2009 年中国乗用車市場「緊湊型車」セグメント
（ホイルベース：2,500-2,700 mm）

出所：販売データは中国汽車技術研究中心（CATARC），価格情報は db.auto.sohu.com/home（2009 年 12 月閲覧）より，筆者作成.

ようとする様子が窺える．一方，GM は，前述した「シボレー（Chevrolet）」により下位市場へ浸透する戦略とは異なり，このセグメントにおいて，民族系メーカー製品から少し価格帯が離れるところに「ビュイック（Buick）」製品を配置し，マルチブランド戦略をとっている．「ビュイック（Buick）」というブランドイメージと呼応するラインナップである（**図 4-6** の『Excelle』と『Cruze』を参照）．これに対し，日系メーカーの場合，商品を確認すれば分かるように，依然右寄りという相対的に価格の高いポジションにある．新旧併売をとったトヨタでも，旧カローラは旧型車種の中にあっても，右寄りの一番価格の高いところにある．

最後に，「中級車」セグメントを見てみよう（**図 4-7** 参照）．外資系製品一色で，最低価格は 7 万元から 30 万元まで，価格差も 4 倍と最も広がっている．車種数はコンパクト・カーセグメントより大きく減り，民族系製品は BYD（比亜廸），奇瑞汽車，華晨汽車，JAC と一汽轎車による数車種に限られ，まとまった存在感は出していない．北京現代の『ソナタ』も売れないこのセグメン

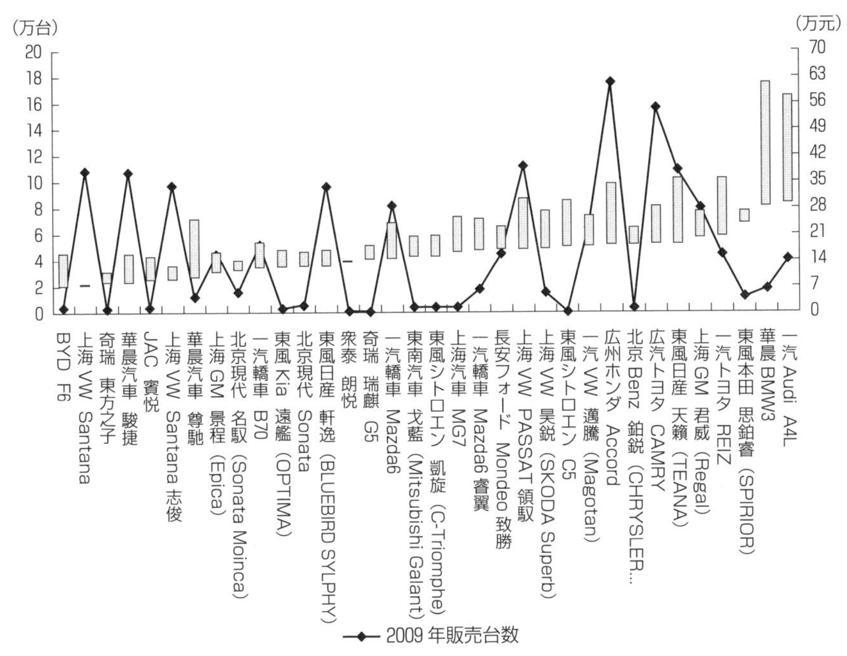

図 4-7　2009 年中国乗用車市場「中級車」セグメント（ホイルベース：2,700-2,850 mm）

出所：販売データは中国汽車技術研究中心（CATARC），価格情報は db.auto.sohu.com/home（2009 年 12 月閲覧）より，筆者作成.

トでは，主に日系とドイツ系製品の一騎打ち状態が続く.「アウディ」,「ベンツ」と「BMW」のようなプレミアムブランドの車種も確認でき，ローエンド需要の囲い込みに急ぐドイツ勢の下方浸透を目的とした製品ラインナップ戦略が見える．他方で同セグメントの量産車では日系メーカーの製品は依然右寄りのポジションを取っており，下位セグメントのいずれよりも大きな販売台数を示している.

上記一連の分析を通じて,「微型車」から上級セグメントへ視線を移しながら，2000 年代における中国乗用車市場の構造が析出できる．まず，民族系と外資合弁企業の間，おおよそ 8 万元を境界線にすみわけ構造を成し遂げている.「廉価車市場」では，噴出するエントリー需要を追い風に，民族系メーカーの存在感が容易に確認できるのに対して，8 万元以上の市場では，奇瑞『瑞麟 G5』のような上級セダンモデルが投入されたものの，ほとんど売れていない

(**図 4-7**).

他方，8万元以上の市場では，環境適応競争の影響として，日産の「ヴェヌーシア」や現代の『瑞納』など中国で企画され中国市場に特化した専用仕様車が相次いで導入され，新旧モデルの併売や，マルチブランド戦略など通常手段と合わせて，現地化を推進しながら，以前支配範囲外の「廉価車」などの下位市場へ浸食しはじめる外資合弁企業の様子が垣間見える．その結果，**図 4-8** で確認できるように，2009 年時点では，ほぼ同等な規模をもつ，5万元以下，5～10 万元と 10～15 万元の市場が，2010 年代に入り，次第に，5～10 万元へ収れんするようになってきている．2016 年時点，当該価格ゾーンで売られた自動車の量は市場の半分超に占めるようになった．

市場全体では，外資合弁企業と民族系自動車メーカーの間，量的拡大期にみられるすみわけ構造は次第に崩れはじめ，相互浸透が次第に始まったのである．

4.2 「City SUV」新市場の出現と民族系自動車メーカーの上級化戦略

図 4-3 で確認できたように，2010 年以降，基本型乗用車市場における民族系自動車メーカーのシェアが減少する一方となった．**表 4-1** で示した通り，2000 年に比べ，2010 年には消費者の所得向上によって，低価格選好が後退し，廉価車市場の連年縮小をもたらした．**図 4-8** では，5万元以下の市場が 2009 年の 30.08%からわずか 6 年で 12.83%までシェアを落としている．2000 年前後に始まったモータリゼーションが次第に終焉を迎え，エントリーユーザーも次第に減少するようになった．自動車購入の主力層はファーストカーから買い替え・買い増しへ移り変わり，嗜好向上がより一般化となった 2000 年代の終わりごろには，低価格車市場の縮小が民族系自動車メーカーに死活問題を突きつけたのである．それに加えて，外資合弁企業の現地化戦略が次第に奏功するようになり，民族系自動車メーカーの上昇空間がいっそう圧迫されるようになった．

だが，乗用車市場全体における民族系自動車メーカーのシェアに目を向けると，減少するどころか，43%前後に一貫して安定維持できているのである（**図 4-3**）．2014 年の数字に目を向けると，むしろ，緩やかな増加傾向すら見受けられる．それは，基本型乗用車市場における衰退が SUV 市場での躍進によって補填され，総数維持できたのである．

2010 年以降，勢いをもって拡大してきた基本型乗用車市場が足踏み状態に

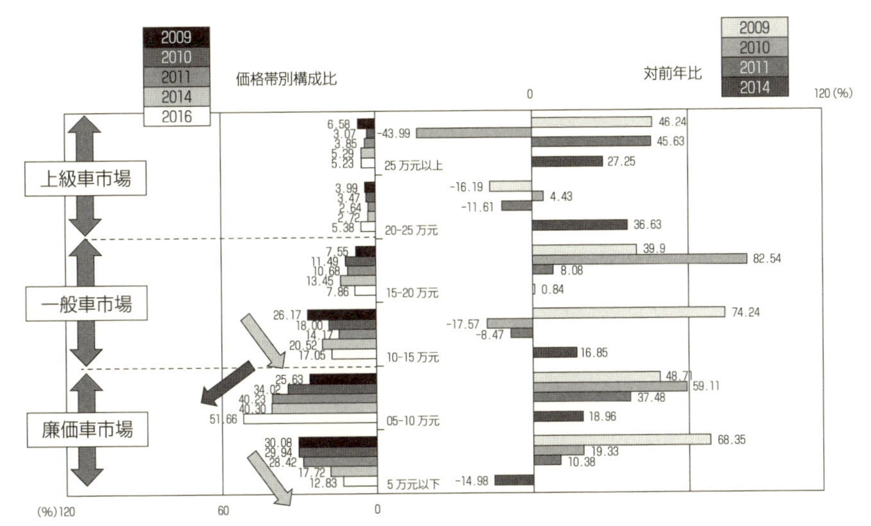

図 4-8　中国乗用車市場価格帯別構成比推移（2009～2016 年）

注：暦年の乗用車販売台数に乗貨両用車が含まれるため，前出図 1-4 での掲示と異なる部分がある．
出所：販売データは中国汽車技術研究中心（CATARC），価格情報は db.auto.sohu.com/home より，筆者作成．

なり，代わりに，SUV 製品が市場拡大の新たなけん引役になった．例えば，2009 年時点では，SUV 市場規模がだたの 65 万 8800 台にすぎず，2017 年になると，初めて 1000 万台を突破し，1025 万 2700 台に達し，15 倍の成長であった．一方，民族系自動車メーカーのパフォーマンスを見ると，販売台数が 2009 年の 17 万 9300 台からわずか 8 年で，583 万 5300 台となり，SUV 市場におけるシェアも，2009 年の 27.21％から，2017 年の 56.92％へ倍増したのである．

ここに来て，興味深い現象は 2010 年以降の SUV 市場における車種構成の変化である．2009 年時点の様子に比較して，2010 年以降には，本来オフロード用途が正論とされる大型 SUV 商品ではなく，明らかに増加したのは都市部の舗装済み道路で使われる小型 2WD 仕様の SUV 製品である．いわゆる「City SUV」ではあるが，外資系メーカーが従来持ち合わせていないものであった（図 4-9 参照）．それが全体の 8 割超を占めていた．

4.3　上級化を可能にした「感性的価値」の創造

民族系自動車メーカーの製品ラインナップを考察すると，興味深い現象を発見できる．セダンタイプの基本型乗用車市場における上位車種への民族系自動

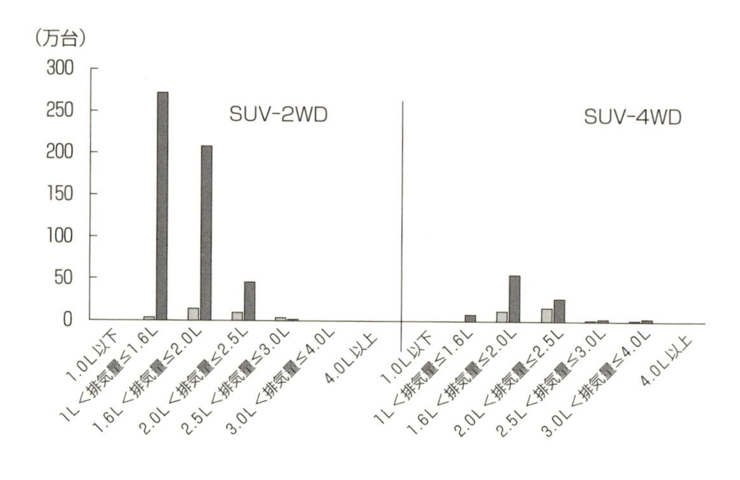

図4-9　中国SUV市場セグメント別構成比推移（2009年・2016年）
出所：中国汽車技術研究中心（CATARC）より，筆者作成.

車メーカーの挑戦は，現地化を加速させる外資合弁企業の製品との接戦により，ほぼ不発に終わった．売れる商品は2010年代前半ではほとんど生まれなかったのである．

そこで，試行錯誤の末，使用環境がほぼ同様な都市部における小型2WD仕様のSUV車へたどり着いたのである．セダンタイプに比べ，SUV車のトランクルームは広く，週末の近郊地域へのレジャーに出かけるニーズをよりよく満たせる一方，ヒップポイントが高くなったことで，前方視野が広くなり，安全性が増したため，日常の通勤では長時間運転しても疲れにくいなどの利便性を多数兼ねている点が人気を集めた．何より，それまでのSUV市場では本格派オフロード用途の製品がほとんどで，値段も高い．逆に日常に使いやすい「City SUV」は存在しないジャンルで，空白な市場であった．

外資系メーカーとの競争が避けられるとともに，セダンタイプより車格が一回り大きくなったことで，利益改善にもつながる点が民族系自動車メーカーにとって絶好の成長機会となった．例えば，**図4-10**で示す通り，2016年ごろの吉利汽車ではセダンタイプの帝豪ECシリーズ製品は8万元以下の市場では，年間20万台を超える年間ベストセラーの1つに上り詰めたのに対して，10万元前後の中級車市場ではほとんど受け入れられていなかった．それに比べ，値

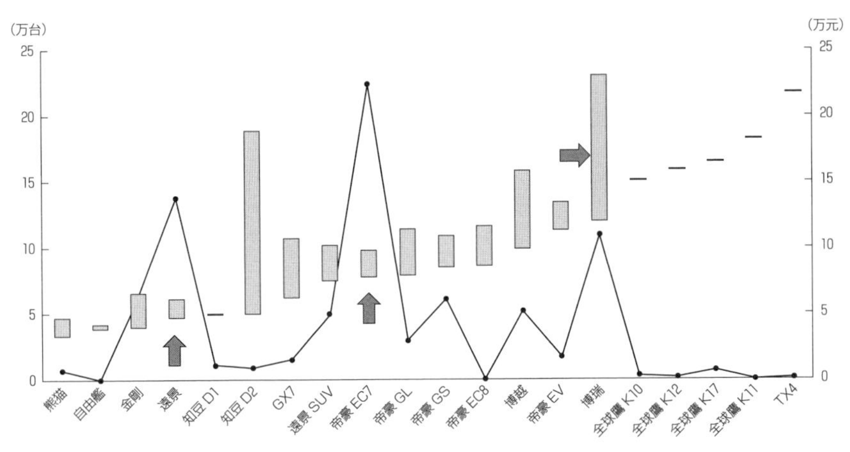

図 4-10　2016 年吉利汽車販売実績（車種別）

出所：販売データは中国汽車技術研究中心（CATARC），価格情報は db.auto.sohu.com/home より，筆者作成.

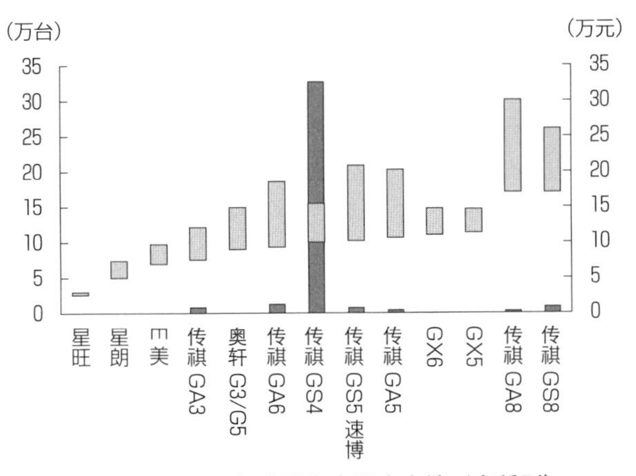

図 4-11　2016 年広州汽車販売実績（車種別）

出所：販売データは中国汽車技術研究中心（CATARC），価格情報は db.auto.sohu.com/home より，筆者作成.

段が一層高くなった博瑞・博越といったSUV 製品が人気を博し，売れるようになっている.

極端の事例では，国営メーカーの自主ブランド部門として，広州乗用車が長い間，規模拡大ができないという問題に惑わされてきたが，2016 年に，『伝祺 GS4』というSUV 製品がヒットしたことで，上位へ大きく躍進したのである（図 4-11 参照）.

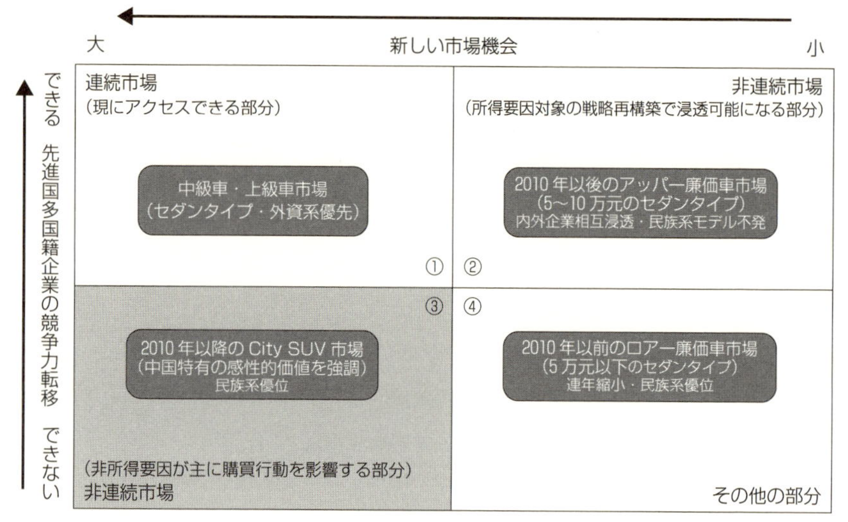

図 4-12　分析フレームワーク

出所：筆者作成.

一連の民族系自動車メーカーが「City SUV」をきっかけに上級化の実現に導いたのは,「大気（だあちぃ）」という中国特有の美意識の存在である. 一般的に知られている「面子」と混同されがちではあるが, 言葉にすることができない中国の伝統的な美的概念の１つである. 工業デザインでは「『大気』は, 器が大きい, モノ全体に自分が包み込まれる, 壮大, 荘厳というような, モノ自体のデザインというより, その周辺の空気感のこと」(桃田, 2012) を指すことが多いのであるが, 一般的には, ケチな意味を持つ「小気」の反対語として, 使われることが多くある.「大気（だあちぃ）」なことをしたり,「大気（だあちぃ）」なものを所持したりすることで, 面子が立つという因果関係が存在する. わび・さびと同様に, 文脈に依存する観念的な存在で, 自動車の設計では単に高級感あふれるゴージャスデザインにしたり, 高機能を搭載したりするだけでは到底実現できない特徴を有している. しかも, 日本や欧米の社会に存在しない美的観念で, 民族系自動車メーカーにとって, 解釈するのに長けるという優位性が生み出しやすく, 外資合弁企業との接戦回避に使える, 一種の異質的な「感性的価値」である.

こうして, 外資合弁企業の環境適応競争によって, 自らの足場となる廉価車が侵食される中, セダンタイプ上級モデルの導入による正面接戦が期待できるほどの成果が出せなかったため，「City SUV」という空白市場において，「大気」という「中国要件」を差別化要因に，民族系自動車メーカーは再び競争構造をすみわけ構造へ導いたのである（図4-12）.

5　おわりに

本章では，わずか十数年で世界最大の自動車市場に成長した中国を新興国市場の代表事例とし，企業を取り巻く環境変化のメカニズム，その波及，さらにその対応として企業行動を説明変数に，「異質性」が中国乗用車市場において，企業の環境適応競争にいかなる影響を及ぼしているのかについて，探索的に分析を試みた．とりわけ，事業環境の変化に対して，中国民族系メーカーの事例を取り上げ，低価格という差別化要因が消失していく中，デザイン性において，再び「中国要件」を発掘し，「City SUV」という新市場の創出による業績改善の有効性について，検討した．紙幅の制約で，具体的な企業の内部に立ち入らず，外形的な検討に留まらざるを得なかったが，民族系自動車メーカーがなぜそれを可能にしたのかという分析については，後継の第2部に託し，順次に展開していく.

注

1）2017年の中国乗用車市場において，新規導入，フルモデルチェンジとマイナーチェンジなど，合わせて244モデルが投入されたのである．内，民族系メーカーは141モデルで6割を占めており，合弁メーカーは55モデルにとどまった．残りの48モデルは輸入車によるものである．さらに，フェースリフトなどの軽い程度のモデルチェンジを含まれば，年間600車種を超える新車モデルが投入された.

2）「独VW：新中国戦略発表，売上の落ち込みに歯止め」[http://news.searchina.ne.jp/disp_iphone.cgi?y=2005&d=1018&f=general_1018_002.shtml] 2006年8月8日閲覧．一部用語については筆者が修正した.

3）これも，現代汽車の計算通りであった．まず，同社が中国政府の景気刺激政策の議論を最初からフォローし，それに込められた「小型車支持」という市場拡大チャンスをうまく読み取った．他方では減産によって外資系メーカーの供給が不足する事態の発生まで予測し，それを自らの事業拡大のチャンスと受け取り，1600 cc以下の小型車製品ラインナップ構成へ注力し，そして『悦動』を導入する事などをセットで決めた．緻密な市場調査と本社開発部隊の迅速な対応，更に，新興国政府の産業政策に対する解析によるリスク回避が一体になった事は，北京現代汽車が2009年の大躍進を遂げた所以である．

4）‘悦’は運転の楽しみを意味し，‘動’はダイナミックなデザインと個性を表す．

参考文献

桃田健史（2012）「巨大市場・中国で今何が起きているのか？ トヨタ／レクサスの販売現場，日産のデザイン開発最前線からリポート！」（エコカー大戦争！ Diamond online）［https://diamond.jp/articles/-/18241?page=7］2016年6月20日閲覧．

Alexander, A., Sanjaya and Susanto.（2015）*Volvo and Geely*.［https://www.slideshare.net/SanjayaSanjaya/volvo-and-geely］Accessed June 20, 2016.

第Ⅱ部
新興国企業の成長過程に対する動態分析
――資源内部化と組織ダイナミックス――

第5章 競争優位の創出と資源の囲い込み

1 はじめに

これまでの第Ⅰ部では，中国の乗用車市場を例に，特質な市場構造や外資合弁企業の現地化競争などを通じて，市場の持続拡大の要因について，断片的に考察してきた．その際，必ずしも明示的ではないものの，諸要因において，民族系自動車メーカーの存在が無視できない説明変数だというメッセージを強調してきた．**図5-1**で確認できるように，中国乗用車市場の持続拡大と表裏一体で進行しているのは新車投入競争の展開である．インドでは，2017年度(2017年4月～2018年3月)，乗用車の国内販売台数が記録的に329万台に達したが，年度を通して新規投入されたモデルの数はわずか30車種前後であった(Chauhan, 2017)．それに比べ，新車販売台数が2017年度のインド市場と相当する2005年の中国の乗用車市場では，397万台程度の規模に対して150以上の新モデルが投入されたのである．以来，年間投入新車モデルの数が，急激に増加するようになり，とりわけ中国民族系自動車メーカーによって投入された数が次第に外資ブランドを大きく突き放すような勢いで増えているのである．こうして，冒頭での問題関心は具体的には，以下の問いへ変えることができる．なぜ，民族系自動車メーカーの新モデル投入の加速度が外資系合弁企業よりも高いのか，そして何がそれを可能にしたのかという2つの問いであろう．第Ⅱ部では，民族系自動車メーカーの数では，中国とインドの間に大きな開きがあることを考慮しつつ，経営資源および組織形態の両面において，上記問いへの接近を試みる．

先般のサーベイでは，民族系自動車メーカーに関する諸研究を俯瞰してみると，「外部資源依存」現象が顕著な特徴として大いに指摘されている．しかし，「外部資源依存」現象の存在が多く言及される一方で，なぜこうした現象が起こりえたのかについて，深く踏み入った検討が殆ど存在しなかった．それ故，

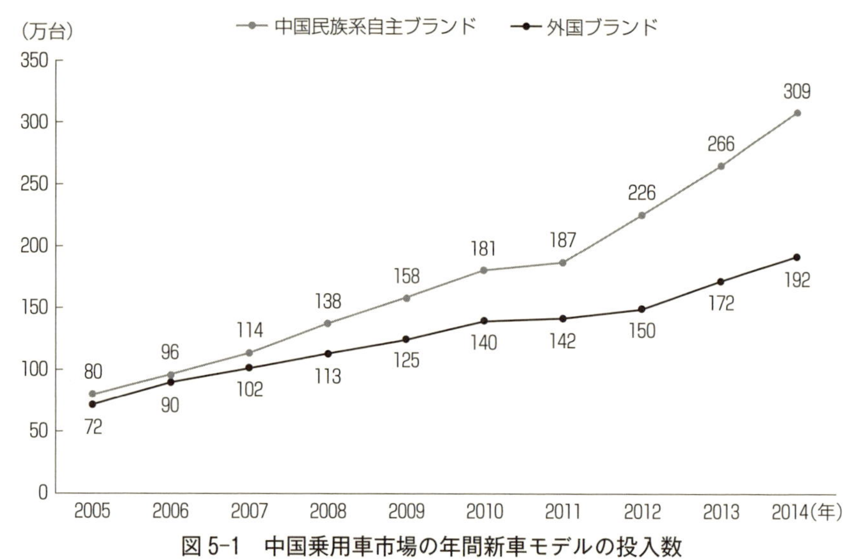

図 5-1　中国乗用車市場の年間新車モデルの投入数

注：フェースリフト程度のモデルチェンジによる新車モデルも含まれている.
出所：Li, Zejian., (2018), 'Defining mega-platform strategies: the potential impacts of dynamic competition in China', *International Journal of Automotive Technology and Management* (IJATM) Inderscience Publishers, Vol. 18, No. 2, pp. 142-159.

本章ではまず,「外部資源依存」現象の原因とその必然性を概説する. 次に,「外部資源依存」の存在が, 民族系自動車メーカーの新規参入にとって利便性を有する反面, 更なる依存を制限する逆効果も併せて持つ, 規定性の存在を明らかにする. そこで, 外部資源依存の容易さと規定性の共同作用で, 民族系自動車メーカーの独自な競争力形成につながる「自主開発」へ導き, 促した事実を析出する. その際, 説明材料として主として奇瑞汽車を事例に取り上げるが, 場合によってはほかの企業の事例も援用する.

2　外部資源の功罪

2.1 「外部資源」の賦存量と民族系自動車メーカーの初期パフォーマンス

新設, ないし異業種から参入してきた殆どの民族系自動車メーカーの経営体制の内部には, 合弁企業に比べ, 乗用車生産に必要とされる技術蓄積が薄く, 技術基盤の欠如は何より致命的な欠点であった. そのため, 最初の生産車種の導入に関しては, 海外設計事務所に完全委託するか（華晨汽車の事例), 生産設備の買収に伴い図面（＝製品情報）を入手するか（奇瑞汽車の事例），あるいは自らの「リバース・エンジニアリング」的開発で入手する（吉利汽車の事例）など，様々な方法が見られたが，いずれも外部から導入されたという面では共通していた．特に，奇瑞汽車と吉利汽車の場合，図面情報は新たにオリジナルに設計されたものではなく，既に存在している製品の情報をベースにアレンジを加えたものに過ぎないため，両社の生産方式の大きな規定要因となり，外部資源依存現象をもたらしたのである．

それは，当初生産に必要な部品の一部は既に中国国内に存在しており，安易に使える環境が存在していたということが原因であった．世界工場になった中国には外資導入の成果として期待できるスピルオーバー効果が他の新興国よりも高かったからである．

また，前述したとおり，技術基盤の貧弱性は中国自動車工業の固有問題として，一貫して存在していた．特に非中央政府投資の自動車メーカーにおいては，その貧弱性はより一層なものであった．それについて，『長剣』を事例に説明しよう[1]．

2.1.1　民族系自動車メーカー参入の初期状況――貧弱な技術基盤――

1986年，河南省孟州市西虢鎮西逯村の姚大軍が進行する自動車需要に気づき，車造りの発想をした．同年には，16人乗りのバスをモデルに，試作車を造り，挑戦し始めた．1988年に，第一汽車集団汽車研究所と天津汽車研究所からの技術支援をもって，『サンタナ』を手本に，『長剣』という轎車を開発した．開発過程および方式について，いまだ不明であるが，「看似桑塔納，坐着有点差；開起嘩啦啦，模着疙瘩瘩」（サンタナの格好をしているが，乗り心地は違う；走り出すとがらがら，触ればでこぼこ）というユーザーからの反響を見れば，『サンタナ』をコピーし模倣した痕跡が多かったと推測できる．同年には，姚大軍が郷鎮企業の焦作市客車廠を設立し，『長剣』の生産準備を開始した．1989年，『長剣』が「国家級鑑定」に合格し，「目録」に登録され，生産が正式に許可された[2]．クラフト的な手作業で生産を開始した．大きな潜在需要をバックにして，急速に規模を拡大していた（図5-2参照）．タクシー車両としても採用されていた[3]．

しかし，上記ユーザーの口コミにもあったように，品質問題が多発したため，1995年にはほとんど売れなくなり，1996年に生産を中止した．その品質問題をもたらした要因は何か．

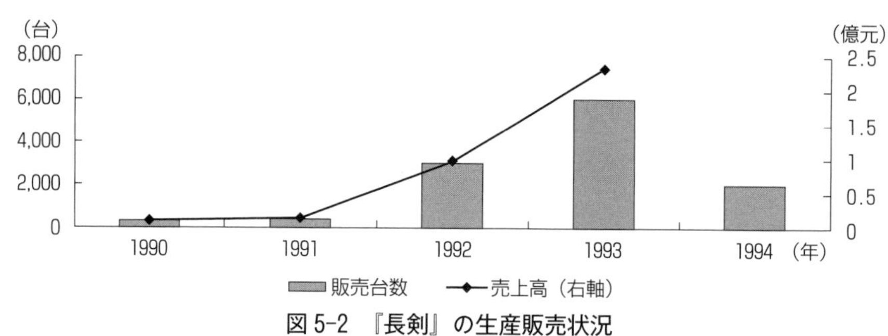

図 5-2 『長剣』の生産販売状況

出所：焦作電視台（焦作テレビ局）のテレビ番組,『長剣啓示録』(2006 年 8 月 22 日放送）と『従長剣到嘉鵬』(2006 年 9 月 6 日放送), 王向前〔2008〕「焦作“長剣”曾経划破長空」『河南商報』(2008 年 7 月 16 日付 A16 版）より，筆者作成.

まず，生産体制として，自動車生産に関連する管理ノウハウが不足したまま，すべて手作業によってこなしていたため，現代的機械による大量生産体制はなかった．それが故に，製造精度に大きな問題があった．例えば，型番が同じドアでも，寸法の公差があまりにも激しかったため，組立車両間での交換性が大きく欠けていた．1993 年末，姚大軍が第一汽車との間に，第一汽車の技術力を借りて，旧来のクラフト的な生産体制をプレス，溶接，塗装，組立を含める現代的機械化生産体制へ改造することについて，合意をした．想定では，改造後，生産管理も第一汽車に任すことも企画した．第一汽車側として，改造費用の 1 億 8760 万元は，姚大軍の所在した焦作市客車廠が全額負担することを条件とした．しかし，ちょうどその頃には，中国経済が加熱気味になり，政府がマクロ的な金融引き締め政策をだした．その政策が故に，必要な改造費用が賄えず，市場から淘汰されていった．

また，当時の部品産業の技術水準も『長剣』の成長発展を制約していた．『長剣』の品質問題には，エンジンのような基幹部品に関する問題が割りと少なかったが，その他の部品，特に安価な電気部品ではトラブルが多発していた．例えば，動作スイッチとして使われた制御用の継電器がよく故障していたため，『長剣』の口コミを落としていた．また，当時では部品を主に浙江省周辺から調達しており，地元において，サプライヤーを育成しようとしたが地元政府から一部批判の声があがった．

更に，社内に開発能力はなく，品質改良のために設計を行う人材も，能力もなかった．実際には，前後 6 回にわたって，改良設計を行ったが全部，外観修正に留まり，品質に関わる技術問題の最後まで解決できなかった．

上述の通り，『長剣』は，技術基盤の貧弱性によって，市場導入してから，製品に品質問題が多発し，やがて1996年に生産中止となった．『長剣』の生産中止から，焦作市客車廠を取り巻く技術基盤の貧弱性は，内部における自社製品開発体制の欠如と外部における部品調達情況の不備という内外に現れていた．後に，『長剣』の経験は，自動車産業への投資を安徽省蕪湖市政府に参考され，後の奇瑞汽車を設立した際に，内部技術基盤を構築することの重要性において指導的意義を果たした[4)]．

2.1.2　民族系自動車メーカー参入の初期状況――生まれつきの経営リスク――

中国の自動車産業は一貫して中央政府による強力な政策指導の下で発展の道を歩んできたのである．前出の通り，1990年代に入り，こうした政策指導の下で「三大・三小・二微」体制が作られ，これにより国内外からの乗用車部門への自由な新規参入はほぼ遮断された．しかし，長期的「供給不足」の存在が常に「三大・三小・二微」体制の外から高利益率を有していた乗用車部門への参入を誘発していた．このような参入企業は，指定保護された「三大・三小・二微」体制の外に位置しており，「体制外」であったため，発足の当初からほとんどの企業は中央政府から生産許可を正式に得ておらず，中央政府による政策的締め出しリスクに曝されていた．それがゆえに，ほぼ全ての新規参入の企業が発足した際，制度上において生まれつきのハンディキャップがあった．また，経営体制に非合理性を多く抱えざるを得なかった．例えば，コア部品の外部調達といった近視眼的行為，販売地域が限定されたこと[5)]，乗用車製品をバスの名義（いわゆる準轎車）としてしか販売できなかったことなどが挙がられる．それに加え，市場で馴染みのない新規ブランドをもっていきなり参入してきた企業のため，更に正式な許可を受けていないことも障害要因となり，製品が市場でうまく受け入れられるかどうかも不明瞭であった．言い換えれば，市場評価には製品性能に対する評価だけでなく，製品管理制度上の正当性の有無も購入要件の１つとして，消費者から評価されるということである[6)]．従って，「体制外」の新規参入で入った企業が常に，政策リスクとそれに付随する市場評価リスクという２つの経営リスクに直面していたのである．当時，江蘇悦達起亜や海南マツダのような外資と関係を持つ合弁プロジェクト[7)]（非中央政府承認）を除けば，残る民族系自動車メーカーは，参入初期に，一部ではエンジン生産が可能であっても，総じて技術基盤が弱く，設計能力はおろか，組立機能さえしっかり整っていないアセンブラーの企業がほとんどであった．しかし，2000年以前の産業政策によって，生産体制が相対的に完備されていた江蘇悦達起亜や海南マツダのような外資と関係をもつ合弁プロジェクト（非中央政府承認）でさえ「目録」（生産許可）取得の可能性について見通しが立ちえなかった．当時の産業政策の下では，参入を果たすために，通常第一参入要件として考えられるサプライヤー・システムの構築や生産体制の完備から始めるよりも，むしろ一早く完成車製品を世に出す方が既成事実化によって中央政府の事後的な承認を得やすいという現実があった．奇瑞汽車，吉利汽車はもちろん，後継する力帆汽車，長城汽車による乗用車部門への参入実現も依然としてこのパターンの繰り返しであった．振り返ってみれば，生産体制の完備は参入を果たすための必要条件かもしれないが，必要十分条件ではなかった[8]．上述の通り，産業政策が参入当初の民族系自動車メーカーの生産体制の形態選択に及ぼした影響は大きいと言えよう．民族系自動車メーカー自身の技術基盤が弱いという内部要因を考慮に入れた上で，後述するように，部品や技術などの外部資源の調達が，前述した政策リスクと市場評価リスクの解消に役に立つ手段として好まれた性格があった．つまり，外部資源に依存して，安定操業と規模拡大の早期実現で政策リスクを解消し，成熟かつ知名度を有する外部資源の使用で市場評価リスクを回避しようとしたのである．

こうした創業初期の事業環境の下，前述した2つの経営リスクをできるだけ回避する必要性を配慮した参入当初の民族系自動車メーカーにとって外部資源の利用は上記因果分析の通り，効率的一面があり，必然性があったといえよう．しかし，後述するように，奇瑞汽車や吉利汽車をはじめとする諸民族系自動車メーカーが「外部資源」を使い，参入を果たした反面，重要な生産資源の外部資源依存が逆に会社の将来の成長発展を圧迫する制約要因に化したことも無視してはならない．以下では，奇瑞汽車を事例に外部資源依存による制約要因及びその克服プロセスの詳細について説明したい．

2.2 「外部資源依存」による発展制約

2.2.1 奇瑞汽車の初製品――CAC6430――

当初，農業中心の産業構造からの脱却を目的とする産業の構造転換が図られたことが全ての発端であった．安徽省蕪湖市政府は，1992～93年の全国自動車生産がもたらした経済効果の大きさから，産業間の波及効果の大きい自動車プロジェクトの立ち上げを決定した．プロジェクトのリーダーとして仕切っていた人物は蕪湖市市委書記（当時）の詹夏来[9]であった．1995年，詹夏来が率いた作業チームは詳細な調査研究を行った結果，それまで20年の経済改革開放に伴う技術の導入，消化，吸収を経て，ローエンドから着手すれば，中国民族系自動車工業が国内外において潜在成長性が広く存在するのみならず，自主ブランドの乗用車を開発する基礎条件と能力も整ったという結論を得た（『経済参考報』，2005）．その後，プロジェクトを立ち上げるための必要な資源を確保するために，詹夏来が作業チームを率いて，国内外に駆け回り，視察を頻繁に行った．

1995年，欧州工業を考察した際に，フォードのイギリス・ウェールズ工場で中古のCVHエンジン生産ライン1本が売りに出されていることを知り，エンジン生産プロジェクトを立ち上げるという申請で中央政府から生産認可を受け，公に「安徽省汽車零部件工業公司（籌備処）」という名称で，内部では「951」プロジェクトと称し，ひそかにスタートを切った．この「951」プロジェクトは後に奇瑞汽車の誕生に繋がった．1996年に2500万ドルで，エンジン生産技術と生産設備を同時に購入し，エンジン生産の準備が着々と進められた．1997年，中国安徽省蕪湖市政府主導の下，安徽省創新投資有限公司，安徽省投資集団有限責任公司，安徽国元（集団）有限責任公司，蕪湖市建設投資有限公司，蕪湖経済技術開発区建設総公司という5つの国有投資公司の出資によって「安徽省汽車零部件工業公司」が正式に設立され，エンジンメーカーとして船出した．とはいえ，乗用車産業への参入構想は1995年から既にあった（路・封，2005: 86; 胡・李・劉，2007）．

しかし，既に論じた通り，当時の「三大・三小・二微」の体制の下，とりわけ乗用車（轎車，7ナンバー）分野への参入は，中央政府によって厳しく制限され，国内企業からの新規参入がほとんど認められない状況であった．外部の厳しい参入制限に加え，プロジェクト内部では，蕪湖市政府の情熱以外，参入基盤となるものは何もなかった．当時の蕪湖市では，乗用車生産に関連する産業基盤もなければ，人材もなく，野原からのスタートであった．それ故，プロジェクト発足当初，既存メーカーへの見学によるノウハウの吸収，人材誘致，そして設備調達などの基盤造りが緊急課題となった．幸いにも，第一汽車への見学を機に，詹夏来が安徽省出身の一汽VWの組立工場の現場主任を務める尹同躍[10]を当時の自動車プロジェクトにスカウトできた[11]．尹のスカウトに伴い，第一汽車集団及び他社から尹と関係の深い7名の中堅技術者が「951」プロジェクトへ移籍し，最初の技術チームを構成していた．その後，尹同躍が自らの影響力と人脈を用いて，各関連領域から人材を誘致し，1997年には技術者を50数人まで増やし，同年に設立された奇瑞汽車の前身に当たる「安徽省汽車零部件工業公司」の初期の技術基盤を築き上げた．

1997年，エンジンメーカーとしてスタートを切った「安徽省汽車零部件工業公司」が，1998年に元々スペイン自動車メーカーのSEATの1991年式『Toledo』（第1世代目）の中古生産設備を入手し，完成車分野への参入へ着実な一歩を踏み出した．

総じて，この時期での製品開発活動を基本的に2つの項目に整理することができる．まず，導入技術の国産化と改良である．第1に，フォードCVHエンジンの国産化とその改良においては，生産ライセンス，図面そして設備が一括で導入されたため，国内の既存の部品基盤を利用しながら，50数個の部品の国産化に成功した[12)]．第2に，それをベースに，燃料噴射制御措置をイタリアのM&M社と合同開発し，CAC478/CAC480シリーズ・エンジンとして順調に量産化まで進んだ．他方，車台技術の国産化とその改良[13)]においては，後述するように，『Toledo』の車台技術とVWの『ジェッタ』との共通性を利用し，当時一汽VWと上海VWのもつ部品供給の既存基盤を使用することで，国産化と改良を大幅に容易にした[14)]．第3に，ボディのデザインでは，1991年式の『Toledo』をベースに[15)]，図面起こし作業と金型製作を台湾福臻という金型メーカーに依頼した[16)]．

次に，エンジンと車台とのマッチング調整である．エンジンと車台技術の国産化とその改良が解決されると，完成車開発に残った唯一の課題は両方のマッチングであった．一連の試行錯誤の末，マッチング調整が成功に終わった．1999年5月18日に第1号「CAC480」エンジン，10月19日に第1号EFI式「CAC480」がそれぞれラインオフされた．そして1999年11月10日に第1号白ボディ，12月8日に第1号塗装ボディ，更に12月18日に第1号『奇瑞』[17)]（開発コード「A11」）がそれぞれラインオフされ，量産可能になった（**写真5-1**参照）．

とはいえ，この時期は，産業政策の影響で，生産認可を持たない「安徽省汽車零部件工業公司」では完成車開発活動は水面下でしか行えず，いざ開発が成功しても，政府による参入認可が受けられるか否かは依然不明瞭という不安定

1997年エンジンプロジェクト動員大会

1999年10月19日第一号エンジンラインオフ式

1999年12月8日第一台塗装ボディ

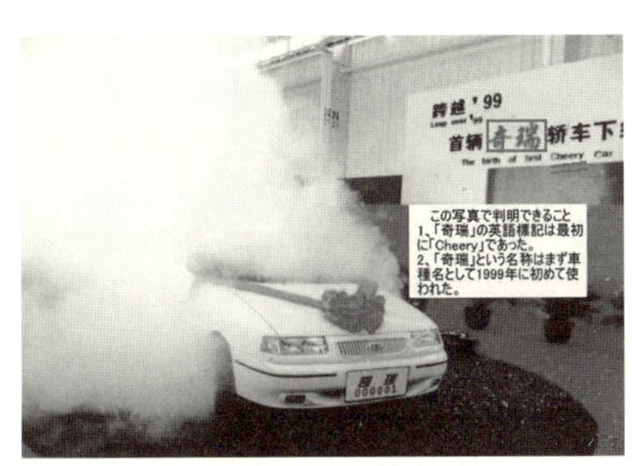

1999年12月18日第一号「奇瑞」車のラインオフ式

写真5-1　「安徽省汽車零部件工業公司」時代の歴史イベント

出所：新浪汽車［http://auto.sina.com.cn/photo/cherry_history/］2008年8月18日閲覧より，筆者作成．

な時期であった．そのため，開発手法にはインフォーマルな要素が大いに含まれていた．また，組織上将来に対する見通しが立たない中，人員の流動性は高く，開発組織の定着も図れずにいた．結果，開発活動は，一貫してトップ率先で国内の既存基盤を利用しながら，手探りで量産体制の立ち上げに向け，国産化とその改良に留めたといえる．幸いにも，2000年に国家経済貿易委員会主任（当時）の盛華仁の斡旋をもって上海汽車集団への加盟が実現された．それにより，上海汽車集団傘下の一関連会社として政府から同集団の持つ生産許可の適用が認められた．社名も前出部品メーカーを意味する「安徽省汽車零部件工業公司」から「上海集団奇瑞汽車有限公司」へ変わり，完成車メーカーとして新たな局面を迎えた．

2.2.2　不安定な初期の部品調達環境

生産設備を揃えたものの，当時生産許可を持たなかった奇瑞汽車にとっては部品調達と製品販売の面において，極めて厳しい立場に立たされていた．当時の状況を奇瑞汽車董事長の尹同躍が「磕頭買，磕頭賣」（土下座してもいいからという気持ちで，部品を売ってくれるようにと部品メーカーに懸命に説得する一方，かろうじてできた完成車を売ってくれるようにと一軒一軒のディーラーに頭を下げながら回る状況）の一言で総括した（白・王，2007: 14-21）．当時の年間生産台数は少なく，激変している市場環境の中に安定した生産計画を立てる能力や経験も乏しかったことに加え，生産許可を持たなかったため，部品メーカーの信頼を得る力も弱かった．イニシアティブが完全に部品メーカーに握られたため，リスクを負い，協力する部品メーカーは少なかった．それは相対的需要量の少ない奇瑞汽車のために新規開発を行い，さらに金型まで投資をすることは極めてリスキーで，協力してもメリットがないからであった[18]．

2001 年 1 月に上海汽車集団への加盟を果たしたことで，生産許可を手に入れた奇瑞汽車が上海汽車集団に属するグループ内の部品サプライヤーから部品を調達することが許された．また，上海汽車集団と一緒に海外から部品調達することも可能になり，単独調達に比べ，より低い単価で部品調達ができるようになった．これで調達環境が許可される以前と比べて一段と改善された．上海汽車集団への加盟で生産許可と市場信頼感を共に手に入れた奇瑞汽車にとって，前述した二重の経営リスクを大いに解消できた．

ところが，2002 年 7 月に奇瑞『A11』（CAC6460）に VW のコードの入った部品が取り付けられたことが発覚し，上海汽車の合弁パートナーであるフォルクスワーゲンから，VW 部品の不法流用[19]や『A11』のシャーシが SEAT の知的財産権を侵害した疑惑があるとして訴えられ，調達が中止させられた[20]．更に，2003 年 9 月に新たに発売した奇瑞『QQ』と『東方之子』が，GM 社の関連製品の知的財産権を侵害したという問題をめぐり，GM の抗議を受け，それまで奇瑞と取引関係を持つデルファイ，TRW，シーメンス，ボッシュ，ビステオン（Visteon），三菱，Inalfa などの世界大手部品メーカーの 7 割が部品供給を中止しようとする動きが続出した[21]．

前述の通り，部品調達を不安定にさせる要素として，第一の政策リスクと第二知的財産権問題が存在した他，部品調達の外部資源依存による技術制約とコスト制約という第三の要素も存在した．エンジン部品のエンジン制御ユニット（ECU）の一例をあげよう[22]．当時，ECU の調達現状について，奇瑞汽車工程研究院の李茗副院長が次のように指摘した．「中国市場でのエンジン ECU 供給は現在すべて海外部品メーカーによって独占され，中国地場部品企業からの調達も不可能となっている．しかも，多国籍部品企業が提供した部品は基本的に欧米市場の主流路線から外れた数年前，もしくは，十数年前の技術水準の古い部品である」．それは，民族系自動車メーカーの需要量が基本的に小さく，民族系の設計要求を満たせるために設計変更をしても，追加コストの回収ができない一方，その設計変更による追加コストの額は民族系の受け入れられる範囲を遥かに超えており，負担できないためであった．また，中国ローカルの部品企業の実力と世界水準との差は依然大きいままで，未だカスタマイズ能力が低い．それ故に，アセンブラーの設計要求にも応えられない．こうしたジレンマを受け，奇瑞汽車が当時開発中の車種のECUには必要な機能が既存の外国産ECUには搭載されておらず，多国籍部品企業に追加的に開発してもらうための費用も受け入れられないほど莫大な金額で，更に中国地場部品企業からの調達も望めないといった事態が生じてしまった．その結果，解決方法として，やむを得ずに，既存ECUの他，設計目標機能を実現するための専用ECUをもう1つ取り入れ，本来1つのECUで実現すべき設計を2つからなるセットで実現させざるを得なかった．

周知のように，民族系自動車メーカーにとって，低価格戦略は，当時熾烈な価格競争が繰り広げられている中国市場において，依然として生き残るための重要な手段である．生産規模の拡大につれ，安定調達ルートの確保と部品調達コストの削減は当然ながら，企業の低価格戦略という競争優位性を維持するための喫緊な課題に化している．それが故に，前述3つの制約要素を払拭するために，打ち出した解決手法は資源の内部囲い込みであった．

3　制約要因の克服
――経営資源の内部化――

前節で分析した通り，外部資源への依存が参入直後の奇瑞汽車の急成長と初期規模拡大を大いに支えた反面，それに起因したコスト高と調達の不安定性がしばしば操業にマイナス影響を及ぼし，次第に更なる発展の制約要因へ変質していた．その克服策として奇瑞汽車では積極的な人材招聘・吸収による必要な先進知識とノウハウを蓄積し，知識の普及による人材の社内育成にも力を入れた．また，個人の持つ知識とノウハウを導入，蓄積する一方，協力会社との合同設計開発を通じて，必要な知識とノウハウをシステマティックに導入する動きも盛んに観察された．更に，部品調達のコスト高と不安定性を解消するため，確保した技術と人材をベースに，自社コア・サプライヤー・システムも積極的に構築し始めたのである．

3.1　積極的な人材の囲い込みと社内人材の育成

自主研究開発能力をはじめ，生産管理，製造技術ノウハウの欠如を補うため，奇瑞汽車は国内外で長期勤務経験を持つ中国人技術者や外国人専門家を積極的に採用した（**表 5-1** 参照）．彼らをリーダーに任命し，国内で採用した経験の浅い中国人技術者とチームを組む方式で，人材とノウハウの社内囲い込み戦略を実施した．例えば，奇瑞汽車で部品の組み付けの干渉確認，生産準備，そして安全衝突などのシミュレーションを担当する CAE（Computer Aided Engineering）部門では，米国からの帰国人材をトップに据え，博士，院卒，大卒などの国内人材 60 名[23]と作業チームを組むことを通して，急速に技能向上と実力増強を実現した．以来，同部門は奇瑞汽車の新車設計・開発を支援するシミュレーション業務の全般を担えるようになっている．

同じ狙いで，外国人ゲスト・エンジニアもこうした知識とノウハウの吸収消化に活用された．それは，設計業務のアウトソーシングの作業地は委託先ではなく，あえて社内に指定し，委託先から技術者の派遣と駐在を要求する戦略であった．その一例として自動車 NVH 問題[24]の解決を取り上げよう．最初には，韓国人技術者を主に，中国人技術者を補佐とする混合チームを編成し，作業を開始した．途中から，韓国人技術者の仕事様子を観察したり，その手法を記録したりすることで，問題を解決するのに必要な知識とノウハウを習得しようとした．そして，プロジェクトの進行につれ，中国人技術者が担当できる作業項目が増えれば，その業務を担当する韓国人技術者が取って代わられ，中国人技術者が代わりに設計業務を担当するように，人員の切り替えが習得知識とノウハウの増加に伴い，繰り返しに行われてきた．同様なアウトソーシングを数回経て，奇瑞汽車の技術者が全作業をこなすのに必要な技能を習得できた．2006 年 8 月の調査の時点では既に，韓国技術者がいなくなっており，奇瑞汽車の技術者による NVH 問題の解決は社内で行えるようになった．類似する事例は奇瑞汽車の内部では他にもある．

こうした人材の囲い込み戦略の効果について，特筆すべき以下の 2 点を指摘できる．まず，中国人海外技術者と外国人専門家，そしてゲスト・エンジニア

表5-1　奇瑞汽車による人材の囲い込み

名　前	担　当	職務経験
海外帰国者——約30人		
許　敏	汽車工程研究院院長・開発総責任者	上海交通大学，広島大学工学博士，GM，フォード，Visteon，エンジン専門家
辛　軍	汽車工程研究院副院長・エンジン耐久性研究，ハイブリッド車	ホンダ（米国），北米華人エンジン協会副理事長
顧　鐳	汽車工程研究院副院長・デジタル模擬衝突実験	北京科技大学近代力学博士，米Northwest University博士，フォード，衝突安全専門家
袁　涛	副総経理・部品調達	北京航空学院（現北京航天航空大学）発動機専攻，フランス国家研究センター自動車発動機専攻博士
祁　国俊	汽車工程研究院副院長・ホワイトボディ，内・外装	ダイムラー・クライスラー
孫　国成	副総経理・CFO	デュポン（中国）CFO
張　林	奇瑞汽車国際公司総経理	上海交通大学機械製造学士，工業外国貿易学士，米ミシガン大学博士，ダイムラー・クライスラー
袁　永彬	シャーシ研究	TRWオートモティブ
李　銘	エンジン電子駆動	モトローラ
朱　新潮	変速機研究	オーストラリアから帰国
谷　峪	金型製造子会社副総経理	吉林工業大学修士，富士株式会社
第一汽車出身者——約150人		
康　来明	総工程師・エンジンプロジェクト・マネジャー	機械部第九設計研究院，第一汽車
胡　復	副総工程師・AVLと合同エンジン開発プロジェクトのリーダー	清華大学汽車工程専攻卒，第一汽車，95年東風汽車定年退職
馮　建権	副総工程師・CAC372エンジン（『QQ』0.8L用）開発者	中国自動車エンジン開発の第一人者，「解放」141トラックの6102ガソリンエンジンを開発
外国人専門家——約40人		
寺田　真二	組立ライン工場長・生産管理	三菱自動車で30年勤務・元工場長
川野　一祐	生産現場の作業改善指導	マツダで40年勤務
金　乙洙	汽車工程研究院副総工程師	Ricardo Company
ドイツ専門家5名	生産現場製造技術トラブル解決	不明
その他一国内技術者		
陸　建輝	副総経理	清華大学汽車学院卒，自動車製造専攻，修士，機械部第四設計研究院，1995年奇瑞に加盟
李　峰	副総経理・販売総経理	北汽福田汽車副総経理・販売公司総経理
全社		
2006年時点，奇瑞汽車の社員数は約1.8万人であり，うちに技術者がおよそ4000人である．更にそのうち，R&Dに直接関わる技術者は約1500人である．		

注：上記の各技術者の担当は報道当時のもので，その後の変化は反映していない．
出所：『21世紀経済報道』（2005年10月23日）『時代潮』（2005年第1期），『人民日報』（2006年9月4日），『IT経理世界』（2004年第21期）より，筆者作成．

などの人材を社内に取り込むことによって，人の移動に伴う形式知と暗黙知を社内へ吸収・定着することが実現できた．CAE 部門の成長発展に見られたように，成長に必要な知識とノウハウを持つ人材を社内に囲い込み，その人を囲む組織を設立したことを通じて，チームワークをパイプとする知識とノウハウの組織内への普及・拡散・定着が図れたことは例証として挙げられる．

次に，社内に取り込んだ国内外の中国人技術者のもつ知見を利用し，後述する合同開発による知識とノウハウのシステマティック導入を可能にした．何より，相手先での合同設計の際に，適切な技術仕様の選定，無知に起因する開発リスクの回避，そして開発プロセスにおける知識とノウハウの体系的吸収・移転手法の設計と実施の全てが，この知見に基づいて行われたのである．こうした一連の動きが存在するからこそ，奇瑞汽車における自主的研究開発と設計能力の急速なグレードアップが可能になったのである．

3.2　知識とノウハウの吸収消化

参入当初，奇瑞汽車の社内文書によれば，2006 年 12 月までに，奇瑞を国際的な競争規模を持つ会社に成長させ，排気量が 1.0 リッターから 4.0 リッターにわたるセダン，SUV，MPV，ピックアップ，バンなど計 40 車種をフルラインナップに展開する長期計画があった（付・陳，2003）．関連するエンジンの確保について，2002 年 9 月にオーストリアのエンジン開発設計名門の AVL 社と合同設計開発との間での契約が結ばれた[25]．契約内容は，三気筒 0.8 リッターから四気筒 1.3 リッターまでの小排気量ガソリンエンジン，四気筒 1.6 リッターから V8 型 4.0 リッターまでの中大排気量ガソリンエンジン，三気筒 1.3 リッターから V6 型 2.9 リッターのディーゼルエンジンの計 18 基のアルミ・エンジンを奇瑞汽車の基礎設計要件に基づき，実現可能な製品を両者合同で開発するというものであった．合同開発プロジェクト内での役割分担に関して，AVL は奇瑞汽車が提示した基本技術要件に基づいて 18 基エンジンの概念設計と最終検査を担当し，エンジン設計の技術の先進性と完成品質を保証した．また，18 基のうち 4 基の設計は AVL が全プロセスを担当して，設計に必要な手本を見せた．一方，奇瑞汽車側の技術者もフォロー段階，共同作業段階，メインに立つ段階をへて，AVL の技術指導を受けながら，次第に設計開発への関与度を上げていき，開発技術と手法の全てを習得するように努めた．更に，AVL に駐在した奇瑞汽車の技術者が毎日詳細に作業日記を記録し，社内に随時送った．それをベースにして社内で設計開発プロセスの手引きを作成し，設計開発体制を立ち上げた．こうした共同開発を通じて，知識とノウハウのシステマティックな導入と消化によって，奇瑞汽車は，設計開発技術，社内の設計開発体制と製品を共に獲得した[26]．プロジェクトの終了後，奇瑞汽車の社内では，18基のモデル機をベースに，当時世界最先端のエンジンに対するベンチマークの分析結果を反映させた上，量産に踏み切った[27]（**表5-2**参照）．これで，フルラインナップ戦略の実施を支えるエンジン資源を社内で確保できただけでなく，量産化に伴う前述した調達コスト高の問題の解決もエンジン生産の内部化で解決できた[28]．

また，知識とノウハウの吸収のもう1つの手法として，奇瑞汽車では自社の技術者の外国関連機関への研修を積極的に行っている．データを見れば，2006年，奇瑞汽車が英国とイタリアに，それぞれ19人・200日，17人・300日，5人・240日，2人・200日4組の研修を遂行した．2007年に，英国，イタリア，米国にそれぞれ，4人・240日，4人・300日，2人・60日，4人・480日，3人・180日（2組），16人・300日，総計7組の派遣を行った．

総じて，海外研修や合同開発などは決して奇瑞汽車に特有な取り組みではなく，民族系自動車メーカーに一般的に見られる普遍的な現象であった．しかし，普遍的とはいえ，各社での運用効果は決して同様ではない．それは，運用効果の差異が製品開発能力の差異に対する観察から推測できるからである．その運用効果を左右する要因は，提携先の技術力以外に，社内に保有している人材の数とその資質に最もかかっている．つまり，会社のもつ技術解読力のことであろう．奇瑞汽車は他社より先駆けて，数が限られている中国人海外技術者から，海外でも最も有能だと認められている数々の人材の囲い込みにいち早く成功したことが大きな意義を持っている．許敏，祁国俊はその一例として挙げられるのである．高水準の人材を多数取り込んだことで，奇瑞汽車が多様なルートを通して知識とノウハウの吸収ができ，他社に質的，そして量的差を付けた．それ故，人材の社内囲い込み戦略が功を奏したことで，自主開発を支える創業初期の技術基盤も他社よりいち早く固めたことに成功したのである．

3.3　自社独自のコア・サプライヤー・システム構築

パワートレインなどのコア部品の内製化が進行するなか，安定的調達ルートを確保するためのコア・サプライヤー・システムの構築も併せて実施された

表 5-2　奇瑞エンジン生産状況（2007 年時点）

燃料	型番	気筒	総排気量(cc)	圧縮比	最大出力(Kw/rpm)	最大トルク(N.m/rpm)	出力密度(Kw/L)	外形寸法・重量(mm・Kg)	生産状況排出規制
ガソリン	SQR372	3	812	9.5	39/6000	70/3500～4000	48	481×443×699・76	生産中・ユーロ3
	SQR372T	3	812	8.5	44/6000	90/3200	54.2	480×480×699・82	2007.12 ユーロ3
	SQR472	4	1083	9.5	50/6000	90/3500～4000	46.2	577×443×685・80	生産中・ユーロ3
	SQR472WF	4	1083	9.5	54/6500	97.5/3500～4000	49.9	577×685×443・85	2008.2 ユーロ3
	SQR472EF	4	1170	9.5	58/6000	105/3500～4000	49.6	577×443×685・83	2007.12 ユーロ3／ユーロ4
	SQR473H	4	1297	10	65/6000	118/3800	50.1	607×634×605・120	生産中・ユーロ4
	SQR473F	4	1297	10	64/6000	118/3800	49.3	607×634×605・120	生産中・ユーロ4
	SQR475E	4	1349	10	62/5500	115/3000～3500	46	615×580×695・125	生産中・ユーロ3
	SQR480	4	1597	10	71/5500	140/3000～3500	46	615×580×695・125	生産中・ユーロ3
	SQR480-4V	4	1597	10	78	145	48.7	630×635×650・120	2007.9 ユーロ3
	SQR481F	4	1597	10	80/6000	144/4200	50.1	641×634×638・147	生産中・ユーロ4
	SQR481FD	4	1597	10.5	87.5/6150	147/4300～4500	54.8	641×651×644・157	生産中・ユーロ4
	SQR481H	4	1597	10	87/6200	147/4300	54.5	641×634×638・147	未確定・ユーロ4
	SQR481FC	4	1845	10.5	97/5750	170/4300～4500	52.6	641×651×644・157	生産中・ユーロ4
	SQR481B	4	1845	10.5	135/5750	250/4300～4500	73.2	641×651×645・165	2007.8 ユーロ4
	SQR484F	4	1971	10.2	95/5750	180/4300～4500	48.2	641×634×638・147	生産中・ユーロ4
	SQR484FC	4	1971	10.5	102/5750	182/4300～4500	51.8	641×651×644・157	2007.8 ユーロ4
	SQR484B	4	1971	8.9	125/5500	235/1900	63.4	641×651×644・150	生産中・ユーロ4
	SQR484H	4	1971	10	104/5000	186/4000	52.8	641×651×644・147	未確定・ユーロ4
	SQR484J	4	1971	9.8	144/5500	290/1800	73.1	641×651×644・150	2008.9 ユーロ4
	SQR486FC	4	2262	10	110/5500	210/4300～4500	48.6	641×651×660・160	2007.8 ユーロ4
	SQR681V	6	2394	10.5	130/6000	223/3800	54.3	670×837×685・180	未確定・ユーロ4
	SQR684V	6	2975	10	146/5500	278/3800	49.4	670×837×685・190	2007.7 ユーロ4
ディーゼル	SQR372A	3	1002	17.5	46/4200	129/2000	46	518×627×438・110	2009.10 ユーロ4
	SQR381A	3	1298	17.5	60/4000	171/2000	46.2	570×771×630・115	2008.6 ユーロ4
	SQR481A	4	1904	17.5	93/4000	271/2000	48.8	634×698×687・150	2007.8 ユーロ4
	SQR481G	4	1904	17.5	67/4000	210/2000	35.2	634×698×687・150	未確定・ユーロ3
	SQR481D	4	1904	17.5	48/4000	130/2000	25.2	641×634×655・142	未確定・ユーロ3
	SQR681R	6	2857	17.5	136/4000	396/2000	47.6	670×837×685・190	未確定・ユーロ4

出所：奇瑞発動機公司の資料より，筆者作成.

(**表5-3**参照)．コア・サプライヤー・システムの構築には，出資関係の有無と，生産する部品の重要性との関連付けで，奇瑞汽車側にとっては，取り込んだサプライヤー各社の性格も異なっている．大きく4つのグループに分けられる．つまり，① 奇瑞汽車完全子会社，② 奇瑞汽車戦略出資会社，③ 奇瑞汽車資本参加会社，④ 資本関係のない奇瑞汽車を主要な納入先とする会社である．

奇瑞汽車完全子会社では，奇瑞汽車のために，重要な部品や技術を研究開発したり，生産をサポートしたりすることが特徴で，いわゆる本社機能の延長といえる[29]．**図5-3**では「非合弁子会社」と表している．他方，奇瑞汽車の研究開発能力と生産能力を大いに補強する役割を果たす，奇瑞汽車が傘下の投資会社を通じて資本参加している諸会社がある．こうした諸会社を2つのグループに分類することができる．1つは良質な部品の安定調達を確保するために，国内外の有力な部品メーカーと合弁で設立した部品製造会社である．ここで，奇瑞汽車資本参加会社と呼ぶ．**図5-3**では「部品製造」と表示している．

もう1つは，前掲したECUが設計通りに部品調達ができないといったカスタマイズ部品関連の問題を解決するために，設立した，技術研究開発を中心とする奇瑞汽車が戦略出資した会社である．こうした会社は**図5-3**では「部品研究開発」と表示し，奇瑞汽車の競争力を向上させるための戦略的な布石となっている．これらの戦略出資会社は，主に技術と才能を持つ帰国技術者と共に立ち上げられた研究開発型の子会社である．その戦略出資会社のほとんどでは，帰国技術者が自ら持っている技術やノウハウを出資分とし，奇瑞汽車からの資金を受けて奇瑞汽車の主導のもとに立ち上げられた実質専属子会社である．奇瑞汽車の戦略出資を受けた「部品研究開発」を担う諸会社のうち，特に注目すべき会社は2003年4月に1.2億人民元の総投資額で数名の帰国技術者によって設立された「蕪湖博耐爾汽車電気系統有限公司」(以下：「博耐爾電気」と略す）である．同社は部品の研究開発から着手し，奇瑞汽車をメインの納入先とし，短い研究開発リードタイム[30]と高いコスト・パフォーマンスを競争優位性にして，当時奇瑞汽車の使用する車用クーラー，エンジン冷却ユニット，フロント・エンド・モジュールの93%を供給しており，奇瑞汽車の安定調達とコスト削減に大いに貢献している．その実績が奇瑞汽車から認められ，2008年に同社は，デルファイ，シーメンス，VDO，宝山鉄鋼集団，ATG，Magneti Marelliなどのサプライヤーと一緒に「奇瑞キー・サプライヤー」に指定された．以来，博耐爾電気がロシア，イラン，エジプト，アメリカ，キューバに営

表 5-3　奇瑞汽車のコア・サプライヤー・システム（一部）

会社名（設立年）	業務内容
奇瑞汽車完全子会社	
蕪湖祥瑞実業有限公司（1998）	不動産開発，建設業．奇瑞社員住宅建設
蕪湖奇瑞科技有限公司（2001）	奇瑞汽車の投資管理
蕪湖永達科技有限公司（2003）	アルミ，マグネシウム合金を材料にエンジン，トランスミッション部品生産
蕪湖艾蔓設備工程有限公司（2003）	プレス，溶接，塗装，組立設備の保全修理，改造，新設生産ラインの設計，取り付け，調整
蕪湖普威汽車技研有限公司（2003）	シャーシ関連部品の研究開発，製造，販売
上海科威汽車零部件有限公司（2004）	自動車部品貿易，調達，奇瑞部品海外販売，輸入
蕪湖奥託自動化設備有限公司（2004）	自動化技術応用，設備製品研究開発，製造，販売
蕪湖瑞賽克物資回収有限公司（2004）	資源リサイクル事業
上海世科嘉車輛技術研発有限公司（2005）	自動車設計，開発専門
奇瑞資源技術有限公司（2006）	資源リサイクル技術
蕪湖鑫源投資管理有限公司（不明）	投資管理
蕪湖普瑞汽車投資有限公司（不明）	投資管理
蕪湖奇瑞出租汽車有限公司（不明）	タクシー会社兼新車実走試験

会社名（設立年）	資本関係	業務内容
奇瑞汽車戦略出資会社		
蕪湖佳景科技有限公司（2001）	蕪湖奇瑞科技有限公司（2/3），元東風技術センター技術者（1/3）	自動車製品研究開発，設計 同時に 3 ～ 4 車種開発可能
蕪湖博耐爾汽車電気系統有限公司（2003）	蕪湖奇瑞科技有限公司，帰国人材起業家	フロント・エンド・モジュール，車用空調装置，エンジン冷却システム，ラジエータ研究開発，設計，製造，販売
蕪湖伯特利汽車安全系統有限公司（2004）	蕪湖奇瑞科技有限公司，帰国人材起業家	ブレーキ関連安全システム製品研究開発，製造，販売
蕪湖莫森泰克汽車科技有限公司（2004）	奇瑞汽車，帰国人材起業家（米国）	ドア，天窓グラス制御電動部品製造
北京鋭意泰克汽車電子有限公司（2004）	奇瑞汽車，帰国人材起業家（米国）	Engine Management System（EMS）研究開発，製造，販売．生産能力 2006 年時点に 15 万—20 万セットを生産する能力
蕪湖普泰汽車技術有限公司（2004）	蕪湖奇瑞科技有限公司，帰国人材起業会社 IAT（日）	実験モデル車試作，展示車両，特殊車両制作
蕪湖羅比汽車照明系統有限公司（2005）	蕪湖奇瑞科技有限公司，帰国人材起業会社 EW AUTOLIGHTS（米）	照明システム研究開発，製造，販売
凱納雅瑪汽車技術（蕪湖）有限公司（2005）	奇瑞汽車，帰国人材起業家	シャーシ及び関連部品製造と販売
蕪湖杰鋒汽車動力系統有限公司（2005）	奇瑞汽車，帰国人材起業家（米国）	パワーユニット，エンジン基幹部品（VVT，CBR，系統）
奇瑞汽車資本参加会社		
安徽福臻技研有限公司（2001）	蕪湖奇瑞科技有限公司，台湾福臻実業股分有限公司	ボディ設計，クレイモデル制作，板金金型，冶具，ゲージ設備の制作，取付け，調整
埃泰克汽車電子（蕪湖）有限公司（2002）	奇瑞汽車 ATECH Automotive（豪）	メーター，空調，ファン関連制御電子部品，自動車音響，GPS 関連電子部品及びソフトウェア

蕪湖三佳科技有限責任公司（2002）	蕪湖奇瑞科技有限公司，三佳集団	エンジン・アルミ鋳物
塔奥（蕪湖）汽車製品有限公司（2003）	蕪湖奇瑞科技有限公司（20%），Tower Automotive（米）（80%）	構造部品，アセンブリー部品，金型，溶接関連設備の設計，提供
安徽福臻工業有限公司（2003）	安徽福臻技研有限公司，台湾偉禄工業有限公司	車溶接治具製造
蕪湖幼獅東陽塑料（プラスチック）製品有限公司（2004）	蕪湖奇瑞科技有限公司，台湾東陽事業集団	自動車関連プラスチック製品の研究開発，生産，販売サービス
蕪湖世特瑞転向系統有限公司（2004）	蕪湖奇瑞科技有限公司，浙江省世宝股分公司	パワーステアリング関連製品，機械式，油圧式，電動式パワーステアリング（EPS）
蕪湖瑞昌電気系統有限公司（2004）	蕪湖奇瑞科技有限公司，香港徳昌電機	ワイヤ・ハーネスの開発，製造，販売
蕪湖長遠物流有限公司（2005）	奇瑞汽車物流公司，吉林長久集団，蕪湖遠方物流有限公司	完成車，部品物流
富卓汽車内飾（安徽）有限公司（2005）	蕪湖奇瑞科技有限公司，Australia Futuris Automotive Interior（豪），蕪湖経済科技開発区建設総公司	シート，パワーステアリング関連製品，金属加工
蕪湖華泰汽車儀表有限公司（2006）	埃泰克汽車電子（蕪湖）有限公司，蕪湖捷程汽車儀表有限公司	自動車メーター，センサー，電子制御関連部品
江森自控蕪湖汽車飾件有限公司（2006）	奇瑞汽車，Johnson Controls Inc.（米）	内装，ハイブリッド電池及び関連サービス
奇瑞信息技術有限公司（2006）	奇瑞汽車，奇瑞汽車銷售公司	コンピュータソフトウェア・ハードウェアの販売，リース，日常メンテナンス業務，システム製品・通信製品開発，販売．ネットワーク・データバンク，情報安全技術提供，弱電関連サービス，自動車部品販売
蕪湖恒隆汽車転向系統有限公司（2006）	蕪湖奇瑞科技有限公司（22.7%），香港晋明控股（集団）有限公司（77.3%）	パワーステアリング関連製品：電気油圧式（EHPS），電動式（EPS）の研究開発，製造，販売，アフター・サービス全般予定生産能力 30 万セット
（GlobalAutoSourcing. com）蓋世汽車網（2006）	上海科汽車零部件有限公司，Global Auto Industry（米）	部品調達 Web Site
蕪湖威仕科材料技術有限公司（2007）	奇瑞汽車（30%），武漢製鉄所（70%）	自動車用鉄鋼材料の研究開発，加工，配送業務
奇瑞阿莫徳科技有限公司（2007）	蕪湖普瑞汽車投資有限公（70%），BOGNOR（ウルグアイ）（30%）	防弾乗用車の製造・輸出業務
奇瑞量子汽車有限公司（2007）	蕪湖奇瑞汽車投資有限公司（55%），Quantum（2007）LLC（米）（45%）	プレス，溶接，塗装，組立を含む欧米輸出用工場，年間生産能力 15 万台
奇瑞汽車を主要な納入先とする出資関係のないサプライヤー会社		
蕪湖泰来機械製造有限公司（1999），蕪湖紅湖消声器廠有限公司（2002），蕪湖天鑫電装有限責任公司（2002），蕪湖科瑞汽車門窓有限責任公司（2003），蕪湖恒信汽車内飾製造有限公司（2003），馬瑞利（Magneti Marelli）汽車零部件（蕪湖）有限公司（2003），庫博賽陽（蕪湖）汽車配件有限公司（2004），蕪湖旭陽三和汽車飾件有限公司（2005），蕪湖江森云鶴汽車座椅有限公司（2006），PPG（蕪湖）（2007），沙基諾凌云駆動軸（蕪湖）有限公司（2007），麦特達因（Metaldyne）（蘇州）汽車部件有限公司（2007）蕪湖安之達物流有限公司（不明），凌云工業股分有限公司（蕪湖）（不明）．		

出所：求人サイトでの各社の会社紹介内容，各マスコミ報道より，筆者作成．

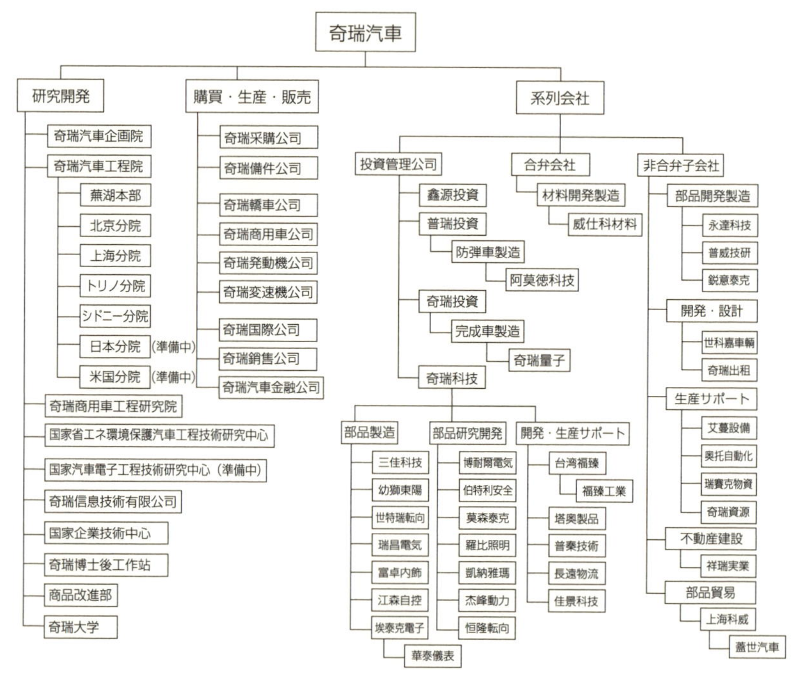

図 5-3　奇瑞汽車傘下事業構成（2007 年時点）

出所：筆者作成.

業拠点を持ち，奇瑞汽車のグローバル展開と共に事業規模を更に拡大していく構えを取っている.

また，**表 5-3** で示したように，奇瑞汽車から資本参加はないものの，蕪湖江森云鶴汽車座椅有限公司（2006），蕪湖恒信汽車内飾製造有限公司（2003），馬瑞利汽車零部件（蕪湖）有限公司（2003），PPG（蕪湖）（2007），蕪湖天鑫電装有限責任公司（2002），蕪湖科瑞汽車門窓有限責任公司（2003），蕪湖泰来機械製造有限公司（1999），蕪湖紅湖消声器廠有限公司（2002），蕪湖安之達物流有限公司，凌云工業股分有限公司（蕪湖），蕪湖旭陽三和汽車飾件有限公司（2005），庫博賽陽（蕪湖）汽車配件有限公司（2004），沙基諾凌云駆動軸（蕪湖）有限公司（2007）といった奇瑞汽車を主要な納入先として奇瑞汽車と密接な部品供給関係を持つ企業は，特に蕪湖に，多数存在している．こうした国内，台湾，香港などの実力企業，更に世界大手の部品会社の蕪湖進出が奇瑞汽車の急成長を下支えした.

設立以来，販売台数の増加と共に，奇瑞汽車の内部において，自立可能な経営体制を目指す組織的再編・拡張も積極的に行われてきた．**図5-3**は2007年時点の傘下事業構成をまとめたものである．その事業構成の動きは大きく分けて，研究開発，調達，生産，販売といった本社機能の強化（**図5-3**「研究開発」と「購買・生産・販売」部分参照）と，調達ルートの安定化とコスト削減による競争優位を維持するためのコア・サプライヤー・システムの構築（**図5-3**「系列会社」部分参照）という2つの動きがある．自主開発能力そのものを強化するための研究開発部門の組織的進化，及び生産能力の増強に関する分析は第6章で行うが，本章では主に，コア・サプライヤー・システムの構築といった自主開発能力の形成を支えるための基盤造りという活動を重点的に分析した．

4　制約要因克服へ導かれる深層動因
——内部進化の必要性・緊迫性——

制約要因を克服する必要性を理解するために，もう1つ言及しなければならない奇瑞汽車の内部要因があった．それを理解するために，前述した計40車種のフルラインナップ戦略という長期製品企画の存在を正確に認識しなければならない．同長期製品企画は，当時2000年12月上海集団への加盟で正式に生産許可を獲得したと同時に，発足したもので，その後も状況に応じ，幾度修正されてきた．2007年時点，この長期製品企画は4つのシリーズに再編されている開発計画からなっている（**図5-4**参照）．背景に，製品ラインナップを伸ばすことで，短期間に規模拡大による経営体制の安定化を狙う奇瑞汽車経営陣が持っていた経営方針が覗える．その基調を定めたのは前出の詹夏来であった．彼は奇瑞汽車の実質的創業者であり，同社の成長発展の青写真を描いた指導者でもあった．前述した人材の誘致，技術・ノウハウの体系的導入，そしてコア・サプライヤー・システムの構築の全てに，彼のカリスマ性が映し出されていた．プロジェクト発足当初から，プロジェクトの存続に関わる量産体制の早期実現の重要性，そして量産体制を実現させるためのフルラインナップ戦略実施の緊迫性，フルラインナップ戦略を実施するための人材誘致，ノウハウ導入，サプライヤー囲い込みの必要性を予め十分に認識していた．その認識に基づき，奇瑞汽車が市場実績の変動にとらわれずに，一貫して投資立案を立て，計画的に行ってきた．詹夏来の存在，もしくは上述した奇瑞汽車の成長発展に対する

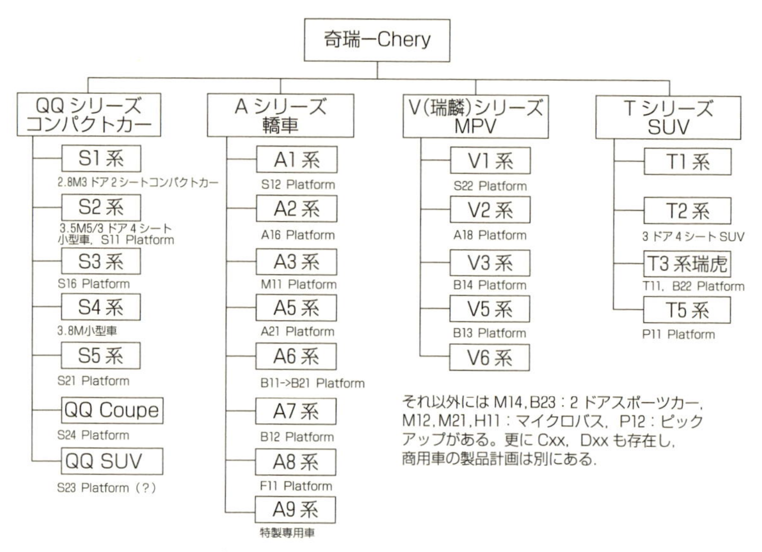

図5-4　奇瑞汽車長期製品開発企画（2007年時点）

注：1）ここでのQQ（S），A，V，Tのような大文字とは奇瑞がサブ・ブランドとして位置付けているシリーズ名称で，一方，後ろに数字が綴られている大文字のS，A，B，C，F，M，T，Pとは研究開発計画上の整理分類名称である．

2）こうした研究開発分類記号は奇瑞の研究開発計画の進展につれ，意味付けが変わる場合もありうるが，著者が2005年8月時点での奇瑞の設計部門に対して実施したインタビューによると多少定義の範疇のずれはあるが，Sは小型車でA00級に，AはA0，A級に，BはB，C級に，CはD級以上にそれぞれ対応しているようだ．Tは特殊，特別系という意味合いでSUVを表している．Mは運動系，商務車を表している．F，Pについてはいまだ不明である．

出所：筆者作成．

戦略認識は，これまで奇瑞汽車の研究開発，コア・サプライヤー・システムの構築，販売・アフター・サービス網の整備など経営体制の各側面を急テンポでグレードアップを図ろうとする第一の深層動因である．

5　おわりに

以上，検討してきたように，初期の奇瑞汽車は，乗用車生産への参入を果たすために，フォードの中古エンジンと『Toledo』の中古生産設備を購入し，中央政府の承認を得ないままひそかに操業を開始した．こうした参入の仕方はこれまでの合弁メーカーの参入の仕方，つまり，中央政府から正式承認を得たうえで，合理性を考慮した全体計画に基づく資源配分と生産体制を立ち上げていく方法と比べ，極めて異例な参入の仕方である．内部における技術資源が乏しく，外部では2つの経営リスクに常に直面していた奇瑞汽車にとって，1991年式『Toledo』をベースにしたCAC6460の商品性は大きな競争力であった[31)]．更に，『Toledo』とジェッタと共通プラットフォームを有したことを利用し，中国国内の『ジェッタ』のサプライヤーからの部品調達が初期奇瑞汽車の急成長に大いに貢献した．しかし，知的財産権に関わるトラブルの連発で，こうした「ただ乗り」的な外部資源の利用が中止せざるを得なくなった．事実上，GMとVWとの知的財産権の問題が奇瑞汽車をより一層社内での競争力形成に向かわせたきっかけになった．実際には，問題となった『QQ』と『東方之子』の後に発売した『A5』が，模倣による設計開発から脱皮する最初の車種となった．それを背後で支えたのは，正式に参入する以前に既に始まっていた人材招聘と吸収，合同設計開発による知的資源のシステマティックな導入と消化，自社独自のコア・サプライヤー・システムの構築など，真の競争力形成に向けた究開発能力の積極的な強化努力であった．こうした変化の流れは**表序-3**でも確認できる．つまり，外部資源の割合より，社内資源のプレゼンスが次第に高まってきたという流れである．社内において自主開発能力の基盤を積極的に構築する姿勢には，奇瑞汽車が参入する前に，『長剣』の残った失敗経験が活かされていたといえよう．

注

1）ここでの記述は，特別な断りがない限り，焦作電視台（焦作テレビ局）のテレビ番組，『長剣啓示録』（2006年8月22日放送）と『従長剣到嘉鵬』（2006年9月6日放送），王向前（2008）「焦作“長剣”曾経划破長空」『河南商報』（2008年7月16日付A16版）に基づく．

2）その許可理由および歴史事実は未だ不明である．

3）当時長春市にあった4000台のタクシーのうち，『長剣』が2100台あった．

4）奇瑞汽車の生み親として，後に董事長に就任した詹夏来が「没有焦作長剣，就没有中国奇瑞」（焦作長剣がなければ，今現在の奇瑞もないであろう）と発したことがある．

5）第3章で分析した奇瑞汽車と後述する海南マツダはこれに該当する．両社は共に発足した当時，正式な生産許可がなく，地方政府の保護を受けた結果，辛うじて所在地の省内での限定販売が許された経緯があった．

6）第3章で指摘した奇瑞汽車の四川省で起こった販売問題はその事例である．

7）江蘇悦達起亜汽車公司は，元々商用車メーカーであった江蘇悦達集団が乗用車生産に参入するために，韓国起亜自動車との合弁で1999年に設立した会社である．悦達起亜汽車公司の事例は，奇瑞汽車の参入事例に類似している点は以下の通りである．まず，設立主体は地方国有企業であった点である．次に，参入当初は，中央政府からの正式許可は受けておらず，販売面では準轎車として存続した時期があった点である．更に，WTO 加盟前後に，国有資産移転方式で，資本金の一部を主力メーカー（江蘇悦達起亜汽車公司の場合は，25％の資本金を東風汽車）に譲渡した形で，中央政府から後追認方式で正式に許可された経緯があった点である．類似事例は海南マツダでも見られる．1991 年に，地方政府の海南省政府の主導の下でプロジェクトが発足され，1998 年に第一汽車集団へ国有資産移転で正式に生産許可を受けた経緯も同様であった．第一汽車への加盟が実現するまで，海南マツダの製品は基本的に地元政府の保護を受け，海南省内しか販売出来なかったことも奇瑞汽車と共通していた．

8）第 3 章で論じたように，「公告」制度の下では，参入するための初期投資総額などを明確に要求しているものの，参入するために，申請段階に既に建物や設備などの準備を済ませ，完成車までも出して，許可が下りれば即日販売可能な体制までに踏み切る必要があった．力帆汽車と長城汽車の乗用車生産への参入はその証左であった．つまり，申請が却下される可能性が大いに存在したにも拘らず，事前に全ての投資を済ませたのであった．担当機関に拒否する余地を与えない狙いとも覗える．言い換えれば，一種の脅しを込めた悲願で，申請する際に自ら退路を絶った姿勢を示さないと許可され難い参入であった．

9）詹夏来：1982 年安徽省大学文学学部卒後，安徽省委員会弁公庁に入り，後に省委員会書記秘書，省委員会弁公庁総合処処長を経て，1993 年蕪湖市市長助理（市長補佐）の就任で，自動車プロジェクトを担当するようになった．1997 年に奇瑞の筆頭株主である蕪湖市建設投資有限公司代表として，奇瑞の董事長に就任した．1999 年に「中国人が最もよく，最も安く家庭用車が作れる」と提唱した人物である（「財経時報」（2004 年 3 月 22 日記事より））．

10）尹同躍：1984 年安徽省工学院自動車製造専攻を卒業した後，中国第一汽車集団公司に入社し，紅旗乗用車工場工芸員（技師）の配属となった．1989 年 10 月-1991 年 10 月ドイツ，アメリカへ派遣され，一汽 VW を立ち上げる前期準備に参加した．1996 年 11 月まで一汽大衆汽車有限公司で組立工場の現場主任兼物流科科長を務め，一汽の「十大杰出青年」賞の受賞経験を持つ実力者である．1996 年 11 月より「安徽省汽車零部件工業公司」立ち上げプロジェクトに加え，執行副総経理，奇瑞汽車党委員会書記を経て，後に董事長兼総経理（会長兼社長）を務めるようになった．

11）尹同躍の移籍に関して，その時の第一汽車集団のトップの態度も非常に重要であった．当時，第一汽車集団の総経理の耿昭杰も同じく安徽省出身で，安徽省での自動車産業の振興プロジェクトに対して，暗に支持する姿勢をとっていたといわれている．よって，元々第一汽車の若手実力者と認められていた尹同躍が「951」プロジェクトへ加盟することは事前に正式に第一汽車からの了解が得ておらず，ひそかに移籍したこと，そして，「951」プロジェクトの立ち上げに，実際に関わった第一汽車出身者の人数の多さを総合的に考慮すれば，背後に耿昭杰の黙認があったと広く推測されている．

12)　例えば，エンジンの点火措置の国産化に関して，任・劉（1999: 22）を参照すること．

13)　その車台技術の由来に関して，開示情報が少なくいまだ謎のままである．だが，諸説ある中で，先に導入された『Toledo』の生産設備の利便性を活かすため，製品も1991年式『Toledo』をベースにリバース・エンジニアリング手法でボディを台湾福臻などと共同で開発したという説が，合理的かつ有力であるといえよう．その理由は2つある．第1に，1991年式『Toledo』は，SEAT社がVolkswagenグループの一員になってから初めてVolkswagenと合同で開発した製品であったため，同車種は1991年に中国に投入され，一汽VWで製造されている『Jetta II』と同様にVolkswagenのA2プラットフォームから由来したものである．したがって，シャーシ間の共通性が存在し，部品交換も一部可能であったため，理論上，VW部品資源を利用すれば車台技術の国産化改良を大幅に容易にすることができたと想定できる．第2に，異例とも言える第一号完成車のラインオフの速さ，そして『A11』と1991年式『Toledo』と構造設計上の類似性，更に部品調達でVWとトラブルに陥ったという報道などからの情報は断片的とはいえ，上記推測を裏付けている．

14)　『Toledo』のシャーシがVWの「ジェッタ」との共通性を利用し，シャーシ設計では当時の『ジェッタ』のシャーシを大いに参考した．尹同躍自身も『ジェッタ』を生産している一汽大衆で勤めたこともあり，『ジェッタ』のシャーシを熟知していた．

15)　1991年式Toledoと奇瑞『風雲――Cowin』（CAC6460）との関連について，Wikipediaで SEAT『Toledo』に関する記述の中で言及されている（詳細は［http://en.wikipedia.org/wiki/SEAT_Toledo］2008年8月18日閲覧を参照）．その真偽についてSEAT社に問い合わせたところ，「必要な情報を会社のウェブサイトでお探しください，なお一部の情報は秘密に関わるためウェブでは公開していない」という回答を得た．肯定的な回答ではないものの，否定したものでもなく，しかも連想させる余地のある回答でもあった．それに，両車種の外観の近似性，つまり，ともに5ドアリフトバックのボディ構造で，同様な設計がそれまで中国ではほとんどなく，当時南欧に流行した設計特徴ということを考慮すれば，更に，奇瑞汽車の設立した後短期間に完成度の高い初製品をラインオフできたことを考慮すれば，両者間の関連性をほぼ確定できよう．

16)　ボディ・デザインの細部変更と金型製造を台湾メーカーに委託した（陳・欧，2005: 336）．台湾福臻という金型メーカーへの発注はボディの金型と冶具がセットとなっていたため，生産準備段階での組立誤差に関する調整業務が大変スムーズに進行できた（2008年8月，佳景科技聞き取り調査より）．2001年に，両社が合弁で設立した安徽福臻技研有限公司も関連業務を一層推進するためであった．また，ボディデザインの細部設計変更の一部は佳景科技前身になる東風技術センターに所属した技術者に依頼した経緯があった．

17)　「奇瑞」という名称の由来について，ここでの記述は2008年8月奇瑞販売公司に対する聞き取り調査に基づいてまとめておきたい．**写真 5-1** で示したとおり，「奇瑞」という名称は 1999 年，いまだ「安徽省汽車零部件工業公司」の時代で最初に車製品の名称として使われた．当時，「安徽省汽車零部件工業公司」内部では，「A11」に対して期待が高く，時代を画する製品という意味合いを込めて，商標として「時代」，英語標記の「Times」を使用しようと決めた．しかし，「時代」という商標は既に福田汽車の軽トラックに先に登録され，ラインオフ数日前に慌てて新しい名称を考えなおす事態になった．その際に，安徽省汽車零部件工業公司第一号製品の誕生を祝い気分で，「喜び・愉快な気分」を反映した「Cheery」が代案として初めて浮上した．また，「Che」という部分は中国語の拼音（ピンイン）標記では「車」の読みをするため，その当て字として「車瑞」を使用しようとした．後に詹夏来が「車」を「奇」に変え，「奇瑞」という名称が正式に決定された．後に，英語標記についても，存在しない単語，いわば「造語」が望ましいとも判断されたため，「成長発展がいまだ完全でない」という意味合いをも込めて「Cheery」から「e」を 1 つ抜き，現在の「Chery」標記となった．写真では「Cheery」の存在を記録した．従って，一部では「奇瑞」の英語標記は「Cherry」から由来したという報道があったが，それは誤りである．GM のシボレーの略称の「Chevy」と類似した報道についても，歴史的偶然といわざるを得ない．2000 年上海汽車集団への加盟を機に，会社名を「安徽省汽車零部件工業公司」から「上海汽車集団奇瑞汽車有限公司」へ変更したことも「奇瑞」という名称に因んだからである．2003 年，『QQ』と『東方之子』の発売を機に，マルチブランド体制にシフトさせるために，従来の「A11」（CAC6360 シリーズ）を『奇瑞』から『風雲』に改称し，『奇瑞』という名称を会社名として専用にした．

18）当時，奇瑞汽車と取引をしていた部品メーカー側にも，前述した二重の経営リスクのしわ寄せが来ていた．つまり，政府の締め出しで何時か生産中止になってもおかしくはない状況の下での取引はとてもリスキーであった．また，市場評価リスクによって生産変動が激しく，調整が難航したことも想定されやすいに相違ない．

19）1991 年式『Toledo』は SEAT 社が Volkswagen グループの一員になってから初めて Volkswagen と合同で開発した製品であった．同車種は 1991 年に中国に投入された Jetta II と同様に Volkswagen の A2 プラットフォームから由来したもので，特にシャーシ間の共通性が存在し，部品間の交換も一部において可能であった．

20）結局上海汽車集団が仲介に入り，Volkswagen に対し 3000 万ドイツマルクの賠償金を払い，事態を終わらせた．康健「奇瑞：知識産権漩渦中的汽車中国造」『21 世紀経済報道』，2003 年 9 月 15 日記事［http://www.nanfangdaily.com.cn/jj/20030915/sy/200309150528.asp］2008 年 2 月 17 日閲覧．

21）2002 年奇瑞の販売台数が 5 万台に達しており，デルファイ等の部品メーカーとって大きな存在であったため，結局，取引中止に至らなかったものの，調達ルートの安定確保の重要性を改めて奇瑞汽車に認識させたと言えよう（付・陳，2003）．

22）第三回（上海）汽車電子論壇（フォーラム）で奇瑞汽車工程研究院副院長李茗の記

者インタビュー記事［http://www.ccw.com.cn/cio/research/qiye/htm2005/20051222_11U8H.asp］2007年4月30日閲覧.

23) 60名という数字は2006年8月調査時点の数字で，当時CAE部門において国内最大規模であり，上海GMに所属する汎亜（PATAC）のCAE部門の規模よりも大きいという.

24) NVHとは騒音，振動，ハーシュネス（Noise-Vibration-Harshness）のことである．総合品質を創り出すには重要な指標である．解決するためには，エンジン，サスペンション，車体，空調，タイヤーなどに対する総合的な理解と調節能力が求められている.

25) AVLと合同設計を図る以前，奇瑞汽車社内では，導入したフォードCVHエンジンをベースに開発したCAC480エンジン（「風雲」用），馮建権が中心として新規開発したCAC372エンジン（「QQ」0.8リッター用）が既にあった．後に，表示記号をAVLと合同で開発したACTECOシリーズと統一して，SQRへ変更した.

26) 中国中央テレビ局（CCTV）番組「焦点訪談―奇瑞之路」(2005年2月10日放送).

27) ACTECOシリーズ・エンジン生産専用の第二エンジン工場が2005年3月に稼働して以来，2007年2月14日時点で，奇瑞発動機公司において0.8リッターから3.0リッターまでのエンジンを29機種量産可能となっており，すでに生産しているエンジンは11機種で，2007年末までに8機種，2008年末までに3機種，2009年までには1機種が予定されていた．残った6機種の生産日程はいまだ未確定である．更に3.0リッター以上のエンジンの生産に関しては，いまだ不明である．こうした数十機種の高いガス排出規制を満たせるエンジン・シリーズ製品の存在は，奇瑞の中国市場における複雑な市場形態に細かく製品を投入して，対応をとることを可能にした．同じく，世界市場での多様な対応する可能性も同時に高められた.

28) 奇瑞汽車が採用していた日系M社のエンジンの原価は一台1万8000元に対して，自社エンジンの原価はM社エンジン価格の約6割しかない．自社エンジンを採用すれば1万元ほどのコスト削減ができる（白・王，2007: 14-21).

29) 「蓋世汽車網」は上海科威とGAI（米国）との合弁会社であるが，上海科威との資本関連を強調するために，上海科威の下に置いたが，奇瑞汽車の完全子会社ではないことをここで明記しておく.

30) 最初のサンプル・カーに実験的取り付け用のサンプル部品の最短開発リードタイムは一週間である.

31) 当時中国で売られていた同レベルのセダンはシトロエンの『ZX』とフォルクスワーゲンの『ジェッタⅡ』と『サンタナ』しかなかった．1991年式のToledoがジェッタⅡと共通のプラットフォームを持つ．ただし，それをベースにしたCAC6460が外観再設計によって，更に動力性能の面でも当時のジェッタⅡに勝った．しかも価格は三分の二しかなかったため，大きな話題を呼んだ.

参考文献

〈日本語文献〉

李澤建（2007）「中国自動車製品管理制度及び奇瑞・吉利の参入」アジア経営学会編『アジア経営研究』（13），207-220 頁，愛知出版.

Chauhan, Yatharth. (2017) 'Upcoming New Cars in India in 2017', Car Blog India, [https://www.carblogindia.com/upcoming-cars-in-india-2016/] Accessed Dec. 25, 2018

Li, Zejian., (2018), 'Defining mega-platform strategies: the potential impacts of dynamic competition in China', *International Journal of Automotive Technology and Management* (IJATM) Inderscience Publishers, Vol. 18, No. 2, pp. 142-159.

〈中国語文献〉

白 勇・王 方剣（2007）「鉄血奇瑞」『商界』8.

陳 春華（2008）『中国企業的下一個機会：成為価値型企業』機械工業出版社.

陳 祖涛 口述・欧陽 敏 整理（2005）『我的汽車生涯』人民出版社.

付 輝・陳 智（2003）「絞殺奇瑞？」『21 世紀経済報道』10 月 8 日記事.（2008 年 2 月 17 日閲覧）.

胡 軼坤・李 開君・劉 婧（2007）「尹同躍解碼奇瑞奇跡」『中国汽車報』 8 月 27 日号 A2 版.

康 健（2003）「奇瑞：知識産権漩渦中的汽車中国造」『21 世紀経済報道』 9 月 15 日記事（2008 年 2 月 17 日閲覧）.

『経済参考報』（2005）「奇瑞啓示録：没有自主権就会喪失主導権」 3 月 7 日付記事.

路 風・封 凱棟（2005）『発展我国自主知識産権汽車工業的政策選択』北京大学出版社.

任献亭・劉恵民（1999）「CAC480 発動機点火系統国産化研製」『世界汽車』第 1 期.

楊 彪武（2008）『奇瑞奇跡』中国言実出版社.

〈中国語映像資料〉

中国中央テレビ局（CCTV）テレビ番組：

――『焦点訪談―奇瑞之路』（2005 年 2 月 10 日放送）.

焦作電視台（焦作テレビ局）テレビ番組：

――『長剣啓示録』（2006 年 8 月 22 日放送）.

――『従長剣到嘉鵬』（2006 年 9 月 6 日放送）.

第6章　経営資源の効率化と組織ダイナミックス

1　はじめに

2000年以降に離陸した中国自動車市場において，規模拡大の好機と同時に訪れたのは，経営資源をめぐる競争の激化である．前章では市場の急拡大に追随するための経営資源の量的確保に関して分析したが，本章ではその質的保障の重要性について論じることにする．具体的には，増加する経営資源の効率化を図る際に組織変革のダイナミズムについて検討を行う．

中国の自動車流通については，1990年代初頭にかけ，計画経済から踏襲した物資部・中汽貿系チャネルに基づく指令性分配が主たる方式であった（塩地，2002）．その後，計画経済から市場経済への移行と共に，中国の自動車流通は，多様な利害衝突と規制緩和の繰り返しと積み重ねによる試行錯誤をへて，多種多段階の自動車流通システムという一種の均衡状態に達した（田島，1998; 塩地，2002）．しかし，2000年以後，中国自動車市場の爆発的拡大によって，いったん形成された自動車流通システムの均衡は再び崩壊し始める事態が生じた（塩地・孫・西川，2007）．そのうち，最も明確な変化は，日系メーカーによって導入された4S店による専売体制の普及，そして4S店の普及による衝撃を吸収し，新たな変形を遂げた自動車交易市場の健闘である．**図6-1**のように，流通経路の形態は依然多種多様であるが，ディーラーの組織化と専売・テリトリー制度の普及が，いずれの形態においてもみられたため，移行期に形成された旧均衡と質的に異なる新たな均衡が形成されつつあると考えられる（塩地・孫・西川，2007）．

2000年以後続々に登場してきた民族系メーカーの規模拡大がちょうどこうした産業全体的な変化――自動車流通のシステム均衡の移り変わり――の過程と重なり，その影響を受けながら段階ごとの成長課題に応じて頻繁に組織再編が行われてきたのである．

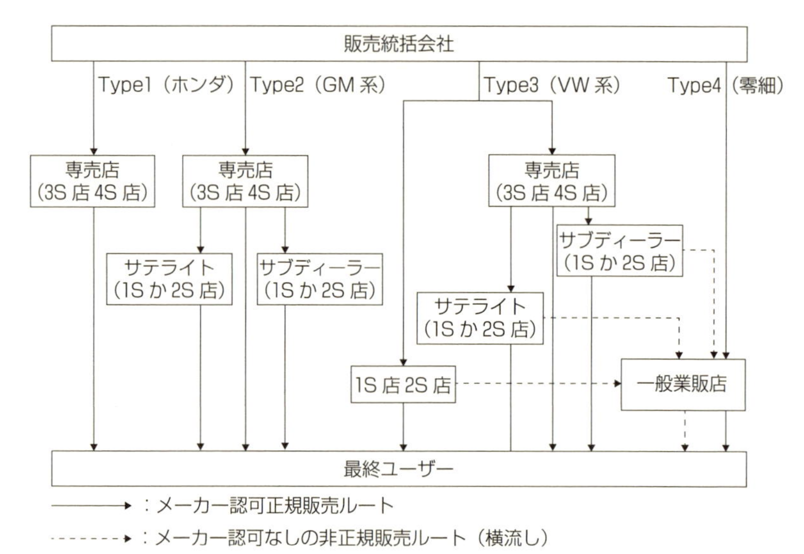

図6-1　中国の自動車流通経路の多種多段階性（2000年代）

出所：孫（2007：169）に大幅加筆・修正して，筆者作成.

本章では，民族系自動車メーカーの中，2000年代の量的拡大期において，代表として注目された奇瑞汽車を取り上げ，能力増強と組織的進化との因果関係に光を当て紹介する.

2　規模拡大に伴う部門間の組織能力の不均衡問題

2.1 「単一車種・単一ブランド」段階

前述したとおり，奇瑞汽車の前身となる「安徽省汽車零部件工業公司」はSEAT社の『Toledo』の技術をベースに1999年に，自社製品第1号として，念願の『奇瑞CAC6430』をラインオフした．しかし，当時中国政府は自動車業界の「三大・三小・二微」体制を維持するために，新規参入に対して，基本的には認めない．そのため，「安徽省汽車零部件工業公司」の企業情報も，『奇瑞CAC6430』の製品情報は，認証審査制度の『目録』に登録されておらず，全国範囲内における生産と販売が可能ではなかった．販売許可の解決は，2000年12月の上海汽車集団への加盟によって，生産許可を取得するまで待たねばならなくなった.

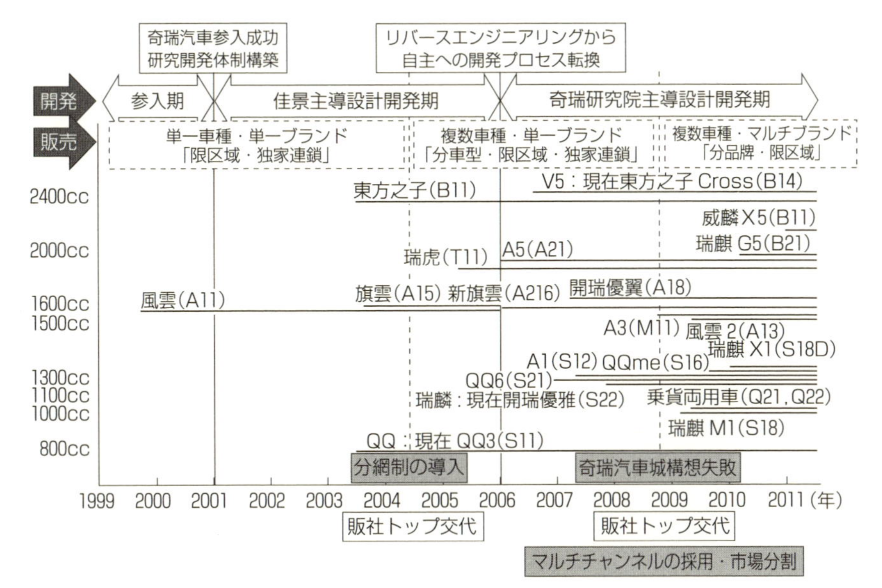

図 6-2　奇瑞汽車の新製品投入と研究・販売体制再編

注：新旗雲（A216）は元々姉妹車の A11 と A15 を統合した製品.（　）の中は開発コードである.
出所：李（2009：図2）と李（2010：図3）より，筆者加筆.

2001 年より，生産許可を取得できた奇瑞汽車は，直ちに製品の全国展開に乗り出した．当時，『奇瑞 CAC6430』（**図 6-2** 中の A11）1 車種のみだったため，販売方針も「限区域・独家連鎖（1つ限定地域に1つ販売会社）」といったテリトリー制度の採用であった．ディーラーに 4S 店の建設と複数のサービスセンターの設置が併せて推奨された．初期の販売好調によって，4S 店による専売体制は完全に維持されておらず，既存の 2S 店や，サブディーラーとして一部の業販店をも使用した（孫，2009）．つまり，自動車交易市場などの業販店に主に依存する**図 6-1** の Type4 を取っておらず，構造的に専売店を中心とする**図 6-1** の Type3 に分類できる[1]．

こうして，全国規模の販売体制の構築が功を奏し，奇瑞汽車の販売台数は 2001 年の 2 万 8000 台から，2003 年には 8 万 5000 台まで上昇し，業界第 8 位にランクインできた．同時に，規模拡大を最優先に追求する奇瑞汽車は，社内では製品開発に関して，セダン，SUV，MPV，ピックアップ，バンなどの 40 車種を含むフルラインに展開する長期計画を練り上げた．

しかし，当初『奇瑞 CAC6430』の開発に関して，プロジェクトでは当時蕪湖市市委書記を務めた詹夏来がスカウトしてきた数人の技術者が指揮者となり，外部に散在する利用可能な1991年式『Toledo』の関連資源を統合し，突貫工事の如きに，国産化するための適応開発を行われたのである．そのため，新車開発に必要とされる体系的な研究開発組織が存在しておらず，急速な規模拡大に伴い，開発体制における能力の欠如がさらなる拡大の制約として次第に顕在化してきたのである．そこで，問題解決に寄与したのは即戦力部隊として奇瑞汽車にこの時期に移籍した佳景というチームである[2)]．

2.1.1　佳景主導下の開発体制

佳景とは「蕪湖佳景科技有限公司」（以下：「佳景」と略す）という完成車設計会社の通称である．2000年末，元々東風汽車技術センターに所属していた技術チームが，所属技術センターの廃止決定を機に，奇瑞汽車からの要請を受け，スピンオフを決意した．2001年，奇瑞汽車の関連会社である奇瑞科技からの出資を受けて「蕪湖佳景科技有限公司」を立ち上げ，奇瑞汽車の完全子会社として再スタートを切った．当チームは，以前東風汽車に在籍した際に，東風汽車とシトロエンとの合弁事業を通じて長期海外研究を経験したチームである．当時，神龍汽車で生産されていたシトロエン・エリーゼ（Citroen Elysee）のモデル・チェンジや前述した東風汽車の自主ブランド乗用車の『東風小王子』の開発などを担当し，新車開発を経験したチームである．東風汽車の独自開発能力の重要な構成部分にもかかわらず，前述した同社の自主開発慎重論という経営方針のもとで，出番がなくなったため，移籍したのである．設立された2001年の時点で，設計技術者は14名で，会計などの事務を担うスタッフは2名であった．少人数とはいえ，設計能力などの技術要素の傍ら，自動車を開発する組織に必要な各主要職能部署と開発管理ノウハウなどを持っており，チームごとの移籍で，以前のチームワーク，ないし組織的協調関係がそのまま整合的に保たれたままのため，即戦力だけではなく，体系的な研究開発組織として奇瑞汽車の製品開発能力を組織的ならびに能力的に一段と飛躍させたといえる．

「佳景」は，設立の直後から約200人前後の奇瑞汽車産品（製品）部という既存の技術陣と共同で，2003年までに『QQ』（開発コード「S11」），『東方之子』（開発コード「B11」），『旗雲』（開発コード「A15」）を次々と開発し世に送った[3)]．しかし，少人数の開発チームといった制約を受け，この時期での開発では，失敗するリスクを考慮し，優先的に「リバース・エンジニアリング」的手法が用いられた．ここでは主に「S11」の開発を事例にこの時期奇瑞汽車での「リバース・エンジニアリング」的開発手法を解説する．

2002年6月の北京モーターショーで，奇瑞汽車は『MATIZ』をベースとする小型車「S11」の開発計画を発表した（『環球企業家』雑誌社，2005: 211）．「S11」の設計目標は「若者の初めてのマイカー」というコンセプトで，社会に出て間もない若いエントリーユーザー層をターゲットとする小型車開発であった．しかし，『MATIZ』をベースにするには理由があった．「佳景」の技術者にとって，以前手がけた『東風小王子』の開発は成功したものの，生産準備段階以後では経営方針によって全体では基本的に失敗に終っていた．その失敗経験から，自動車という整合性を高く要求する商品の開発を基本設計から最後まで全うする能力はおろか，そのサポート基盤をなす技術データの蓄積すら中国人の手にはないと「佳景」の技術者は痛感していた．なぜなら，それらを習得するのに必要な環境さえもなかったからである．したがって，現代主要な自動車会社と同水準の自動車としての完成度ならびに整合性を確保するため，そして製品開発能力の組織学習及び蓄積を行うため，「リバース・エンジニアリング」的開発手法が採用された[4]．中国マスコミでしばしば「模倣」と非難されるこの種の設計手法は，奇瑞汽車にとって当時，自動車開発能力を自ら取得できる重要な学習成長段階であり，避けては通れない段階でもあった．それにしても「S11」の開発では，『MATIZ』に対する解析参考は，外観，そして整合性を保つために必要とされる全体的な構造設計での解析に留まり，細部までの機能設計に対する逆探知は行われていなかった（**表6-1**参照）．各局部での細部設計に用いられたのは，主にそれまで『東風小王子』の開発及び『シトロエン・エリーゼ（Citroen Elysee）』のモデル・チェンジの際に習得された技能とノウハウであった[5]．特に正面の外観設計では『MATIZ』と比べ若者により一層「可愛らしさ」が感じられるよう，ボンネットの傾斜度を大きくアレンジしたことで，人気を呼んだ．しかし，当時のCAE検証能力の不足が，初期品質不良のトラブルの多発の原因となった．また「リバース・エンジニアリング」的開発手法が使用された際に，いかに知的所有権への侵害を回避すべきかについての検討も，十分に講じられなかったため，後に，意図せざる結果に，GMとの間で「意匠の盗用疑惑」に巻き込まれたのである．

「佳景」が設計を主導するこの時期での奇瑞汽車の製品開発組織は，**図6-3**の通りで，日本でいう「重量級プロダクト・マネージャー制度」に類似する一

表 6-1　三者の主要スペック比較

パラメータ	奇瑞 QQ	東風小王子（2BOX5Door）	GM・MATIZ
駆動方式	FF	FF	FF
全長／全幅／全高（mm）	3,550/1,508/1,491	3,620/1,550/1,385	3,495/1,495/1,482
ホイルベース（mm）	2,348	2,350	2,340
エンジン	SQR372MPI／DA-465QMPI	F8C／376Q	M-Tec／B10S1
排気量（cc）	812/1,051	796/993	796/995
車輌重量（kg）	850	750	840
最高時速（km/h）	≧135	125	140
タイヤサイズ	175/60R13 77H	155/R12	155/65R13
サスペンション前	マクファーソンストラット	独立懸架装置	マクファーソンストラット
サスペンション後	独立懸架装置	独立懸架装置	非独立懸架装置
燃費性能（km/l）	23.8	22.2	25

出所：筆者作成.

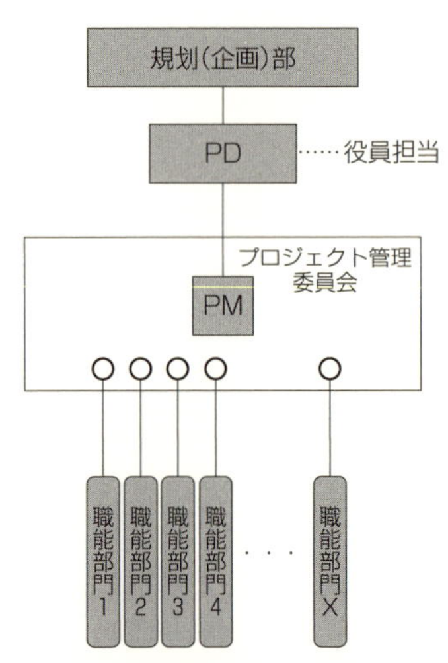

図 6-3　佳景主導期の開発体制（概念図）

注：PM は Project Manager で，PD は Project Director を指す．○は部門長を意味する．
出所：筆者作成.

面がある．本章では，それを「機能別組織（調整者あり）型」と名づける．新車開発の際に，規划（企画）部が新車の開発企画を立て，承認が降りればプロジェクトをスタートさせる．その後，新車開発の調整業務及び進捗管理は，基本的にプロジェクト管理委員会（以下：「管理委員会」と略す）で行うが，全般のサポートを行うのは前出の産品（製品）部であった．管理委員会は，新車開発に携わる各職能部門の主要な責任者によって構成される．例えば，設計部門（ここでは「佳景」），原価管理部門，生産準備部門，製造部門などの諸職能部門である．論争の解決は全て管理委員会で図られるが，どうしてもまとまらない場合にはプロジェクト・ディレクターに最終判断を譲る．そのため，「佳景」では，担当車種で最も論争になりそうな部分の設計担当者を設計部門の責任者に指名し，管理委員会に毎回送り込んだのである．つまり，論争にしっかり対応する一方，最大限に設計部門の主張を堅持したいというわけである．部門間の主張を調整する当時の難しさが窺える．

他方，プロジェクト・ディレクター（PD）は，基本的には奇瑞汽車の副総経理（副社長）級の人物が担当し，時には重要な製品開発の時には，総経理（社長）の尹同躍が自ら担当したこともあった．そのため，意思決定を速めることができるにも拘らず，部門間の連携関係が薄いため，妥協的な調整はしばしば困難を極めた．更に，意思決定がトップダウンで，顧客を見据えた意見を主張しにくい点も指摘できる．総じて，この時期での開発手法ならびに開発組織構成は，単一車種の迅速開発，そして市場への早期導入に適していたが，奇瑞汽車が当初企画したフルライン戦略に適していなかったことは明確である．そこで，「佳景」の「リバース・エンジニアリング」的即戦力に頼りながら，奇瑞汽車では，基礎設計からの正規設計ができる本格的な研究開発能力を確保するために，組織再編が幾度も行われた．

2.1.2　設計能力の拡張が販売体制に対する波及

2003年，「佳景」の加盟で製品設計開発能力が一段と高まった奇瑞汽車は，新車の『東方之子』と『QQ』，後に『風雲』に改称した『奇瑞CAC6430』の姉妹車の『旗雲』を新たに投入し，更なる規模拡大を図った．市場の急拡大を背景に，奇瑞汽車は，同一地域内で，既存ディーラーの再投資による販売拠点増設の速度が，もはや市場拡大のスピードに追い付かないと判断し，急激な市場拡大のメリットをより多く享受するために，販売拠点を新設によって増やす以外方法はなかったと認識を改めた．それは，未開拓地域における新規出店，同時に既存ディーラーの商圏を縮小させ，同一地域により多くのディーラーを配置し，全体の販売拠点数を増やす再編という2つの内容であった．しかし，商圏縮小と同一地域内のディーラー新設が，既存ディーラーの権益を損ない，ディーラーと販売統括会社の間に亀裂を生じさせた．その典型事例は，「四川捷順事件」であった．「四川捷順」は奇瑞汽車の最初のディーラーとして，2000年の「新古車」作戦で，『奇瑞CAC6430』の四川省における販売を手掛けた会社であった．そのため，奇瑞汽車の最も信頼たるパートナーとして2001年より，四川省の全地域を商圏として独占的専売権が与えられた．同社も奇瑞汽車の期待に応え，2001年から2003年まで3年連続奇瑞汽車の全国販売チャンピオンとなった．しかし，2003年からの販売組織の再編で，奇瑞汽車が四川省にてディーラー3社を新たに開拓することによって，四川捷順の経営基盤が崩れた．その後，相互の衝突が次第に激化し，遂に訴訟にまで発展した．このように新旧ディーラー間の競争がエスカレートした最中，2004年，予想せぬ金融引き締めの影響で，市場全体の急成長の勢いが止まり，一転して買い控えする消費者が急増した．この時，好況期にうまく機能していた奇瑞汽車の商圏縮小による販売拠点拡張戦略が裏目に出たカタチとなった．同一地域（市場）における奇瑞汽車のディーラー数が急増したため，在庫のプレッシャーに煽られたディーラーが一気にたたき売りに走り，客の奪い合いが生じた．系列販売店同士では仁義なき闘いが勃発したので，奇瑞車の小売価格が直ちに崩壊した．例えば，当時北京市場では，『QQ』について，7社の奇瑞ディーラーからそれぞれ大きく異なった価格が提示された消費者が，どの店で買うか非常に戸惑ったと伝えられている．結果，自社ディーラー間の熾烈な値引き競争が，在庫処分への期待とは逆に，情報混乱に惑わされた消費者から不信感が募り，「もう少し待てば価格はまだ下がるだろう」という期待心理を生じさせた結果，奇瑞車に対する買い控えが逆にエスカレートしていった．そこで，2004年の販売台数は当初目標の半分の8万7000台しか達せられず，販売会社総経理の孫勇が辞任し，後任に北京福田汽車販売総経理の李峰が据えられた．

2.2 「複数車種・単一ブランド」段階

2.2.1 販売体制の再編――「分網体制」への試み――

2005年着任早々，混乱収拾のために李峰が打ち出したのは，「分網体制」と称した改革案であった．「分網体制」のコア・コンセプトとは，1つの地域に

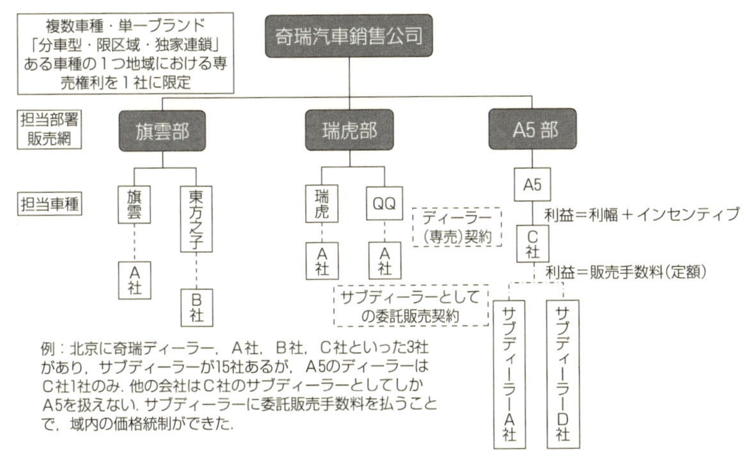

図6-4　奇瑞汽車の「分網体制」（概念図）

出所：筆者作成.

おいて同一車種について複数の過度に縮小された商圏に基づく専売権の存在によって生じた系列販売店同士間の価格競争を，１つの地域に同一車種の専売権を１社に限定する事によって回避させるという制度設計である．その実施手法として，まず，従来の無鉄砲な見込み生産体制を見直し，週単位に基づく受注生産の生産方式を導入したのである．次に，**図6-4**のように，従来の単一販売網を複数に分け，各販売網には異なる車種を振り分ける．更に，１つの地域に，同一車種の専売権を地域内の１社のディーラーのみに限定する．ただし，消費者にチャンネル間の差異を感じさせないように，どの販売網も奇瑞ブランドのチャンネルとして，標識，外観とレイアウトを「全国統一イメージ」に維持した．同時に，店内の商品陳列がディーラーの担当車種の相違によって，偏らないように専売権を持たない車種については，専売権の持つディーラーのサブディーラーになることで扱えるように，同一車種の扱いについて，一地域内においてあえて差別的な権利体制を設けていた．こうして，特定の車種の販売権限を専売化と重層化にする点は，先進国市場でよく目にしたマルチチャンネル化という販売策と区別できる点である．いまだ設計開発の組織能力が十分に発達させていない奇瑞汽車にとって，マルチチャンネルに適してサブブランド間では差別化を図るための大幅な設計開発力の対応が必要とされないからである．

結果，「分網体制」の導入によって，１つの地域内で複数ディーラーの商圏が重なったとしても，担当専売車種が異なるため，直ちに価格競争が起こる事態を回避できた．つまり，奇瑞汽車の販売方針はこの時期に，孫勇時代の「限区域・独家連鎖（1つの限定地域に1つの専売会社)」に対比して，「分車型・限区域・独家連鎖（1つの限定地域に1車種につき1つの専売会社)」と名付けられた．新しい販売方針のもと，以前の会社のブランドに対応していた奇瑞汽車の販売テリトリー制度が，車種に対応するテリトリー制度に変わり，崩壊した小売価格も，車種ごとの専売権整理によって立て直すことができたのである．

その実施に当たり，**図6-4**のように，既に発売した車種を『旗雲』，『瑞虎』と『A5』という3つの販売網に分け，年度前，ディーラーが自らどの車種の専売ディーラーになるか，もしくはサブディーラーになるかを記入した企画申請書を奇瑞汽車に提出し，販売統括会社が，該当地域市場の状況やディーラーの実力，そして地域ごとの販売予定目標という指標を総合的に考慮し，車種ごとの専売ディーラーを指定する．専売権の申請は販売網を超えても可能なので，たとえ，ある車種の専売ディーラーに落選しても，その車種の地域内の専売ディーラーのサブディーラーとして，同車種を扱うことができる．他方，地域内のある車種の全販売台数は，担当専売ディーラーの業績としてカウントされ，年度末にそれに基づいてインセンティブが支給され，サブディーラーは，担当専売ディーラーとの委託販売契約に基づき，販売手数料を報酬として支給されるという仕組みが導入された[6)]．

その結果，「分網体制」が見事に功を奏し，奇瑞汽車の販売台数が，2004年の8万7000台から回復し，2005年に19万8000台，2006年に30万2000台，2007年に38万台と，3年連続大躍進を遂げた．同時に，J. D. Powerによる顧客満足度調査では，奇瑞汽車の点数が年を追って伸び，『QQ』は2008年度顧客満足度（CSI）において自主ブランド車の第1位に輝いた．「分網体制」の導入で，以前乱雑な販売体制は，**図6-1**のType3からType2の形へ一段と整理できた．

2.2.2　奇瑞汽車工程研究院の設立

2.2.2.1　設計プロセスの効率化

佳景が主導した設計時期では，オリジナリティのある新規開発に必要な技術蓄積が不足していた「技術蓄積の歴史的欠如問題」の存在で，『QQ』と『東方之子』の開発に「リバース・エンジニアリング」的手法を採用せざるを得なかった．さらに，そういった手法は奇瑞汽車のフルラインナップ展開戦略にも

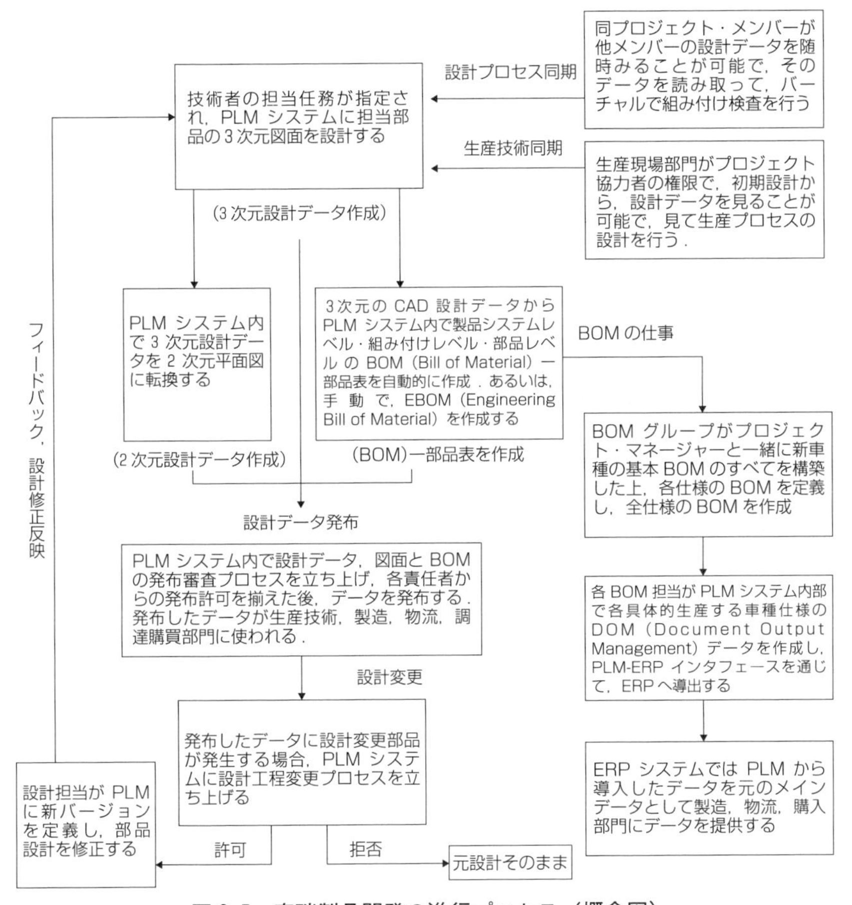

図 6-5　奇瑞製品開発の進行プロセス（概念図）

出所：劉穎（奇瑞信息技術有限公司，PLM プロジェクト経理）「PLM 解決方案助力奇瑞創新設計」『汽車製造業』72-74 頁（2006 年 18 期）より，筆者作成．

適さなかったため，潜在的成長の可能性を制限したといえよう．そこで，その制限を克服し，フルラインナップ戦略が展開可能にするため，そして，社内における技術蓄積をも可能にするための対策として，2002 年，奇瑞汽車では「製品ライフサイクル管理」(Products Lifecycle Management: PLM) という情報システムが導入され，それにより，「リバース・エンジニアリング」的開発手法から脱出し，設計プロセスの規範化（図 6-5 参照）と効率化（表 6-2 参照）を図った．

表 6-2　奇瑞汽車の PLM 導入効果比較

PLM 導入前	PLM 導入後
資料検索困難で紙図面と電子資料がバラバラ保管されているため，検索時間は数時間かかる	PLM の検索機能で数秒，もしくは数分で検索可能
重複設計，資源が無駄になることが多い	部品設計再利用率が 20%—30%上昇
審査プロセスと図面配りが手作業で，紙製本方式で行うため，一製品の図面を配る時間は 4～5 日を要する	システムで電子図面を伝送し，審査プロセスを含めて 2 日までに短縮した．さらに紙図面をなくし，製品データの一致性を確保した
BOM は EXCEL 記録式で手作業による ERP にインプットされるため，一般的に 2 週間かかる	PLM システムが自動的に BOM を算出し，PLM-ERP インターフェイスを介して ERP へ自動的に導出する．所要時間は 1 日のみ
設計情報と知的財産情報のデータベースが存在しなかったために，競争力につながるデータの蓄積は困難であった	PLM を利用して，企業の知的財産をデータベースで管理可能となり，知的財産の蓄積と保護が同時に可能となった
設計変更した際の設計，生産技術，現場でのデータ同時更新ができない	PLM で設計変更しても，情報を迅速に各部門への発信ができた

出所：劉穎（奇瑞信息技術有限公司，PLM プロジェクト経理）「PLM 解決方案助力奇瑞創新設計」『汽車製造業』72-74 頁（2006 年 18 期）より，筆者作成．

設計部門でのプロセス規範化運動と同時に，生産・販売部門では「企業資源計画」（Enterprise Resource Planning: ERP），「サプライ・チェーン・マネジメント」（Supply Chain Management: SCM），「顧客関係管理」（Customer Relationship Management: CRM）などの情報システムがそれぞれ導入され，全社規模のプロセス規範化運動が勃興し，製品開発手法も「リバース・エンジニアリング」的手法から，次第に基礎設計から始まる正規開発プロセスへと移り変わった．

2003 年には，総投資額 12.5 億元で「奇瑞汽車工程研究院」（以下：「研究院」と略す）を設立し，ボディ部，デザイン部，シャーシ部，エンジン部，トランスミッション部，電子電器部，CAE 部，実験試作部，省エネ環境保護部，電子制御部，プロジェクト管理部などの 11 部門を研究院の下に並列し，年間売上高の 10%～15%を研究開発に投入した．その額は 2004 年に 10 億元以上にも上った．更に，2003 年，これまでのプロセス規範化運動の成果を土台にして「奇瑞汽車工程研究院」の設立と同時に，新車開発ではプラットフォーム戦略への移行に踏み切り，2004 年下半期に移行が完了した．以後，奇瑞汽車での新車開発は，**図 6-6** の通り，4 つのプラットフォームに基づき，行われている．

サポート部門の強化では，会社の生産・製造技術力の向上を図り，製品生産

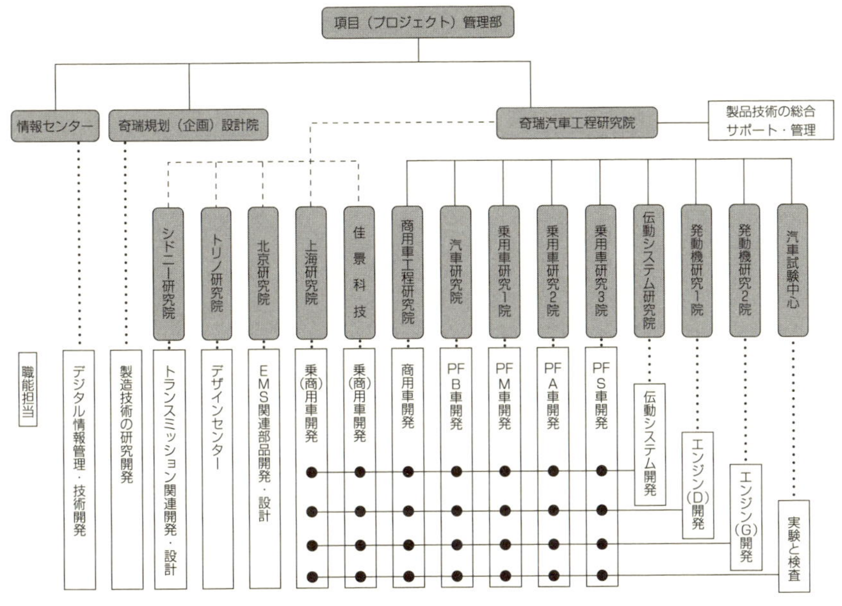

図6-6　自主開発期の奇瑞汽車研究開発部門構成図（2007年時点）

注：PF Platform；（商）商用車；（D）ディーゼル；（G）ガソリン.
出所：筆者作成.

周期を短縮するために，2004年2月に「奇瑞企画設計院」を設立した．その下で，管理部，技術企画部，工場企画部，工程部を設け，新製造技術・工法，新プロセス，物流・負荷平準化，ヴァーチャル工場，環境保護に関する研究が，担当されている．その他，ポストドクター研究室の設立が中央政府に認可され，エンジン騒音を含む多数の基礎及び応用研究が行われていた（陶，2005: 32-35）．2005年6月，「奇瑞汽車工程研究院」は，中央政府から，「国家節能環保汽車工程技術研究中心」（国家省エネ環境保護汽車技術研究センター）に認定され，ハイブリッド自動車の研究成果に関する応用研究を担当するようになった．上述した通り，設計プロセスの規範化と効率化に伴って，奇瑞汽車では組織的拡大及び再編といった進化プロセスが続けられてきた．

2.2.2.2　奇瑞汽車工程研究院主導体制への移行

2003年より，全社規模の急成長に伴い，「奇瑞汽車工程研究院」では，自主開発体制を構築するための組織的ならびに機能的再編も頻繁に行われるようになった．まず，2004年，研究院が既存の産品（製品）部と統合し，研究院主導体制への移行が始まった．次に，自主開発に必要なノウハウと技術を，熟練技術者の吸収・招聘によって賄おうとしていたため，人員規模の拡大が急に見られた．2005年には，研究院の規模は800人程度になり，そのうち海外帰国技術者は30数名，外国人技術者管理専門家も20数名程いた．更に2006年，研究院の規模は一気に2000人規模に拡大し，人員増加に伴う細分化による機能再編が実施された．元々並列していた11部門を「乗用車研究院」，「商用車研究院」，「動力総成（パワーユニット）研究院」，「汽車試験中心（実験センター）」，「上海研究院」へとマトリックス型組織に束ね，2007年には，プラットフォームごとの研究開発資源の投入を強化した．

2007年，研究開発部門での細分化による機能編成の結果を**図6-6**にまとめている．汽車研究院がBプラットフォーム製品を，そして乗用車研究1～3院がそれぞれM，A，Sのプラットフォーム製品を担当するといった形で，奇瑞汽車の新しい研究開発体制では，プラットフォームごとに資源を配分し組織化したことが窺える．また，会社全体の乗用・商用車の開発業務が，上記4つの研究院の他に，商用車工程研究院，佳景科技，上海研究院といった3つの独立な研究開発チームが加わり，7つの完成車開発チームによって担当されるように，組織を細分化し，再編をした．

他方，サポート機能についても，機能別に専門組織を設立することで，機能ベースに資源の組織化が同様に進行していた．例えば，パワーユニットの研究開発においても，機能別に，トランスミッション，ガソリンエンジン，ディーゼルエンジンなどの研究開発を個別に担当できるように，伝動システム研究院，発動機研究1，2院が設立されたことで，必要な資源を投入し組織化された．最後に，グローバルに散在している設計資源に対しても，同様な手法で有効利用を図り，各地に機能別の専門研究院を積極的に設立し，組織化を図った．例えば，北京ではEMSを専門とする研究院，シドニーでは変速機の専門研究院がある．

会社全体での研究開発の再編の下，各専門研究院では，所定機能に特化した資源を充実に確保し，組織間での連携を強めながら，新車の開発業務をこなしている．具体的には奇瑞汽車工程研究院の傘下にある各完成車開発チームでは，担当するプラットフォーム製品に特化した部門を設け，自らのプラットフォーム製品の研究開発に専念している．例えば，**図6-7**で示したように，汽車研究院と乗用車研究2院ではそれぞれの担当プラットフォームに特化した専業部門，

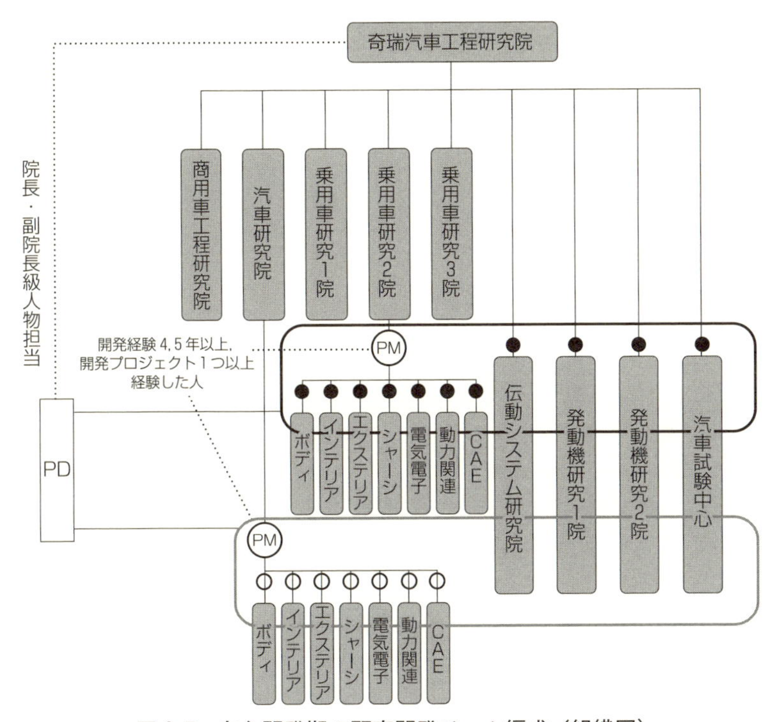

図6-7　自主開発期の研究開発チーム編成（組織図）

注：PM Project Manager；PD Project Director；●○ 職能部門プロジェクト担当；▢▢ PM 調整範囲．
出所：筆者作成．

つまり，ボディ，インテリア，エクステリア，シャーシ，電気電子，動力関連，CAE 部門などが設けられている．

プラットフォームに特化した業務とは反対に，プラットフォーム間に共通する設計業務を全社規模の共通部門に移行することで，開発プロジェクトチームは，上記プラットフォームに特化した組織とプラットフォーム間に共通する組織にまたがる形で編成されている（図6-7参照）．

従って，研究開発部門の組織再編の結果，概念として，この時期の開発組織構成は，前記「機能別組織（調整者あり）型」から，プラットフォームごとに開発職能を束ねた「マルチマトリックス組織型」へと進化してきたことが理解できる（図6-8参照）．

「マルチマトリックス組織型」の下で，プロジェクト・マネージャーは，自

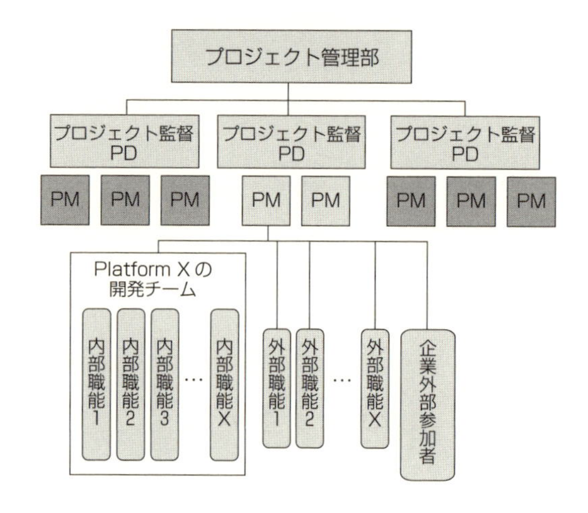

図 6-8　自主開発期の研究開発チーム編成（概念図）

注：1　PM Project Manager；PD Project Director.
　　2　同じ色のPMは同じプラットフォームへの所属を意味する.
出所：筆者作成.

ら専属するプラットフォームでの製品開発において，特化した諸内部職能とプラットフォーム間の共通専門技術といった諸外部職能を調整する役として，開発プロジェクト内のコミュニケーションを促進し，部門間の関係をより一層緊密化できるように，プロジェクト内の調整を円滑に調整することに最も専念しなければならない．過渡期での「機能別組織（調整者あり）型」といった研究開発の組織編制と比べ，自主開発期では，プロジェクト・マネージャーの権限が，上記調整機能に明確に設定されている（**図 6-9** 参照）.

更に，研究院副院長レベルの技術者をプロジェクト・ディレクターに据えたことで，開発プロジェクト間での資源の配分調整を円滑かつ簡単に管理できる一方，プラットフォームに特化した組織メンバー間での知識共有やノウハウの蓄積も大いに促進された．プラットフォームに特化した知識とノウハウの蓄積の有効活用はできるようになり，製品開発の効率性は，こうした変化を受けて，より一層向上することができた.

2.2.3　奇瑞汽車工程研究院主導下の組織能力の拡張

2007年，「奇瑞汽車工程研究院」には1800名ほどの技術者がおり，4つのプラットフォームに基づく10以上の製品開発を同時に進行していた．前記「佳景」での技術者と開発能力とあわせば，合計2000数名の技術者によるフル

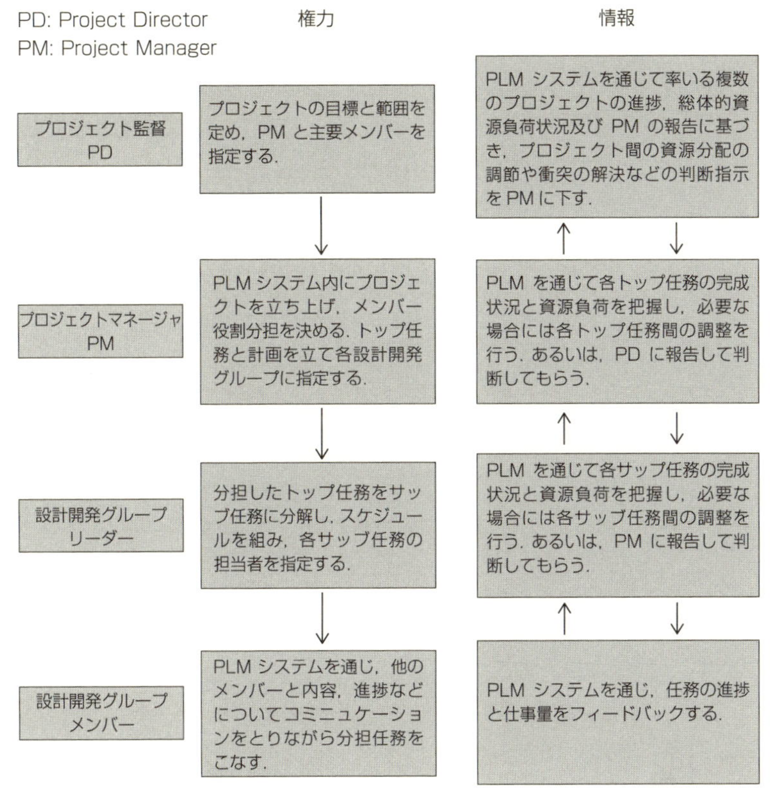

図 6-9　自主開発期の開発プロジェクト・チーム・メンバー権限設定

出所：劉穎（奇瑞信息技術有限公司，PLM プロジェクト経理）「PLM 解決方案助力奇瑞創新設計」『汽車製造業』72-74 頁（2006 年 18 期）より，筆者作成.

ラインナップ展開戦略に向けて，20 以上の新車開発プロジェクトを同時に進行できる[7].

奇瑞汽車では，新車の進行管理は，車両開発の企画から生産までの 10 個のマイルストーンの進捗管理によって成り立っている（**表 6-3** 参照）. 各マイルストーンはプロジェクト進捗の管理指標だけでなく，次の段階に進む設計品質の評価を実施するポイントでもある. 社内に定められた評価基準に合わせて，評価をかけ，合格点数以上でなければ，次に進められないようにマイルストーンの管理には設計の進捗管理と設計の品質管理といった二重の意味合いが含まれている. よって，マイルストーン管理を一般的な設計開発プロセスに照らし合

表 6-3　奇瑞汽車新車開発の標準プロセス（概要）

Milestone	段階目標	ディスクリプション
P0	プロジェクト発足申請	製品コンセプト企画： 製品のポジショニング，スタイル，想定販売市場，製品ビジョンなど
P1	プロジェクト承認	販売会社による市場潜在需要調査： 想定ユーザーから需要情報の収集，スペック，オプション，スタイリング
P2	デザイン・レイアウト確定	デザイン開発と評価（エンジニアの参加）： 内外部造型スケッチ確定からモデル凍結まで，1/1 クレイモデルを作成
P3	デジタル・プロトタイプ作成	Solid Model の作成： 想定競争車種に対するベンチマーク 動力性能，通過性能，操縦安定性能，空間，乗り心地，NVH などの実験測定 機能設計・構造設計→技術部品表（E-BOM）を作成 その際，外観，機能，スペック，法律基準の達成度，材料，空間，人間工学，取付け（A/F まで），金型などとの関連をすべて配慮
P4	サンプル・カー試作検証	サンプル・カーの試作で設計データを検証： 役員試乗，改進意見の聴取，次段階の試験計画を確定
P5	プロトタイプ承認	工程計画立案，各種の実験： 3 万キロの機能部品の整合性検査（2～3 台×3 回） 3 万キロの OTS 道路実験（2～3 台×3 回） 10 万キロ強化実験 3 万キロ高原，熱帯，寒帯強化実験 エア・バッグ，ABS マッチング実験，車台調整，エンジンとトラスミッションの整合性と較正（チューニング）実験，衝突実験，部品整合性検査，部品・完成車の法律基準認証の実験・取得 部品材料，スペック，性能検査→OTS 認可
P6	量産試作 1 (PVS)	部品取付けの非効率な点を洗い出す，新設備試運転，物流・生産タクトタイムの検証
P7	量産試作 2（OS）	量産前の小規模生産，200～300 台程度で，ディーラー展示開始
P8	量産開始（SOP）	開発任務完成
P9	販売開始（ME）	市場導入，プロモーション活動

注：PVS: Produktions Versuchs Serie; OTS: Off Tool Sample; OS: Zero Series; SOP: Start of Production; ME: Markt-Einfuehrung.
出所：筆者作成.

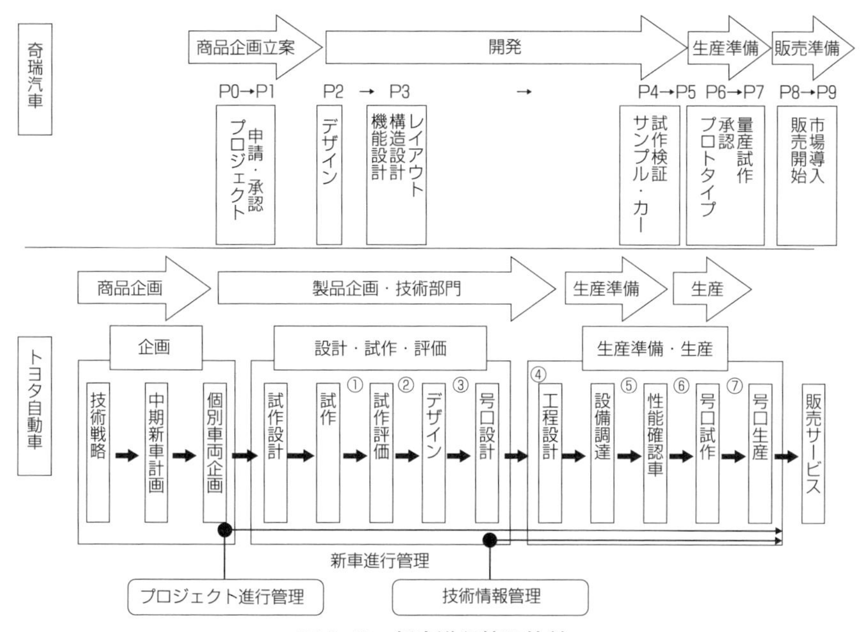

図 6-10　新車進行管理比較

注：1）① 開発決定・総合 K/O（Kick-off）；② SE（Simultaneour Engineering）着手；③ 現図着手；④ 金型着手；⑤ CV（Confirmation Vehicle）着手；⑥ 号試移行；⑦ 号口移行.
2）奇瑞汽車とトヨタ汽車の新車進行管理の比較には，上下の対応関係は必ずしも一致すると限らない.
3）「号口」とは試作生産を終えて本生産で製品を流すこと．トヨタでは，創業時から完成車を造るための部品を，例えば 10 台分ごとに一つのグループとして 1 号口，2 号口と名づけ，工程の進行管理を行っていたのが名前の由来（「トヨタ 2001 年度版環境報告書——略語集」より）.

出所：奇瑞汽車の新車進行管理に関して，2008 年 8 月聞き取り調査に基づく．トヨタの新車進行管理に関しては 2008 年京都大学経済学部「トヨタ生産管理論」配布資料より，筆者作成.

わせ，段階別に区分すれば，**図 6-10** の通り，商品企画立案段階（P0→P1），開発段階（P2→P5），生産準備段階（P6→P7），販売準備段階（P8→P9）に分けられうる．

図 6-10 で分かるように，トヨタでは新車進行管理に含まれるプロジェクト進行管理は①～⑦のマイルストーン管理が持つポイント的管理という性格に比べ，奇瑞汽車でのプロジェクト進行管理に用いられたマイルストーンはトヨタの一プロセス的管理にあたる性格が強い．言い換えれば，マイルストーンとはトヨタでの通過点を意味する存在は，奇瑞汽車では次の段階を意味している．それが故に，奇瑞汽車でのマイルストーン管理には設計品質管理が含まれたのである．

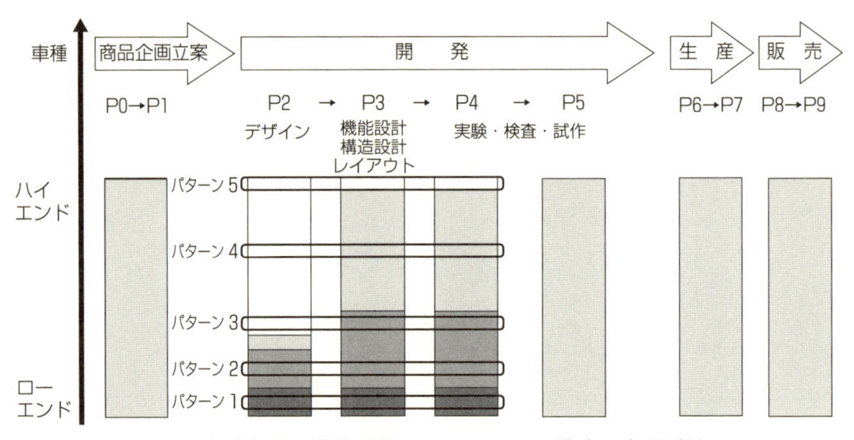

図 6-11　奇瑞汽車の進化成果――フルライン戦略の実現手法――

注：奇瑞汽車工程研究院担当；海外設計会社担当；国内設計会社担当；佳景．上海研究院担当
出所：筆者作成．

しかし，その時点の奇瑞汽車では，プロジェクト当たり，関与する奇瑞汽車技術者の人数は，平均にして70～100人前後しかおらず，一般的にあまりにも想像もつかないほど小規模だといえよう．しかし，意匠デザインに関連する設計業務は，2000年代を通して，奇瑞汽車の社内主導ではなく，その大半はイタリアにアウトソーシングしたため，全ての開発プロセスは奇瑞汽車での技術者だけに頼って設計されたわけでもない．それ故，製品開発の実現手法に，実に5つのパターンが用いられ，少人数の制限を克服しようとした（**図 6-11** 参照）．その5つの実現手法には，パターン4，3，2は，当時奇瑞汽車の主要実現手法として，最も使用されており，その他には，パターン1，5という補足的実現手法も存在する．詳しく説明してみよう．

2.2.3.1　パターン4：「良きデザインと高性能を同時に備える製品」開発

これは，2000年代の奇瑞汽車内部で，同社の競争優位を確保するための主要開発手法として，そして将来の成長発展に関わる最も重要な開発手法として位置づけられている開発パターンである．その特徴は，海外設計会社が手がけたデザインを取り入れ，それ以降の構造・機能設計などの開発業務は奇瑞汽車工程研究院が担当するという，高性能車開発向けの手法という点である．該当する車種には，戦略車に位置づけられた『A3』（内部開発コード「M11」，8.18~8.98万元）と当時クライスラーへOEM提供予定だった小型車『A1』

『A3』

『A1』

『A1』

写真 6-1　イタリア Bertone（ベルトーネ）社の意匠デザインを採用した「A3」と「A1」

出所：『A3』の写真は［news.yescar.cn/29/200708/46041.shtml］2008 年 8 月 18 日閲覧を参照.
『A1』の写真は 2007 年筆者撮影.

(内部開発コード「S12」; 5.38～5.98 万元）がある（**写真 6-1** 参照）. クライスラーへの OEM 供給提携といった報道からすれば，クライスラーが奇瑞汽車への事前視察を通して，奇瑞汽車での開発能力及び開発品質を評価し，提携を望んだため，こうしたパターン 4 による設計品質と製品競争力が，一定以上に評価されたことを意味する．それが故に，主にデザイン性に満ちた高性能製品の開発を目標としているパターン 4 の確立は，これまでの組織再編と能力構築の成果として，奇瑞汽車の開発能力が一段と向上した証左と考えられうる．

2.2.3.2　パターン 3：「高デザイン性に満ちた低価格車」開発

パターン 3 の特徴は，海外設計会社が手がけたデザインを取り入れるものの，その後の構造設計と機能設計などの開発業務は全て「佳景」によって担当される開発手法にある．後述パターン 2 と同様，こうした開発手法は，主に社内における「佳景」の比較競争優位性，とりわけ設計の熟練さと設計費用の低さを最大限に発揮することが狙いとなっている[8]．代表製品には，開発コードの「S16」がある（**写真 6-2**）．

2.2.3.3　パターン 2：「ローカル需要対応の低価格車」開発

パターン 2 は，意匠設計から最後まで一貫して「佳景」が担当する開発手法である．該当車種には，正規開発プロセスの第 1 号となった『A5』（内部開発コード「A21」，6.98〜9.38 万元）や『開瑞』（内部開発コード「A18」，5.58〜6.08 万元）がある（**写真 6-3**）．前記のように，佳景の設計の熟練さと低コストという優位性を利用し，パターン 2 は主に，ローエンド需要に対応するための開発手法として，奇瑞汽車の低価格競争優位を維持し強化するための重要手段となっている．

そのほか，戦略的開発手法に位置づけられている高級車開発には，奇瑞汽車

写真 6-2　イタリア Fumia（フミア）社の意匠デザインを採用した『S16』

出所：イタリア Fumia 車ホームページ［www.fumiadesign.com］2008 年 8 月 18 日閲覧より，筆者作成．

『A5』

『開瑞』

写真6-3　佳景が意匠デザインから一貫して開発した『A5』と『開瑞』

出所：汽車之家ホームページ [http://www.autohome.com.cn] 2008年8月18日閲覧より，筆者作成.

でのいまだ設計能力が不足している部分を質的に補うための手段として，パターン5が存在している．また，小型車開発向けを量的に補う開発手段として存在する手法はパターン1がある．しかし，両者とも奇瑞汽車の研究開発体制において，補足的な存在であり，設計能力の蓄積につれて，2010年以後次第に重要性が薄れていったと思われる．

2.3 「複数車種・マルチブランド」段階

2.3.1 「分網体制」の変容

「分網体制」の販売戦略では，商圏統合として，専売ディーラーを地域市場内のディストリビューターに据えたことによって，以前混乱した専売権が整理され，崩壊した小売価格を立て直し，そして販売実績を回復させる土台が新たに作り上げられた．従来，「奇瑞」ブランドに対応していたテリトリー制度を，「旗雲部」，「瑞虎部」，「A5部」といった量産車種に改めて対応させたことで，商圏縮小で実現できなかった販売拠点増加の狙いは，チャンネルを立体的に改造したことで，商圏縮小で行き詰まったディーラーの新規開拓を地域内の車種専売権の調整によって，改めて再開可能となった．さらに，従来の既存ディーラーとの専売契約にとらわれた販売統括体制に，毎年に行われた専売権選別（一種の業績評価）という柔軟性が新たに加えられた．

また，分網化に伴ってディーラーの業績評価基準を，「専売」と「代理販売」という差別的権利体制に変えたことによって，ディーラーの経営努力を以前の「広く浅く」から導入後の「深く細く」へ変化させた．更に詳細に言ってみれば，量産車種の『旗雲』，『QQ』，『A5』をそれぞれ異なる販売網に配置したことで，販売網ごとのパフォーマンスのばらつきを回避したうえ，ディーラーに安心して得意とする主要車種に関わる営業活動を精緻化できる環境を新たに提供できたのである．それが故に，従来では限定された営業資源のもと，販売ノルマ達成とインセンティブ獲得のために，ディーラーがより多くの車種を扱わざるを得なかったが，「分網体制」の下では，専売ディーラーになれば，域内の全ての担当車種の販売台数がインセンティブの加算ベースになる．なお，担当車種の販売とアフターサービスに専念すれば，販売台数とサービス入庫台数が増え，一層増収増益に繋がる．他方では，奇瑞汽車にとって，新たに創出された経営環境下において，統括会社と販売店との利益合致で，以前難航していたサービスと品質の向上推進活動がより一層スムーズに展開できた．同時に，ブランドイメージの樹立も一層容易になった．

奇瑞汽車工程研究院の設立により，設計開発能力が拡張され，奇瑞汽車の設計開発能力が，「佳景」時期よりも更に向上し，年間 20 以上の車種が投入できるようになり，フルラインナップ展開も可能になった．しかし，2006 年から，多くのディーラーが専売権を取得し，最も利益が生まれる少数の専売車種に経営資源を優先的に投入するようになった．サブディーラーとしての代理販売が逆に疎かにされてしまう結果を招いた．それが故に，域内のディストリビューターを兼ねた専売ディーラーにとって，他の店舗に対する卸売りでの減少分を，自社での小売によって補填しようとして，サブディーラーに支払う販売手数料の額以上に，専売車種の小売価格を引き下げた．その結果，代理販売のメリットが更に薄められ，来店客が店頭に陳列した代理販売車種を購入検討していても，ディーラーが無理やりに自らの専売担当車種を押しつけて販売する現象すら生じた．よって代理販売の不振がますますとなり，専売と代理販売の間に存在していた相乗効果が崩れ始めた．「分網体制」の導入で一旦解決できた販売店同士間の値引き競争が再燃となった．

新課題を解消するために，李峰が打ち出したのはスーパーダイヤモンド級ディーラー育成という構想である．元々，奇瑞汽車では，**表 6-4** のように，ディーラーを普通級から，ダイヤモンド級の 5 つのランクに分け，ランクに応じて上位優遇的なインセンティブ体制を採用していた．例えば，ダイヤモンド級のディーラーに対して，基準値のほか，さらに一定の割合でリベートが支給されるように設計されている．

表 6-4　奇瑞汽車によるディーラーのランク付け

評価基準	売上高（万元）	年間販売台数（台）
スーパーダイヤモンド級（汽車城）	>48,000	>10,000
ダイヤモンド級	>12,000	>2,000
プラチナ級	8,000～12,000	1,000～2,000
黄金級	5,000～8,000	800～1,000
白銀級	2,000～5,000	300～800
普通級	<2,000	<300

出所：筆者作成.

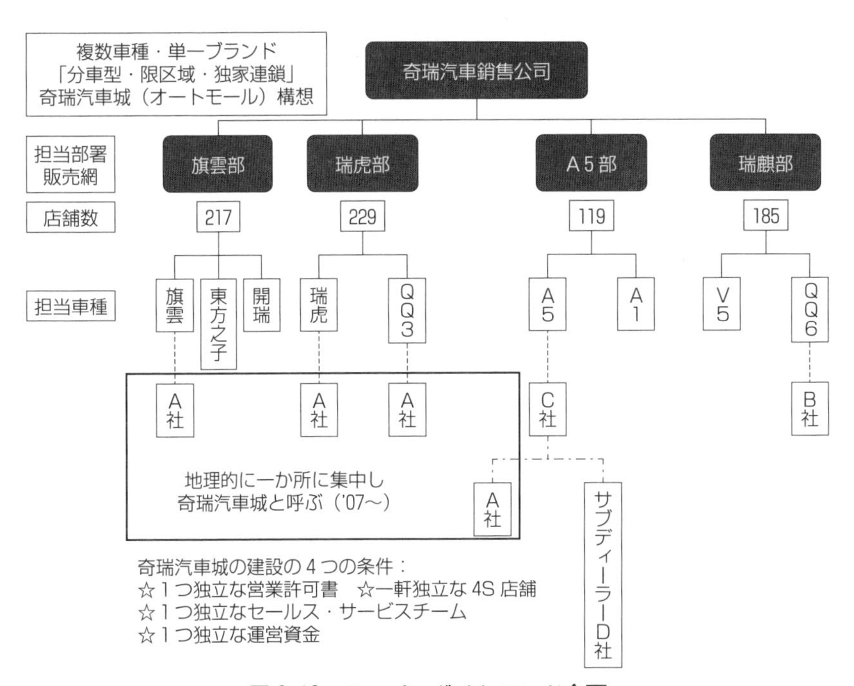

図 6-12　スーパーダイヤモンド企画

出所：インタビュー資料に基づき，筆者作成.

スーパーダイヤモンド級のコア・コンセプトは，専売と代理販売という 4S 店の担当の相違によって生じる利益相反を，4S 店の所有権の統一で克服しようとする狙いである．つまり，重点地域市場において，選定されたオーナーのもと，4S 店の連合艦隊を作らせれば，各々の 4S 店の間利益相違がグループ内

写真 6-4　上海聯海奇瑞汽車城外観

出所：筆者撮影（2007 年 7 月）.

で調整可能になるという構想である（**図 6-12** 参照）．その実現手法とは，同一オーナーに所属する別々の専売権を持つ 4S 店を地理的に一カ所に集約させ，スーパーダイヤモンド級の「奇瑞汽車城」（**写真 6-4** 参照）と称しての年間 1 万台以上を販売する巨大な販売拠点を建設する計画である．また，「奇瑞汽車城」の品質を維持するために，集約させた各店舗において，営業許可書（法人），建物，セールスチーム，運営資金というスタッフ部門の機能まで独立性を求めた．こうした「奇瑞汽車城」が全国の 16 省の 20 都市[9]に計画され，実現すれば，国内主要市場をカバーできる奇瑞汽車の長期成長の経営基盤が固められる点は，「奇瑞汽車城」計画の真髄ともいえる．

しかし，業界全体が驚かされたこの奇策には誤算があった．まず，都市部では，消費者の 8 割以上が，購入の前に 3 店舗以上を見て回るという消費慣行があった（**図 6-13**）．**写真 6-4** のように複数の 4S 店を 1 カ所に集中させ，フルラインナップで集客力を高めようとする狙いには，消費者側の複数店間の価格と品質を比較したいという消費慣行に応えきれなかった背景があった．また，建設予定された大都市では，大規模な店舗建設に必要な土地と建設費用が想定以上に高く，1 カ所における大規模な土地取得は，常に高額な取得費用が要した．そのほか，立地優位性を考慮すれば，初期投資の規模が更に跳ね上がるという課題もあった．例えば，**写真 6-4** に写した上海聯海の関係者によれば，開業後，売上は確実に以前の倍になったが，初期投資，人件費といった費用も同時に 2

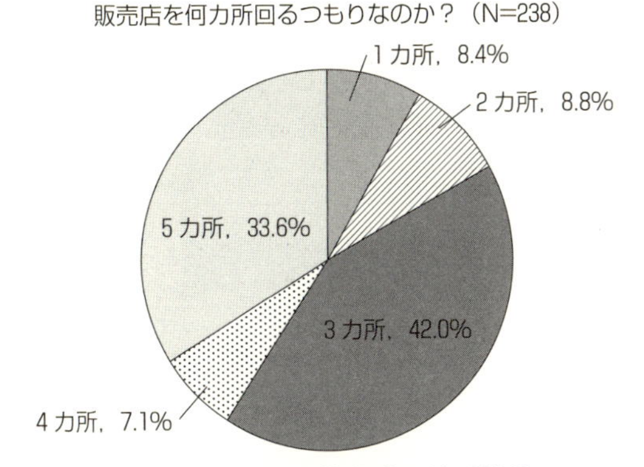

図6-13　中国消費者購入検討特徴

出所：2007年京都大学北京自動車消費者調査.

倍に跳ね上がったため，店舗を1カ所に集約した相乗効果は薄かったと言われた．それが故に，「奇瑞汽車城」計画も5カ所に建設されたところでやむを得ずに中止となった．

なお，専売車種に基づくディーラーの経営がある程度安定するにつれ，販売統括会社側の更なる市場拡大戦略に対して協力する動機づけが弱まり始めた．その亀裂が最も顕在化したのは2008年であった．2008年，世界が襲われた金融危機の影響で，自動車販売が急遽不振に見舞われ，大規模の大手ディーラーは奇瑞汽車の利益より，自分の利益を優先的に確保しようと考え，奇瑞汽車側の拡販の協力要請に対して，非協力的な態度を見せた．発注車輛の引取りを拒んだディーラーも現れた[10]．その結果，2008年に奇瑞汽車の販売体制が再び狂い出し，48万台に設定された販売目標に対し，35万6000台しか達成できなかったのである．自ら起こした2回目の組織再編に行き詰り，李峰は辞任を選んだ．

2.3.2　マルチブランド戦略への舵きり

李峰の後任が，状況収拾のため，2009年3月より，新たに打ち出したのはマルチチャンネル制度であった[11]．**図6-14**の通り，従来「奇瑞」といった単一ブランドのほか，「瑞麒」，「威麟」，「開瑞」といった3つの新ブランドが立ち上げられた．それに伴って，国内販売組織が，ローエンド乗用車担当の「奇瑞汽車鎖售公司」に，ハイエンド乗用車担当の「奇瑞麒麟汽車鎖售公司」に，そしてワンボックス車を中心とする「微型車」を担当する「奇瑞開瑞汽車鎖售公司」に細分化された．マルチチャンネル体制が打ち出された最大の理由の1つ

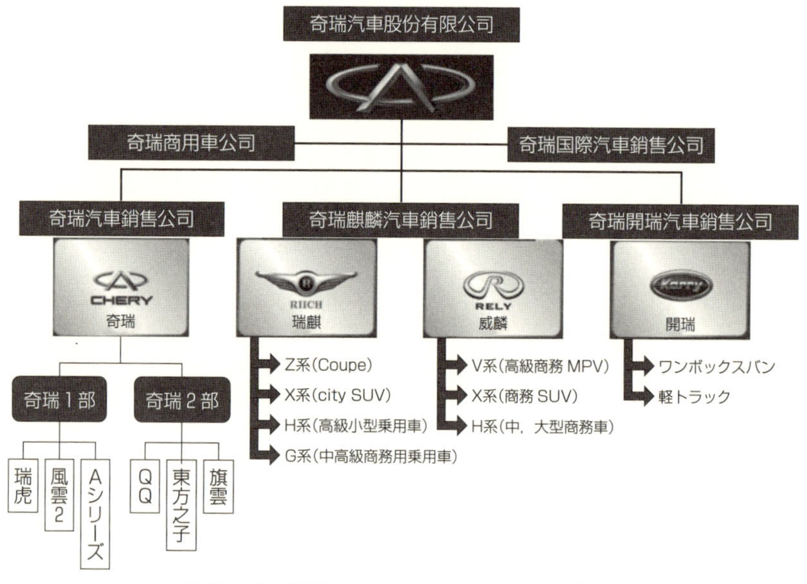

図 6-14　奇瑞汽車のマルチチャンネル体制

出所：インタビューより，筆者作成.

は，「分網体制」のもとでディーラーに対する統括力の衰退の流れを止める杭を打とうとするためであった．すなわち，「分網体制」のもとでは，車種の独占販売権と商圏は基本的に「奇瑞」ブランドに基づいて契約されたため，その剥奪や，商圏の縮小はもはやできなくなっていた．規模拡大に対して非協力的なディーラーが続出の中，既存ディーラーの反発を引き起こすことなく，販売拠点を増やすために，考え出したのは奇瑞以外のブランドに基づく契約であった．「奇瑞」というブランドが「安物」の代名詞として，中高級車市場では通用しにくいという事実もあり，新ブランドの導入は，奇瑞の上部市場開拓とって好都合の一面もあった．金融危機以後，主に都市近郊と農村といった3，4級自動車市場の価値が再認識され，こうした固有市場にほとんど販売拠点を配置していない外資メーカーが始動する前に，新規ディーラー開拓によって，チャンネル密度を向上させ，3，4級自動車市場における優位性を築こうとする思惑も新ブランドの立ち上げから推察できる．2009年11月より，奇瑞汽車が，「奇瑞」のサブブランド内に「奇瑞1部」と「奇瑞2部」を設け，再び奇瑞ブランド内において「分網体制」に復帰し，一層の効果拡大を狙った（**図

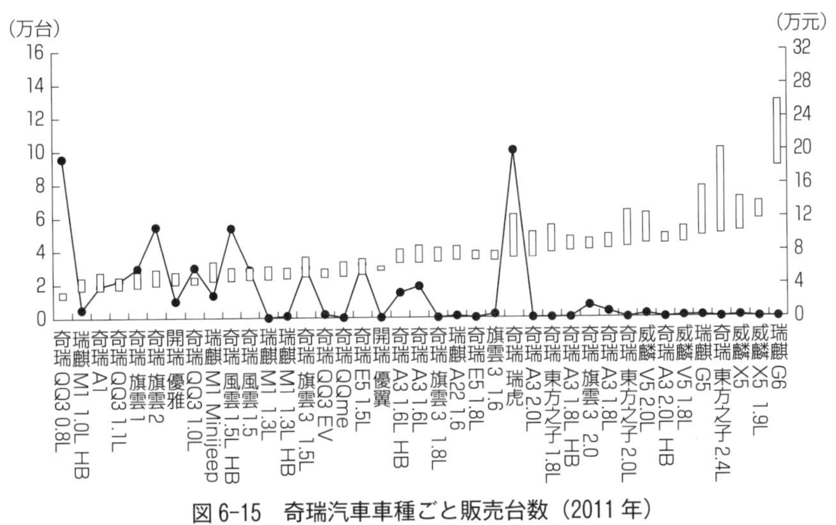

図 6-15　奇瑞汽車車種ごと販売台数（2011 年）

出所：販売データは中国汽車技術研究中心（CATARC），価格情報は db.auto.sohu.com/home（2012 年 1 月閲覧）より，筆者作成.

6-14 参照）．2010 年にはそれに基づいて，さらに奇瑞，旗雲，開瑞，瑞麒，威麟とパワートレーンという 6 つの製品事業部制を採用し，以前相対的に独立していた研究開発と販売といった機能が，1 つの製品群に絞り，一段と統合することを狙った．

しかし，**図 6-15** で分かるように，2010 年以降，マルチブランドへの移行は上級化の実現に繋がらず，8 万元以上の市場に投入したモデルがいずれも売れずに喘いでいた．他方，より深刻になったのは，4 つのブランドを維持するために，外資合弁系製品なら，1 車種でカバーする価格帯に，奇瑞汽車の場合，むしろ 4 つのブランドで 3 ～ 4 車種が同時に出され，カニバリゼーションすら起こしたのである．以降，奇瑞が再びワンブランド体制へ回帰し，分散した各専門研究院も一本化し，再起を狙ったが，失敗に終わった．そのため，第 4 章の**表 4-2** で確認できるように，奇瑞汽車の販売台数が 2010 年を境に，頭打ちとなり，次第に減少傾向をたどり，2012 年より Top10 から転落したのである．

3　おわりに

図 6-2 で示されたように，2001 年より奇瑞汽車が，販売不振に遭遇したた

表 6-5　比亜迪（BYD）汽車の分網体制

		3シリーズ	6シリーズ	1シリーズ	SUV・MPV
販売チャンネル	A1網	F3	F6	○0	M6
	A2網	L3	○6	F0	M6
	…	G3	○6	F0	M6
	Ax網	●3	●6	●0	M6

出所：インタビューより，筆者作成.

びに，販売組織を思い切って大きく変革させてきた．さらに，拡張された販売力をバネに，国内外から熟練人材を招き，合同開発によって急速に構築してきた設計開発ノウハウを活かすために，研究開発の組織能力を繰り返して拡張してきた．つまり，「製」「販」両組織間の能力の不均衡を解消しながら，噴出した廉価車需要を吸収し，量的拡大期において，急速な規模拡大を実現してきたのである.

他方，量的拡大期では奇瑞汽車において，有効性が検証されたこうした組織ダイナミックスは，同様な成長課題を直面するほかの民族系メーカーにも導入され，波及した.

例えば，2006年に，吉利汽車はリバース・エンジニアリング的開発からの脱皮を図り，美日，豪情と優利欧といった老朽化したモデルのほかに，金剛，遠景と自由艦といった上級モデルを発表した．販売政策では，こうした上級モデルを中心に，それぞれ独自の販売網を構築し，3つのチャンネルを企画した.各チャンネルに旧モデルの1種を組み合わせ，専売特権が寄与され，ほかのチャンネルに対してディストリビューターの役を担う．いわゆる分網政策が2007年から徐々に全国において実践され，2009年に，奇瑞のマルチブランド化と呼応するかのように，吉利汽車も，「上海英倫」，「全球鷹」と「帝豪」といったサブブランドを発表し，マルチブランド体制へ移った.

他方，**表6-5**のように，吉利汽車よりも遅れて，2008年にBYDが「分網体制」を導入し，A1網を始めとする複数の販売網に，1，3と6シリーズの車種を短期間に大量に投入し，部門間の能力の不均衡の解消ができた．その結果，2009年にBYDが初めて民族系メーカーの国内販売第一位の座を手に入れたのである.

一社が考案した創発的な生き残り策が，たちまち中国民族系メーカー間で波及し，開花したのであった．中国民族系メーカー同士もこうした相互学習によって「群れ」を成し，更なる生き残りをかけて，成長してゆくのである．

注

1）4S店に基づくフランチャイズ・システムによる専売体制をはじめて中国に持ち込んだのはホンダである．**図6-1**にみられるように，中国において，ホンダは東風汽車，広州汽車とのいずれの合弁会社においても，販売，アフターサービス，部品，フィードバックといった4つの機能が空間的に1カ所に集約しているディーラー形態しか認めない方針を取ってきた．そのため，1Sや2Sといった店舗形態を認めず，4S店による専売体制を義務付けとしてディーラーに要求していた．最終ユーザー以外の卸売も一切禁止されていた．しかし，北京アジア村汽車交易市場では，ホンダの車を売るブース（1S）が多数存在し（塩地・孫・西川，2007: 83），**図6-1**にあるType1も理念系にとどまっており，実際のところ，ホンダの中国販売体制はType1に，Type3の専売店→サテライト→一般業販というルートを加えた販売体制がより現実に近いと考えられる．

2）2007年時点，奇瑞汽車が販売している10車種のうち，佳景の手がけた車種が6車種にも上る．つまり，『A5』，『QQ』，『東方之子』，『瑞虎』，『旗雲』，『開瑞』である．その販売台数は合計31万9710台で，全体の83.95%を占めており，奇瑞汽車のこれまでの躍進を底から支えた．

3）1999年にラインオフされた「A11」が『奇瑞』というブランドで発売されたが，2003年4月より，『風雲』というサブブランドへ切り替わった．同年5月『QQ』と『東方之子』が発売開始になり，8月『風雲』のモデルチェンジ車として『旗雲』が発売された．

4）2005年8月に実施した「佳景科技公司」に対する聞き取り調査より．

5）2008年8月に実施した「佳景科技公司」に対する聞き取り調査より．

6）もちろん，李峰はただ単に赴任後の奇瑞汽車のずさんな状況をみて天啓を受けたのではなく，彼が前職の福田汽車にて知り得たトラック販売における積載量に応じた販売網の分割設置という販売ノウハウを創発的かつ大胆に乗用車の販売組織の再編に持ち込んだことで，「分網体制」ができたのである．すなわち，以前中国のトラック販売において成立った知見が，外資合弁メーカーによって中国に導入された4S店の専売体制と，李峰によって新たに結合され，8万元以下の乗用車市場という「新天地」において，開花したのである．

7）2008年8月両者に対する聞き取り調査より．「2005年時点，コア部品開発プロジェクトを含め，一時期100以上の開発プロジェクトが進行されていた」（許敏，元奇瑞汽車工程研究院院長；2008年日中自動車産業研究会での発言より）．

8）佳景での設計費用に関して，明言できないが，研究院での設計プロジェクトと同様の設計要件にしても，半分以下の費用の場合もあった．（2008年8月聞き取り調査より）.

9）北から南の順に，ハルビン，長春，瀋陽，北京，天津，石家庄，鄭州，武漢，長沙，東莞，深セン，広州，西から東の順に，ウルムチ，蘭州，西安，合肥，蕪湖，南京，蘇州，上海の16省20都市である.

10）この時期の奇瑞汽車では，年度販売計画に基づき，ディーラーが年度前に提出した販売企画申請をベースに，各ディーラーに年度販売目標を振り分け，在庫販売を採用した．そして発注と納車は基本的に週単位で行っており，販売目標に定められた分は基本的に，義務として強制的に引取らせる傾向であった.

11）2009年，後任の馬徳驥が着任後，過渡措置として，一時的に「分網体制」をやめ，本社統括本部に地域責任者を置く「リージョン制」を導入した.

参考文献

〈日本語文献〉

塩地洋（2002）『自動車流通の国際比較―フランチャイズ・システムの再革新をめざして』有斐閣.

塩地洋・孫飛舟・西川純平（2007）『転換期の中国自動車流通』蒼蒼社.

孫飛舟（2007）「自動車産業」佐々木信彰編『現代中国産業経済論』世界思想社，154-179頁.

孫飛舟（2009）「中国自動車販売におけるグローバル競争と民族系の発展」上山邦雄編著『巨大化する中国自動車産業』日刊自動車新聞社，105-130頁.

田島俊雄（1998）「移行経済期の自動車販売流通システム」『中国研究月報』52(6)，1-30頁.

李澤建（2009）「奇瑞汽車の開発組織と能力の形成過程」『産業学会研究年報』(24) 125-140頁.

李澤建（2010）「中国自動車流通における相互学習と民族系メーカー発イノベーションの可能性」『アジア経営研究』No. 16，57-69頁.

〈中国語文献〉

『環球企業家』雑誌社（2005）『共享――跨国企業与中国企業未来十年的領先之路』中信出版社.

孔　翰寧（Henning Kagermann）・張　維迎・奥赫貝（Hubert Österle）（2008）『2010商業模式――企業競争優位的創新駆動力』機械工業出版社.

李　小強（1992）「論我国汽車造型設計的現状及対策」『汽車情報』（10）.

陶　建群（2005）「奇瑞：向人材要効益――奇瑞汽車有限公司系列報道之三」『時代潮』第1期，32-35頁.

徐　長明（2008）「中国民族汽車廠家与外資汽車廠家的競争力比較」日中自動車産業研究会（北京）配布資料.

第7章 持続進化と組織ルーチンのダイナミックス

1 はじめに

2000年代の量的拡大期において，奇瑞汽車が，自動車参入に対する許認可制度による先発優位に依拠して，勃興する廉価車需要と地方政府の強力な支持を推進力とし，新車開発能力を持続的に拡張させてきた．しかし，人材・技術・ノウハウなどの経営資源吸収および組織ダイナミックスによる効率化といった取り組みは，決して奇瑞汽車に独有な現象ではなかった．似た現象ないしプロセスがほかの民族系自動車メーカーの成長過程にもみられたが，量的拡大期において，研究開発力で奇瑞汽車を超える会社はなかった．しかし，旗手になった奇瑞汽車でさえ，2010年以後の嗜好向上期において，上級化を目指して発売した複数の新モデルがいずれも外資合弁メーカーとの接戦において不発に終わり，その成長モデルの限界性が次第に露呈しはじめたのである．他方，すでに前章で分析した通り，民族系自動車メーカー全体の市場パフォーマンスが低下しておらず，奇瑞汽車・比亜廸の低迷と対照的に，吉利汽車の返り咲きと一緒に，長安汽車や長安汽車などの新しい顔が民族系自動車メーカーの成長をけん引するようになった．本章では，民族系自動車メーカー陣営において，こうした旗手交替に注目し，吉利汽車の事例を題材に，民族系自動車メーカーの持続成長を可能にした要因を明らかにする．とりわけ，Top10に返り咲きを実現した吉利汽車の成長発展にも奇瑞汽車に類似した経営基盤拡張の取り組みを経験したにも関わらず，同社が奇瑞汽車の遭遇した成長ボトルネックをいかに突破できたかを説く．その際に，同社の成長過程を事例に，新興国企業の進化メカニズムを析出する．

2　参入初期の競争力優位の源泉

2.1　制度的先発優位

初期の吉利汽車の車試作は全て会長の李書福の下で進められた．自動車製造への参入のきっかけも，李書福が交通事故に遭ったことであった．1990年，深夜運転をしていた李書福が事故に遭い，大怪我を負った．「当時事故の際に運転していたポロネーズ[1]はあまりにも危険だと感じたため，中国人が自国の乗用車産業を有すべきと私は閃いた[2]」．以後，李書福は集団の技術者と共に，独学で自動車開発に必要な技術を研究し始めた．当時，研究手法として，主に「リバース・エンジニアリング」で，車を分解してその構造原理を理解しようとした．研究に使われたのはベンツ，BMW，トヨタの車であり，車種はスポーツカー，セダン，バスなど広範囲に及んだ．研究に取り込んだ技術には，エンジン，関連電子電気部品，AFS（Adaptive Front-Lighting System）等がある．車体構造の研究と共に，部品技術を研究するため，李書福が海外へ行く度，外国からハンドルやエア・バッグなどを持ち帰り，こっそり分解研究を進めていたこともある．技術を蓄積した後，1994年から李書福は本格的な試作車造りに挑んだ（**写真7-1**参照）．

当時，李書福の構想ではベンツのような高級車を造ることが目標で，自分が乗っていた「ベンツ」と部下の『紅旗』の新車を解体し，試作車を造った．試作車には『紅旗』のプラットフォームに外部から買ってきたエンジンユニットを搭載した．エンジンユニットとプラットフォーム間の調整（マッチング）はこれまで独学で得た知識を用いて自ら解決した．ボディのスタイリングはベンツを模倣し，板金工の手造りで完成させた．こうして，1994年に漸く第一号試作車「吉利1号」が完成した．しかし，当時の産業政策の下で，政府の許可なしには生産ができなかった．申請しようと試みたものの，民営企業として許可される見通しは殆どないため，やむを得ず量産化を断念した．

1994年，四輪車の量産化を断念した李書福は二輪車の生産に転じた．製品として，当時流行のモーターサイクルタイプの二輪車ではなく，国内生産されていなかったスクータータイプ二輪車に目を向けた．モデル車に対する「リバース・エンジニアリング」的開発を経て，国産初のスクーターの試作に成功し，一躍市場に火を付けた．その後，二輪事業は順調に拡大し，やがて1996

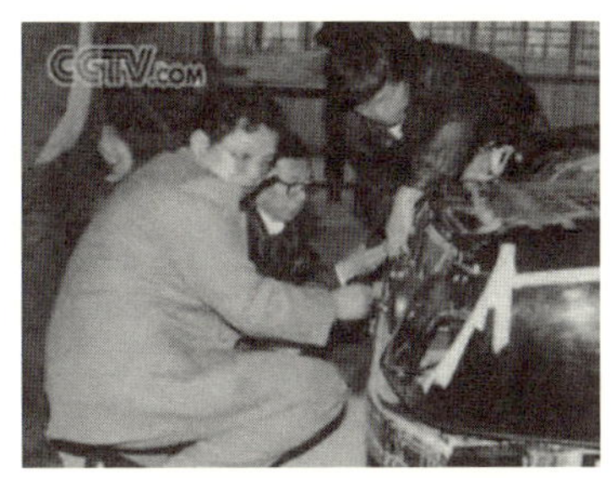

自動車技術研究―その1

自動車技術研究―その2

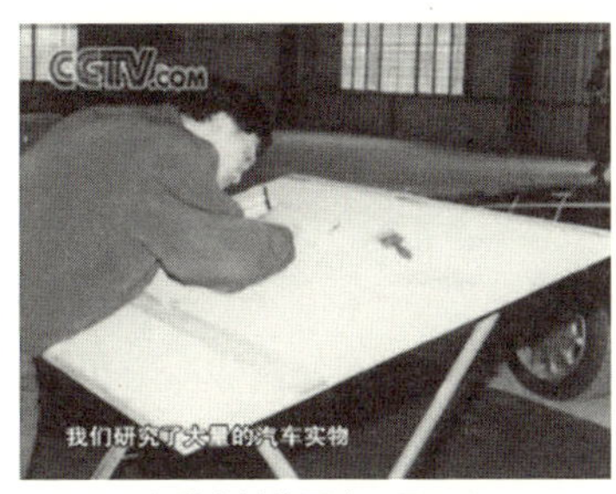

自動車技術研究―その3

自動車技術研究―その4

その5―「吉利1号」

その6―「吉利1号」

写真7-1　吉利汽車の試作期での自動車技術研究及び「吉利1号」の試作

出所：中国中央テレビ局（CCTV）テレビ番組『財経故事会――李書福：私が造った第一号の国民車』（2006年11月21日放送）より，筆者作成.

年には年間60万台を生産するようになり，吉利集団の中核事業までに成長してきた．こうしたオートバイともう1つの中核事業のジュラルミン製板の好調により吉利集団が急成長できた．その時，李書福は更なる事業展開先を求めて米国に赴いた．その際，米国における自動車台数の多さに一驚して，自動車を事業拡大の潜在的選択肢の1つとすることを再び考え始めることとなった[3]．前回の「吉利１号」のような高級車造り路線を変え，初めから目標を一般家庭用車の製造に決めた．そのために，打ち出したのは「三カ『五』計画」であった．この計画の意味するところは「100キロメーターあたり燃費５リッター，価格は５万元以下，５人乗り」というものであった．当時５万元以下の製品は全く存在せず，一番安い車であった天津夏利（ダイハツ・シャレードベース）や奥拓（鈴木・アルトベース）でさえ７，８万元を基本的な価格帯としていた．

生産許可については，「吉利１号」の失敗経験を踏まえて，自社で申請しても，当時の産業政策の制限により，認可される可能性はないことを承知していた．そのため，これまで二輪車生産への参入で得た経験，つまり，生産許可を持つ国営メーカーとの合弁事業を通して生産許可を手に入れた経験を活かし，1997年，自動車生産が許可されていた国有企業の「四川徳陽汽車廠」と合弁で「四川吉利波音汽車有限公司」（以下：「四川吉利」と略す）を設立した[4)]．それにより，政策上合弁会社の「四川吉利」が「四川徳陽汽車廠」の持つバス（６ナンバー）とトラック（１ナンバー）の目録（生産許可）を使用することで，車を生産することができるようになった[5)]．これで，「吉利１号」の時克服できなかった政策上の産業規制問題を合弁事業によって乗り越え，生産許可を入手した「四川吉利」が自動車の製造と販売をスタートする条件が揃ったのである．

しかし，「四川吉利」の設立で，生産許可の問題を解決したものの，合弁相手の「四川徳陽汽車廠」という工場は地元の刑務所に付属する施設で，刑務所の構内に位置していたため，生産条件が非常に劣悪であった[6)]．そのため，「四川徳陽汽車廠」の出資分を買い取り，1997年に生産工場を吉利集団の本拠地の浙江省臨海市に移し，企業名も「四川吉利波音汽車製造有限公司臨海分公司」に変更した[7)]．企業名の変更に伴い，製品目録での登録名称も「CJB6360」から「HQ6360」へと変わった[8)]．1998年８月８日第一号『豪情』（「CJB6360」）が臨海工場でラインオフされたが，水漏れ検査などの諸性能検査では殆どの製品が合格できなかった．その後，品質改善が最優先課題となり，14カ月かけて品質改善を施し，漸く1999年11月に市場販売に至った．それでも，新規参入が許可されない中，買収と名義変更によって参入を実現した吉利汽車の成長は止まることがなく，こうした制度的先発優位を生かして順調に規模拡大をしていった（**表7-1**参照）．

表7-1　吉利汽車生産台数の推移

(単位：台)

<table>
<tr><th>車　種　名</th><th>1998</th><th>1999</th><th>2000</th><th>2001</th><th>2002</th><th>2003（年）</th></tr>
<tr><td>軽トラック</td><td>369</td><td>2,226</td><td>64</td><td>61</td><td>—</td><td>—</td></tr>
<tr><td>吉利・豪情</td><td>1,548</td><td>3,885</td><td rowspan="2">14,530</td><td rowspan="2">24,804</td><td>26,015</td><td rowspan="2">52,543</td></tr>
<tr><td>美　　日</td><td>—</td><td>—</td><td>17,442</td></tr>
<tr><td>優利欧・華普・美人豹</td><td>—</td><td>—</td><td>—</td><td>—</td><td>—</td><td>28,741</td></tr>
<tr><td>合　計</td><td>1,917</td><td>7,011</td><td>14,594</td><td>24,865</td><td>43,457</td><td>81,284</td></tr>
<tr><td>JL376Q/MR479Q Engine</td><td>—</td><td>—</td><td>—</td><td>6,970</td><td>25,900</td><td>81,284</td></tr>
</table>

出所：『中国汽車工業年鑑』(1999-2004) より，筆者作成．

2.2　参入を可能にした社会的技術基盤

上記「三カ『五』計画」の方針に従い，新たな試作車造りに取り込んだ．試作プロセスでは，これまでの技術とノウハウを用いながら，主として天津夏利の車を「フォーカル・モデル」にして，「リバース・エンジニアリング」的手法で開発を進めてきた．出来た製品は後の「CJB6360」であった．**表3-10**で示すように，後に「HQ6360」へ標記を変更した「CJB6360」が，機能構造面では，天津夏利「TJ7101」と非常に類似していることが多々あったことがわかる．その原因は，前述の通り，やはり「CJB6360」の試作プロセスにあった．

1996年「CJB6360」の試作時，開発チームが7人しかおらず，そのうち技術スタッフは3人のみであった[9]．技術能力が極端に不足していた「試作期」に，「リバース・エンジニアリング」的開発方式で，天津夏利を模倣し，「CJB6360」(後の「HQ6360」) を試作した．天津夏利のハッチバック・モデル車を買い付け，「フォーカル・モデル」として分解し，定規と鉛筆で生産用図面を起こしたのである (**写真7-2**参考)．

ここで，強調しておきたい点が1つある．「CJB6360」の試作過程には，車体構造，部品に関連する図面起こしをしただけでなく，当時の天津夏利のサプライヤーについて調べたことも極めて重要である．つまり，エンジン，トランスミッションをはじめとする部品の天津夏利の調達先のメーカー名を突き止める作業も行われたのである．その結果，必要なエンジン，トランスミッションをはじめとする数多くの部品を天津夏利のサプライヤーから調達する手法を採用した．こうした寄生的調達戦略の実施で，初期の量産体制は自ら構築するよりもずいぶん容易になった．天津夏利のサプライヤーからの調達比率は実に

その1

その2

その3

TJ7101

その5

その6―李書幅と「CJB6360」

写真7-2　吉利汽車「CJB6360」試作

出所：中国中央テレビ局（CCTV）テレビ番組『財経故事会――李書福：私が造った第一号の国民車』（2006年11月21日放送）より，筆者作成.

2002年前後で95%になっていた[10]．言い換えれば，天津夏利のサプライヤーが吉利汽車の参入初期の成長を確実に支えていたのである．それだけでなく，天津夏利から部品を調達すると同時に，同社から多数の技術者も雇い入れた（雪，2006: 50）.

さらに，天津夏利の車種間でプラットフォームが共通する点を利用し，コン

表7-2 『美日』(MR6370) と『静雅』(TJ7131U) の比較

メーカー	吉利・寧波美日	天津夏利
駆動方式	FF	FF
最高時速 (Km/h)	145	165
燃費性能 (Km/L)	20 (60 km/h 走行時)	20 以上
長・幅・高 (mm)	3,670/1,620/1,386	3,995/1,615/1,385
ホイルベース (mm)	2,340	2,340
輪距—前／後 (mm)	1,385/1,365	1,385/1,365
エンジン	8A-FE (L4,16V)	8A-FE (L4,16V)
排気量 (cc)	1,342	1,342
最大出力 (Kw/rpm)	63/6,000	63/6,000
最大トルク (N.m/rpm)	110/5,200	110/5,200
圧縮比	9.3：1	9.3：1
トランスミッション	5MT	5MT
車体整備重量 (Kg)	847	890
販売価格 (万元)	6.58	8.25

出所：『美日』—「中国汽車工業年鑑」2001 年版.「静雅」—「第一汽車網」[www.qiche.com] 2008 年 6 月 18 日閲覧より，筆者作成.

パクトカーの『豪情』と同様の手法で，エコノミーカーの『美日』が開発され，2000 年 5 月 17 日，第一台の『美日』(MR6370) がラインオフされた (表 7-2 参照)．2000 年 1 月，天津豊田汽車発動機公司と 8A-FE エンジンの購入契約を結び，天津夏利の TJ7131U と同型の 8A-FE エンジンを『美日』(MR6370) に搭載した．

2.3 「リバース・エンジニアリング」的開発と「寄生式調達」はなぜ容認されたか

経済史を振り返ると，後発発展国のキャッチアップ工業化の過程において，知的財産権に関連する法整備の遅れや，政府が積極的な保護姿勢を取らなかったことが日欧諸国の発展経緯に少なからずあったことがわかる．当時の中国では，知的財産保護制度が充分整備されていなかった．この点は現在でも基本的には変わっていないといえる[11]．通常，工業製品の部分意匠に関する特許保護に対し，世界各国では様々な制度を採用している．日本，米国では工業製品の部分意匠に対し，保護の姿勢を示しているが，イギリスでは保護しない姿勢を示している．中国もイギリスを参照し，知的財産権制度では工業製品の部分意匠を保護しない姿勢を採用している．[12]

次に，天津汽車工業集団公司内部では余剰部品生産力があった．1995年から，天津夏利轎車では「15万台拡大建設プロジェクト」が始まった．1997年2月に完了したこのプロジェクトで，天津夏利轎車は生産能力を15万台，エンジン生産能力を20万台までに拡大した．同時期の販売実績と比べ，生産能力が大いに余剰した．[13] そのため，競合製品を生産している吉利汽車の調達に対し，天津夏利が2001年に販売不振に陥ってから，初めてサプライヤーにエンジンをはじめとする諸部品の吉利汽車への供給を停止するようにと指示を出したのである（韋，2007）．

2.4 「寄生式調達」の優位性とジレンマ

天津夏利のサプライヤーに依存し，天津夏利の車種を「リバース・エンジニアリング」で模倣して開発した『豪情』の総開発費用は僅か300万元であった（雪，2006: 49）．開発費用を低額に押さえた吉利汽車は工場建設においても最小限の投資しか行わなかった．例えば，1997年「浙江豪情汽車製造有限公司」の「臨海生産基地」は，年間2.5万台の生産能力の工場に3億元を投資した．1999年『美日』を生産する「寧波生産基地」は，年間5万台の生産能力の工場に7億元を投じ，着工から9カ月で完成させた．[14] これは外資との合弁プロジェクトに比べ，極端に小額の投資で，部品調達と人件費の要素を除いても固定資産の償却額を削減し，コスト面での競争優位を獲得できた．[15]

1999年11月『豪情』の販売開始以来，吉利汽車が自社製品の「国民車」という認識を確立させるため，低コストの競争優位を利用し，価格引下げが頻繁に行われた．2000年9月8日にJL6360型（『豪情』）製品の最低価格を3.78万元に引き下げ，中国国内轎車製品の最安値を記録した．2001年5月9日，発売直後の『美日』の価格を6.58万元から，5.99万元に引き下げ，1300 cc級轎車の国内最安の製品となった．[16] しかし，エンジンをはじめとする部品調達が天津夏利に依存している以上，コスト引下げ戦略には限度がある．吉利汽車内部で，低コストの競争優位を維持するため，コスト上大きな比率を占めているエンジンをはじめとする基幹部品の内製化や自社独自のサプライヤーの確保が，規模拡大に伴い，喫緊の課題となってきた．

3　戦略的構造転換
——資源内部化と組織学習——

ここでの「構造転換」には２つの意味がある．天津夏利への依存から自社独自のサプライヤーへの「構造転換」と製品開発の「リバース・エンジニアリング」式模倣から自主開発への「構造転換」である．しかし，この二つの「構造転換」は表裏一体の関係にあるとも言える．つまり，「依存」という制約から脱出するためには，自社の開発力を育てなければならないからである．自社の開発力を育てることによって，新たに開発した部品を自社あるいは新たな調達先から調達することができる．そして，新製品の開発と共に，サプライヤーの「新陳代謝」も可能となった．もちろん，前述した内部要因以外に，外部要因として，市場競争やトヨタ自動車との裁判などの理由で従来の「依存」調達が次第にできなくなった面もある．以下では，より具体的に吉利汽車が「戦略的構造転換」に至る要因を分析してみる．

3.1　基幹部品の内製化と自社独自のサプライヤー・システムの構築

1997年，「四川吉利波音汽車製造有限公司臨海分公司」の生産をサポートするため，吉利集団が「吉利集団台州汽車零部件聯合有限公司」（以下：「台州零部件公司」と略す）という部品会社を設立した．「台州零部件公司」の傘下に，以前の二輪サプライヤーから四輪のサプライヤーに転身した企業と新たに地元の台州の資本家が設立したサプライヤーを置いた[17)]．しかし，こうした企業は以前自動車部品を生産した経験がなく，殆どが「CJB6360」の試作と共に，分解した天津夏利の部品を「フォーカル・モデル」として「リバース・エンジニアリング」で模倣し，操業し始めた．天津夏利のTJ376Qエンジンのスペックとほぼ同じJL376Qエンジンまで開発した．JL376Qエンジンができたとはいえ，1999年『美日』の試作時，そのエンジンに品質問題があり，そして量産化に至っておらず[18)]，更に排気量も少ないために，JL376Qを使わず，あえて，天津夏利TJ7131Uと同様，天津豊田汽車発動機公司が生産した8A-FEエンジンを使用した（**表7-2**参照）．8A-FEエンジンを採用した背景には『豪情』に定着しつつある低級車イメージから脱出しようとする李書福の思惑もうかがえる（雪，2006: 79）．しかし，販売台数を伸ばすため，『美日』の販売においても，低価格路線に走り，値下げが繰り返して行われた．2001年3月，発売開始の際に，価格が6.58万元に設定され，5月に5.99万元に引き下げ，12月には5.55万元になった．その後も価格の引下げをやめることはなかった[19]．前出通り，2000年以前の吉利集団のサプライヤーの部品生産は「リバース・エンジニアリング」による模倣部品の小規模操業であった．よって，当時吉利汽車が規模拡大・品質維持を行うため，部品調達を天津夏利のサプライヤーに依存せざるを得ない面もあった．しかし，天津夏利のサプライヤーからの調達価格は，それを天津夏利へ納入した価格に比べ割高で（叶・朱，2006），しかも，天津夏利のサプライヤーからの値上げ要請もしばしばであった．それが故に，それまで吉利汽車が築いた低コスト優位が維持できなくなっていた．例えば，8Aエンジンの調達価格は最初に1.75万元で，2000年以後『美日』生産の規模拡大につれ，調達価格が2.2万元に引き上げられた．しかし，当時1.75万元の調達価格でも既に完成車1台あたり5000元の赤字が出ていたため，2.2万元であれば，吉利汽車の経営に更なる大きな圧迫を与え苦しめたに違いない．

また，2002年12月には，日本のトヨタ自動車が8Aエンジンの使用と『美日』のロゴ・マークに関わって，「商標権侵害」を理由に吉利汽車を訴えた．これをきっかけに，吉利汽車に対する，天津豊田汽車発動機公司からの8Aエンジンの供給が打ち切られた．こうした制約がエンジン内製化のきっかけとなった（叶・朱，2006）．

2000年に，吉利汽車が人材を誘致したうえ，「吉利汽車研究院」を設立し，「リバース・エンジニアリング」式模倣からの脱出への第一歩を踏み出した．同じく2000年，8A-FEエンジンを「フォーカル・モデル」としてMR479Qエンジンの開発をも始めた．吉利汽車研究院，上海交通大学，聯合汽車電子有限公司（UAES：ボッシュの現地合弁会社）からなる開発チームが2003年3月まで，4年をかけ，MR479Q（1.3リッター）の試作だけではなく，MR479QをベースにMR479QA（1.5リッター），MR481QA（1.6リッター），JL481Q（1.8リッター）のエンジンのシリーズ化にも成功した．MR479Qエンジンの試作では，8A-FEエンジンの点火措置の改良が重点となった．従来，8A-FEの点火措置には構造が複雑で，高価な電子部品――ディストリビューターが使われていた．吉利汽車ではこうしたディストリビューターによる点火機能を，設計点火順序を変えることによって，2つの安価なイグニション・コイルで実現させた．その結果，シリーズ・エンジンの内製・量産化に成功した．さらに，

表7-3　MR476Qエンジンと8A-FEエンジン比較

エンジン	MR476Q	8A-FE
メーカー	吉利	TTME
エンジン仕様	DOHC-L4,16V	DOHC-L4,16V
長・幅・高（mm）	647/589/653	650/595/635
内径・行程（mm）	78.7/69	78.7/69
排気量（cc）	1,342	1,342
最大出力（Kw/rpm）	63.2/6,000	63/6,000
最大トルク（N.m/rpm）	109.8/5,200	110/5,200
圧縮比	9.3：1	9.3：1
最小燃料消費率（g/kWh）	259以下	280以下
出力密度（Kw/L）	46.94	46.94
点火順序（数字：気筒番号）	1→4→2→3	1→3→4→2

注：TTME：天津豊田汽車発動機有限公司.
出所：8A-FE：『大衆汽車』1998年第4期．MR476Q：各マスコミ報道より，筆者作成.

8A-FEエンジンより，低コスト[20]で燃費面でも優れた性能を得た（**表7-3**参照）.

エンジンの内製化の成功と共に2002年から，後継技術蓄積として，より高性能な連続可変バルブタイミング機構（CVVT: Continuous Variable Valve Timing）搭載エンジン，自動変速機（AT: Automatic Transmission），電動パワーステアリング（EPS: Electric Power Steering）などの基幹部品の開発をスタートさせた．そして，それぞれ2004年6月にEPS[21]，2005年5月に自動変速機[22]，2006年3月にCVVTエンジンの開発が完了した（叶・朱，2006）．基幹部品の内製化に伴い，新たなサプライヤーが開拓され，吉利汽車は天津夏利のサプライヤーへの依存から徐々に脱出し，自社独自のサプライヤーへ切り替えはじめた.

吉利集団の本拠地の台州は1970年代から農業用機械の部品生産，そして，1990年に入ってからは二輪の部品生産の集積地として知られている（梅・王，2006）．こうした既存の産業基盤を利用し，吉利集団の四輪参入と共に，前述した「台州零部件公司」の下で，吉利集団の四輪事業への納入を目的とする部品製造への新規参入が見られた．以下，いくつかの事例を紹介する[23].

まず，「上海威楽汽車空調器有限公司」（Shanghai Velle Auto Air-conditioning Co., Ltd，以下「上海威楽」と略す）というサプライヤーの事例から見てみよう.

創業者は李書福と同じく台州の出身で，吉利集団の四輪参入を知り，サプライヤーとして，ビジネスに加わりたいと考え，投資を計画した．当時，上海威楽の創業者は貿易に携わっており，自動車用空調機の業界に人脈があったため，李書福から空調機の生産が任された．1999年上海に会社を立ち上げ，「リバース・エンジニアリング」によって空調機の試作を開始し[24]，以後2000年代を通して，吉利汽車のキー・サプライヤーに成長している．吉利汽車の「自主開発」の技術要請に応じる形で，2003年から，毎年純利益から多額な資金を研究開発に投じ，自社の技術力向上を図っている．更に，吉利汽車からのコスト削減要求にも応じ，毎年20%前後の価格引下げを自主的に行っており，吉利の低価格競争優位を底から支えていた．その比較的低コストに関して例を挙げよう，一汽VWで生産しているボーラ（Bora）へ1台あたり6000元で空調機を納品しているサプライヤーが吉利汽車に3500元の希望価格で納品しようと提案したが，上海威楽はそれより更に安い価格を提示したため，その提案が拒否された．

上海威楽での低コスト優位性の理由は何か．実は，上海威楽では，空調機に必要な100数個の部品のすべてを社内で研究開発・試作をし，内製しているため，外部調達の必要がない．極端な内製体制によって，低コスト優位性を達成していたからである．更に，同社が吉利に低価格で納入する一方，2倍の価格で積極的に輸出を行い，収益を確保する体制をとっている．2006年，同社はアメリカのアフターマーケットだけでも1000万ドルの収益を見込んでいた．

次に，吉利汽車にワイヤ・ハーネスを納入しているサプライヤーの事例である．このサプライヤーは吉利の「自主開発」に応じ，第一汽車から50万元で技術者を引き抜き，吉利汽車研究院にゲスト・エンジニアとして駐在させ，ワイヤ・ハーネスの並行開発を担当していた．このように吉利汽車の四輪参入の後，上海威楽と同様の経験を持ち，サプライヤーを新規事業として参入してきた事例が他に多数存在している．

更に，「台州軒金車灯製造有限公司」（以下：「軒金車灯」と呼ぶ）というライト部品のサプライヤーの事例を見てみよう[25]．1999年創業者の劉宗良が会社を立ち上げ，当時の吉利汽車と提携し，コアサプライヤーとなった．しかし，設立当時，車用ライトの製造について技術がなかったが，李書福からの「絶対に高品質なライトを造ってみせよ」という期待に応えるため，轎車用ライトの試作を始めた．2000年頃の中国では，石英ガラスが使用されるハロゲンランプ

(halogen lamp) の前照灯技術が次第に市場でセールスポイントになり始めていた. それを受け,「軒金車灯」もハロゲンランプをターゲットにし, 試作することに決めた. 当時, 類似製品を製造しているメーカーが全国では7社の外資会社のみで, 技術が完全に封鎖され, 参考にできる手本すらなかった. こうした状況の下, 日本の小糸製作所から長期勤務経験を持つ中国人エンジニアを誘致し, スタートを切った. しかし, 当時の中国国内には開発の中核技術に必要な光線制御の光学知識とノウハウが全くなかったため, ひたすら試行錯誤学習に頼らざるを得なかった. 一連の実験の末, 8カ月後に漸く製品試作に成功し, 2000年には『豪情』に応用した. 事実上, 競争相手の天津夏利の競合製品より14カ月も早く新技術を採用したことで,『豪情』の販売拡大に大いに貢献した. 2006年, キセノン (Xenon) ガスを使ったディスチャージヘッドランプ (discharge headlight, 放電式ヘッドライト) が市場で注目されたことを機に,「軒金車灯」がHIDランプの試作を始めた. 難関の2万V電圧発生措置の小型化に成功し, 2006年8月に発売開始の『金剛』に搭載した. 以後,「軒金車灯」は中国国内初のAFS (Adaptive Front-Lighting System, 配光可変型前照灯システム) の試作にも取り組むようになった.

こうして, 四輪参入の後, 基幹部品の内製化や「製品開発能力」を有する自社独自のサプライヤーの囲い込みによって, 吉利汽車の内部における「構造転換」の原型が次第にあらわれはじめた. しかし, 2004年以後, 生産している車種数の増加と共に, サプライヤー数も急増し, サプライヤーの管理と選定が逆に課題となって顕在化しはじめた.[26]

2001年前後, 吉利汽車と取引しているサプライヤーの数は400社以上であったが (雪, 2006: 49), 2004年その数が200数社へ減少した (吉利集団, 2006). このうちの半数の100社以上のサプライヤーに対し, 吉利汽車が資本参加で経営支配権を握っている.[27] こうして, 自社独自のサプライヤー・システムの構築によって, 2002年前後,『美日』,『豪情』を製造した時, 吉利の部品の95%を天津夏利のサプライヤーに依存していたのに対して, 2006年では天津夏利のサプライヤーの比率は全体の1%まで低下した (叶・朱, 2006). こうした自社独自のサプライヤー・システムの構築の成果は, 2006年8月に発売された新車種の吉利『金剛』の部品調達に変化として反映されている.『美日』,『豪情』と比べ, 吉利汽車の社内では次世代製品として位置づけられた『金剛』に使われている延べ1332種類の部品 (ユニット) のうち, 334種類が吉利汽車で内製されており，本拠地の台州地域からの域内調達率は45%になっている（梅・王，2006）．

3.2　組織学習と組織ルーチンのダイナミックス

3.2.1　人的資源の欠如

「構造転換」を進めるために，人材の招聘・誘致と育成が積極的に行われた[28]．例えば，研究機関の「吉利汽車研究院」，「上海華普汽車研究院」，「吉利汽車済南研究院」，「吉利汽車造形中心（デザインセンター）」，「発動機研究所」，「変速機研究所」，「汽車電子電気研究所」に，大学の「北京吉利大学」と「海南大学三亜学院」，そして，技師学校の「浙江汽車職業技術学院」，「浙江汽車工程学院」が相継ぎ設立された．こうした研究教育機関による人材の育成と共に，**表7-4**のように，政府関係者，業界他社のトップ経営者，優れた技術者を次々と吉利集団に招聘（引き抜き）した．ただ，ここで留意すべき点として，前述した同時期の奇瑞汽車が囲い込んだ技術人材に比べ，当時吉利汽車が獲得できた人的資源は自主開発体制へ向かうために，量・質とも劣っていたのである．

3.2.2　設計開発能力の組織的体系的な囲い込み

「リバース・エンジニアリング」的模倣から脱出するために必要とされた体系的知識とノウハウは合同開発によって，導入が図られたが，先行する奇瑞汽車の取り組みと大きく異なる部分も無視できない点があると，ここで強調しておく．以前から構想していた新しいミドルクラス車種の『自由艦（CK-1）[29]』の開発プロジェクトが2002年社内に正式許可された．それと同時に，2002年12月に吉利集団が設計会社のイタリアZTCAグループ，貿易会社の韓国大宇国際株式会社，自動車製造設備メーカーの韓国宇信会社，金型メーカーの韓国塔金属会社，設計会社の韓国CES社，ドイツRucker社とそれぞれ合同開発に関する一連の提携契約を交わした[30]．2002年プロジェクトが正式に始動した時，『自由艦』のモデル・カーもすでに出来上がっており，2003年ZTCAグループの設計案から更にいくつかのデザイン要素を吸収し，試作車を完成させた．2003年から，社内にで，吉利汽車の技術者が韓国CES会社から派遣された30数名の韓国人技術者と200人の開発チームを組み，新しいプレス金型，ケージと部品の開発設計，溶接ラインと部品の開発設計，SE（Simultaneous Engineering）活動に関するモデル・カー段階から量産化へ移行する過程における製造技術設計関連の諸プロセスを合同で行った．合同開発設計によって，コンセプ

表 7-4　吉利汽車参入初期の人材取得状況（2007 年時点）

名　前	担　当	職務経験
徐　剛	吉利集団総裁兼 CEO，上海華普董事長	台州市黄岩区税務局局長
柏　陽	吉利汽車 CEO（2003 年 2 月離職）	瀋陽金杯客車製造公司企画部経理
南　陽	吉利集団副総裁	上海納鉄福伝動軸公司総経理，上海大衆汽車公司総経理
瀋　奉燮	吉利集団副総裁（R&D 担当）	韓国自動車工程学会会長，大宇自動車副総裁，同研究院長
展　万金	吉利集団副総裁	一汽大衆公司商務総経理，一汽金杯集団董事総経理
藩　燕龍	吉利集団総工程師.	南京フィアット汽車総工程師，同工程中心主任
楽　易漢	『美人豹』設計開発担当，美人豹汽車公司（販社）副総経理	武漢工業大学副教授
蒋　書彬	吉利汽車寧波公司総経理	一汽大宇総経理，一汽技術中心主任
楊　建中	吉利汽車技術顧問	一汽轎車分廠設計科高級工程師，長春汽車研究所副総工程師（Deputy Chief Engineer），初代『紅旗 CA770』リムジン用エンジン設計担当
華　福林	吉利汽車寧波公司総工程師兼技術部長，『遠景』開発総責任者	変速機専門家，長春汽車研究所副総工程師・初代『紅旗 CA770』リムジン用シャーシ設計担当
智　百年	吉利汽車研究院常務副院長	一汽轎車分廠副総工程師
徐　浜寛	吉利自動変速機研究所長，吉利汽車寧波自動変速機廠総経理	天津歯輪（ギア）廠総工程師，「国家自動変速機プロジェクト（2000 年）」電子電気組リーダー
趙　福全	吉利集団副総裁兼吉利汽車欧米公司総経理	クライスラー R&D 部門 Project Director
王　徳倫	吉利汽車研究院副院長	クライスラー Technical Senior Chief，重慶力帆汽車研究院長
祁　国俊	吉利集団総裁補佐，上海華普汽車研究院長	クライスラー技術センター PE，奇瑞汽車工程研究院副院長
梁　賀年	吉利汽車済南研究院長	長城自動車副総経理（技術担当）
呉　錦	吉利研究院副院長	クライスラー技術センター Project Director
張　彤	上海華普汽車研究院副院長	独 Siegen 大学研究員，独 YACHT

出所：路風・封凱棟（2005）『発展我国自主知識主権汽車工業的政策選択』北京大学出版社，吉利汽車ホームページ［http://www.geely.com/news/detail/23968.html］2008 年 6 月 24 日閲覧，筆者作成．

ト設計から量産化までの開発設計に関連する知識とノウハウをシステマティックに導入することが図られた．そして，2005年6月に販売開始した『自由艦』は吉利汽車にとって正規設計プロセスの全てを通って開発した初製品である．同時期に，同様な合同開発が『金剛（LG-1)』と『遠景（FC-1)』も行われ，主にデザインと金型の製作を外注し，車台関連のレイアウト調整や電気系統の設計などは主に吉利汽車が担当するという分業体制を採用していた．こうした一連の合同開発により，個々のサブシステムに関する技能より，むしろCAD/CAE，SE（Simultaneous Engineering）活動と開発管理などの全体の開発プロセスのマネジメントノウハウを体系的に吸収できたのである．この点は前述した奇瑞汽車での合同開発と類似する共通点がある．

その後，2006年に着手したのは2009年に発売された『帝豪EC7』である．このモデルはオーストリアのMAGAN STYER社と韓国DPECO社との共同開発によって生まれた製品ではあるが，立ち上げから，量産まで製造基地の総経理を全部韓国人を責任者に据え，一任したのである．従来，中国民族系メーカーの外部委託設計開発において，最初の企画案にあった設計情報が外注で出来上がったとしても，量産に向けて，社内部門の間の葛藤やサプライヤーとの癒着などにより，最初の品質要求に対する妥協がしばしば発生してしまったのである．この課題を解決すべく．製品開発だけではなく，品質管理から，経営管理まで韓国側に任したことで，随意的な妥協を回避できるだけではなく，品質要求を厳格執行するための経営ノウハウを含める組織学習によって，妥協を容認する組織ルーチンを改めることができたのである．吉利汽車のこうした取り組みから，もしも進化メカニズムとして抽出できる特徴があるならば，それを一言で概言すれば，「新規吸収した異質の部分に対して，既存組織内でそれを同化して，増強形態で成長するのではなく，むしろ次なる進化の主導権を，その異質的な部分に完全移譲し，既存組織を解体させ，それに適応させたうえ，新たな変身形態を手にする」というものであろう．これまで，同化→増強形態という成長路線を選択する多くの民族系メーカーと異なり，組織ルーチンを体系的に導入し，適応→変身形態を辿る吉利汽車の進化メカニズムは現に，業績面において，他の民族系メーカーと比較して返り咲きを実現し，リードし続けているゆえんではなかろうか．

2010年に，吉利汽車がボルボを買収し，両者の経営統合をはかり，2013年，200億元を投資してスウェーデンのGothenburgにChina-Euro Vehicle Tech-

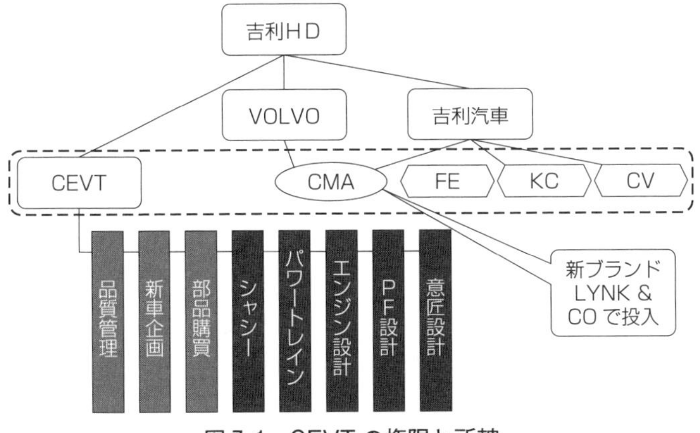

図 7-1　CEVT の権限と所轄

出所：筆者作成.

nology ab（CEVT）を設立した．同技術センターは，現時点では，2200 名の社員を有しており[31]，スウェーデンに 1700 名で，吉利の本社が所在する杭州に 500 名を配置した．CEVT は吉利グループ内において，新車企画，品質管理，そして部品購買などの統括まで任された．買収前に存在した社内の司令塔ではなく社運を左右する重要な経営判断まで CEVT に任す理由はプラットフォームデザイン戦略[32]を推進することにより，吉利汽車の持つコスト優位とボルボの持つ技術優位との融合を図るためである．例えば，吉利汽車の上級化戦略を担う新しいブランドの LYNK&CO（領克）とボルボの XC40 が共通して使用する CMA プラットフォームは CEVT が担当したのである（**図 7-1**）．

他方，適応→変身形態の取り組みについて，吉利汽車社内ではボルボ汽車との間で，直接的融合も日に深まっている．プラットフォームの共有，部品の共通化設計，部品の共同購入[33]，製造現場の品質管理統一など，技術的なサポートだけではなく，吉利汽車に対するボルボの支援が CEVT を通じてブランディングからオペレーションまで及んでいる．このように，吉利汽車の内部では，技術から経営までにわたり，積極的にボルボ側と相談する一方，ボルボの設計品質基準や仕事流儀と理念まで積極的に導入し，ボルボ化を推進している．例えば，ボルボとの日常的交流について，吉利汽車の社内では「声出しキャンペーン」を推進し，「隠さず自分の意見を先方に伝えよう；納得いかなくとも先方の意見を聞き入れよう」という方針で，ボルボの組織ルーチンを積極的移

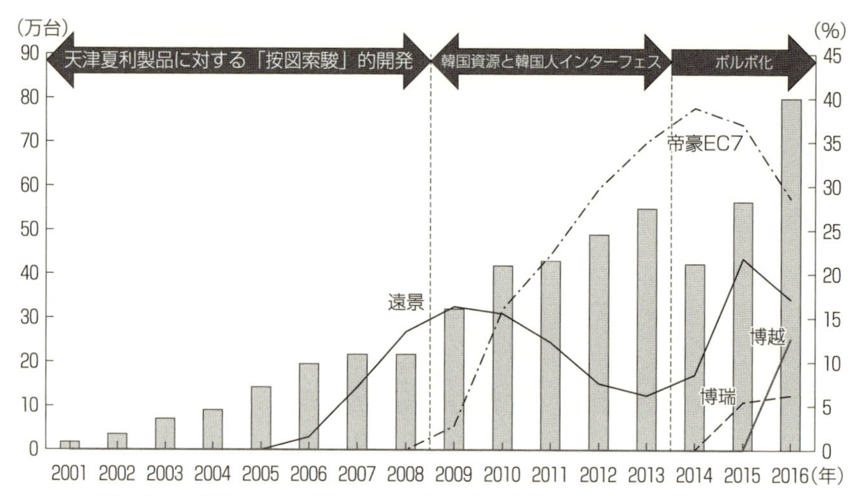

図 7-2　吉利汽車の年間乗用車販売台数の推移と組織ルーチンの変化

出所：販売データは中国汽車技術研究中心（CATARC）より，筆者作成．

植しようとしている．

ごく簡単に，成長段階ごとに，吉利汽車の販売台数と組織ルーチンの特徴をまとめると**図 7-2** になる．参入初期におけるフォーカル・モデルの技術情報だけではなく，部品も同様に天津夏利のサプライヤーから調達することで，「複写」というより，むしろ「復元」に近い製品の開発方式で，全体最適を図るための組織づくりに関する調整作業はさほど死活の問題ではなかった．いわば，按図索駿の如き，分解サーベイによって得た部品表を手掛かりに，必要な部品を確保できた点が市場勃興期に最初の企業成長を実現できた要因といえよう．後に，天津夏利のサプライヤーシステムからの部品調達が途切れると，同様な部品を自ら構築したサプライヤーシステムからの調達へ切り替えが奏功し，成長維持ができた．が，拡大成長するには，やはり新しい製品の開発，とりわけ，オリジナル製品開発が避けては通れない挑戦である．ここで，個々の部門の持つ組織能力の向上はもちろんだが，全体最適化を実現させるための組織ルーチンが持続進化の緩急を決めるボトルネックになる．いわゆる，部門間のコンフリクトに対する調節ルーチンの効率性と合理性である．新モデルの開発業務を外部企業へ委託することは，中国民族系自動車メーカーの間では，よくみられる．しかし，図面が交付された後，生産準備段階や発売直前に不本意ながら修正されることもしばしばみられる．新モデルの勝敗の最終責任は役員にあるため，役員の好みに合わせる設計変更だったり，生産技術の「わがまま」による勝手な変更だったりして，理由は千差万別である．つまり，組織間の利害関係をいかに調整するかに関して，確実な組織ルーチンが存在しない民族系自動車メーカーにとって，いずれも事後的な検証を待たなければ，各々の決定の妥当性は事前に判明できなかったのである．

そのため，新モデルの開発だけではなく，市販までの全プロセスの意思決定権も韓国人技術者に託し，韓国人チームの持つ組織ルーチンを利用して，自社内の組織ルーチン不全問題を補おうとした点は，吉利汽車を持続進化へ導く分岐点である．換言すれば，韓国チームの持つ組織ルーチンで，民族系自動車メーカーの委託設計の例で頻繁にみられた随意的設計変更を抑え，設計品質を最大限に実現できたのである．しかし，この取り組みも，『帝豪EC7』の単一車種の開発にかかわる部門間の調整に限られたため，部分最適なものに過ぎないと言わざるを得ない．

失敗が積み重なっていけば，経験値が上がり，全体最適化を促進する組織能力の結成につながる組織ルーチンが現れるが，ボルボの買収によって，吉利汽車に時間を節約できる機会が訪れた．開発から販売までの組織ルーチンだけではなく，経営企画から戦略立案までの経営統合が，吉利汽車の社内において，全体最適に向かう組織ルーチンを結成させ，持続進化につながる組織能力をいっそう強化したのである．

4　おわりに

以上，検討してきたように，吉利汽車の低価格競争優位の基盤は，初期は天津夏利から部品を調達しながら，開発・製造面への投資を極端に抑えたことによって，後に基幹部品の内製化と資本参加で主導権を握る独自のサプライヤー・システム構築へと転換した．これは前章で分析した奇瑞汽車の一連の取り組みと共通する側面である．

しかし，奇瑞汽車をはじめ，SUV市場以外では上級化の進展が見られない民族系自動車メーカーと対照的に，**図4-10**で言及した通り，現状では，吉利汽車が，廉価車市場において，『遠景』をもって競争優位を維持しつつ，『帝豪EC7』を皮切りに，上級化を着実に推進している．外資合弁企業の車種が優位に立つセダンタイプ乗用車市場では，例外的な存在ともいえよう．高いコストパフォーマンス性の実現が上級化の成功に導いた要因であると容易に理解できるが，ここに問うべき問題は，なぜほかの民族系自動車メーカーが同様なパフォーマンス性を出せなかったのかという点であろう．換言すると，品質の作りこみに関して，吉利汽車とほかの民族系自動車メーカーとの間に，なぜこれほど大きな能力のギャップが生まれたかという問題であろう．容易に内部化できる外部経営資源に比べ，組織能力の拡張が困難であったことが起因として考えられる．前章で論じた奇瑞汽車の組織ダイナミックスでは，組織変革をもって，機能障害に陥った古い組織ルーチンを破壊し，販売不振からの脱却を図ったのだが，新たに構築された組織ルーチンが前より進化したという根拠はどこにもない．概して低価格競争を喘いでいる民族系自動車メーカーにとって，品質作りこみの際に，厳しいコスト制約を受けて，各品質スペックのメリハリを最適につけるための能力は長年の経験がないと生まれてこないものである．こうした能力的ボトルネックについて，吉利汽車が外部から組織ルーチンの移植を通じて，短期間で克服しようと試みた．とりわけ，ボルボの買収によって，こうした組織ルーチンの移植は品質の作りこみより，企業経営までさらに広く展開され，企業全体の組織能力の底上げにつながったのである．

注

1）ポーランド自動車メーカーFSOが1978年に初めて導入した乗用車モデルで，2002年まで生産され続けた．その間，複数の海外市場にも輸出した．

2）中国中央テレビ局（CCTV）テレビ番組『財経故事会――李書福：私が造った第一台目の国民車――』（2006年11月21日放送）（李書福と当時関係者へのインタビュー番組）．

3）中国中央テレビ局（CCTV）テレビ番組『新聞会客庁――李書福インタビュー――』（2004年6月17日放送）．

4）「四川吉利波音汽車有限公司」の設立において，吉利集団が資本金1400万元の出資で70％の株を取得したのに対して，「四川徳陽汽車廠」側が保有している目録（生産許可）と設備を現物出資で30％の株を取得した．

5）生産目録に関する詳細な説明は第3章に参照．

6）例えば，日常の出入りは非常に不便であった（田・李，2001: 22-32）．

7）1999年12月に「浙江豪情汽車製造有限公司」へ再度変更した

8）産業政策上，企業名変更に伴い，製品目録に登録した製品名のメーカーを表す部分を同時に変更する必要がある．つまり，川（Chuan），吉（Ji），波（Bo）の中国発音の頭文字から「四川吉利波音汽車有限公司」を表すCJBを，「浙江豪情汽車製造有限公司」を表す「HQ」（豪情 HaoQing の頭文字）に変更した.

9）「吉利之道研究開発編」［http://auto.thebeijingnews.com/0903/2006/11-17/018@100543.htm］2007年11月10日閲覧.

10）「2002年前後,『美日』,『豪情』を造った時，吉利の部品の95%が夏利のサプライヤーに依存していた.」（孫，2007: 53).

11）中国で知的財産権を保護する法律として「著作権法」,「商標法」と「専利（特許）法」がある．工業製品の知的財産権，特に外観設計の保護に対して上記3法には共に言及した内容があるものの，唯一有効な保護を提供できるのは「専利法」だけである．他の2法は限定的な保護しか与えていないことは事実である．詳しくは林（2007）を参照．一方,「専利法」の中でも外観設計（意匠設計）の申請に対し，審査方式が書類審査という形式審査だけにとどまり，申請内容が他の製品の権利を侵害しているかどうかに対する実質審査を行わない問題点が存在する．中国政府が1985年に「専利法」を公布して以来，同法に対し1992年と2000年に二度の全面改正を行い，更に2005年4月から第三回の全面改正を実施したことにより，知的財産権への保護を重視する姿勢を見せたが，上記問題点を克服しない限りは，中国知的財産権保護制度が完備したとは言い難い.

12）雪（2006: 99-100）を参照．また，補足として，ここでの類似した結論を出した分析を，岩井（2005）を参照すること．英国におけるデザイン保護に関して,「保護対象は，1988年法では，視覚に訴える（eye-appeal）完成品で，部分意匠や must match 意匠は認められなかった．2001年法では，eye-appeal 要件及び must match 除外要件が削除され，部分意匠や修理用部品も登録可能となった」（岩井，2005: 45).「部分意匠，グラフィック・シンボル，アイコン等の扱いが，欧州，米国，中国において，それぞれ異なる結果となっている」（岩井，2005: 52).

13）天津夏利は1996年に7万8828台，1997年に9万4925台，1998年に9万9834台を販売した.

14）必要な設備を社内製造や，台湾の中古設備で賄い，短期間，小額投資で工場を建てた．しかし，こうした投資は工場現場労働者の労働条件が一部犠牲となった．例えば，当時，工場に冷暖房設備が完備されなかった（雪，2006: 48).

15）東風汽車と仏シトロエンとの合弁プロジェクトの「神龍汽車」の建設は5年間で150億元が費やされ，実際に生産された製品の価格に，台あたり利息負担額だけでも1万元前後が含まれていた（雪，2006: 48).

16）当時，頻繁な値下げによって，天津夏利の競争車種との価格差が一時2～3万元にも及んだ.

17）当初傘下の企業数につき，未だ判明されていないが，少なくともエンジン工場，トランスミッション工場，ホワイトボディ工場を有していたことが判明している.「南方都市報」記事（2000年11月21日).

18）2001年吉利汽車の自社エンジンのJL376Qの生産台数は6970基であった.「中国汽

車年鑑」(2002年).

19)　2007年11月現在,『美日』―「美日之星」1.3リッターの最低価格は3.2万元である.

20)　MR479Qの内部納入価格は8A-FEの調達価格の1/3に過ぎない．中華人民共和国知識産権局ホームページ.［http://www.sipo.gov.cn/sipo/xwdt/hybd/2006/200608/t20060825_109257.htm］2007年11月10日閲覧.

21)　吉利集団ホームページ.［http://www.geely.com/news/detail/23192.html］2007年11月10日閲覧.

22)　吉利汽車が開発したZ90，Z11，Z130シリーズ自動変速機の1速の変速比は3.1で，外国同類製品の同指標の2.73より大きい．一方，価格が1台あたり5600元で，外国類似製品の1.5万元よりかなり安かった．中国汽車工業信息網.［http://www.autoinfo. gov. cn/autoinfo_cn/kjjbj/webinfo/2007-04-24/1182318562240892. htm］2007 年 11月10日閲覧.

23)　ここでの事例紹介の出所に関しては，特別な断りのない限りにはすべて叶・朱(2006)を参照.

24)　2007年8月吉利集団上海基地の「上海英伦帝華汽車部品有限公司」(Shanghai LTI Automobile Components Co., Ltd.)に筆者が実施した聞き取り調査より.

25)　ここでの紹介は王・梁(2007)を参照.

26)　2004年以前，吉利汽車で製造されていた車種は『豪情』,『美日』,『優利欧』,『美人豹』は同じく天津夏利のプラットフォームから由来した車種で，部品の共通性も高かった．2005年，独自のプラットフォームで開発された『自由艦』,『金剛』,『遠景』がラインオフされ，上海華普の諸車種も含めると,「2007年現在吉利汽車が1000社あまりのサプライヤーを持っている．しかし，年内には集団単位の集中購買制度の導入により，300～500社に絞りたい」としている．吉利集団［http://www.geely.com/news/detail/24360.html］2007年11月10日閲覧.

27)　郭(2004: 90)を参照．ここでのサプライヤー数には欧州系技術を使用している「上海華普」のサプライヤーの数が含まれていないと思われる.

28)　2006年7月に，筆者が吉利汽車研究院常務副院長の智百年氏に吉利汽車の内部人材育成体制や外内部の知的交流について，インタビューを実施した.

29)　CK-1の意味では，C: China; K: Koreaの略で,「中韓一号」と解釈される.

30)　契約中に，吉利集団が3000万ドルでZTCAグループが設計した新車種を買い，ボディ・デザインからモデル・カーの製作までの全プロセスを合同で開発する内容が書き込まれた(雪，2006: 56)．韓国CES会社は韓国最大の自動車関連設計会社で，現在GM-大宇の60%の設計を担当している会社である．従業員は200名前後で，主にGM-大宇で10～20年間設計に携わった技術者によって構成されている.

31)　うちにはSaabより転出した技術者200名も含まれている.

32)　詳細として，コンパクト車の『遠景』と『帝豪』は輩出したFEがA－，Aセグメント，Lynk&Coブランドの新製品を含まれるA+セグメントのコンパクト車を担当するCMA，博シリーズのBセグメントの中型車を担当するKC，ボルボのSPAをベースとするBセグメントの中型車を担当するDMA，MPV専用プラットフォームのCVがある．

33）吉利汽車の上級化を担う次世代ターボエンジンでは，ボルボとサプライヤー共用率は50%以上に達していることもCEVTの実績の1つである．

参考文献

〈日本国文献〉

岩井勇行（2005）「諸外国におけるデザイン保護の実態に関する調査研究」『知財研紀要2005』vol. 14，44-52頁．

〈中国語文献〉

郭 宇（2004）「李書福低価秘訣控股超過50%的供応商」『新財富』11月号．

吉利集団（2006）「吉利擬推集団採購 零部件供応商数減半」[http://www.geely.com/news/detail/24360.html] 2008年6月30日閲覧．

林笑躍（2007）「保護工業設計知識産権促進企業発展」『中国科技成果』2007年第7期．

路風・封凱棟（2005）『発展我国自主知識主権汽車工業的政策選択』北京大学出版社．

梅 躍森・王 侃（2006）「加快建設中国（台州）汽車製造，出口之都」『研究と建議』19．

孫 治山（2007）「吉利鏈条上的競争力」『中国物流』7．

田 偉華・李 岷（2001）「生死李書福」『中国企業家』10．

王 君君・梁 斌（2007）「不断創新求突破」『台州日報』記事，2008年8月18日，第6版．

韋 三水（2007）『夏利中国』当代中国出版社．

新京報「吉利之道研究開発編」[http://auto.thebeijingnews.com/0903/2006/11-17/018@100543.htm]．

雪 柯（2006）『較量——豊田訴吉利商標侵権案内幕』中国鉄道出版社．

叶麗雅・朱琼（2006）「吉利的生命力」『IT経理世界』（2006年第18期総204期）．

中華人民共和国経済貿易委員会（2001）「撤銷化油器類轎車，5座客車及達不到排放標準電噴轎車産品目録」（15）．

朱 琼（2006）「吉利的生命力」『IT経理世界』18期　総204期．

〈中国語映像資料〉

中国中央テレビ局（CCTV）テレビ番組：

——『財経故事会—李書福：私が造った第一台目の国民車』（2006年11月21日放送）．

——『新聞会客庁—李書福インタビュー』（2004年 .6月17日放送）．

『財富人生——李書福：車価要降——』（DVD）上海文芸音像出版社．

終章 グローバル時代の持たざる者の成長戦略から見る「新興国市場戦略」の新展開

1　本書のメッセージ

本書は，現地取材で得られた情報に基づき，新興国民族系自動車メーカー（とりわけ奇瑞汽車と吉利汽車）の成長過程を手掛かりに，多国籍企業が先進国で構築された経営資源のままで，新興国市場における新しい価値実現が困難に陥る原因について，政府の態度から，市場の歪み，さらには制度の隙間までの一連なりのものを市場に異質性を生み出す要因として提示することを試みた．

一連の分析では，従来に普遍的に採用された「新興国市場戦略」の分析手法，すなわち先進国多国籍企業の立場から困難の解消策を得るための理論的枠組みによる仮設検証ではなく，むしろ，困難発生の原因に焦点を当て，これまで看過されがちとなった新興国企業の存在およびその企業行動がもたらしうる潜在的影響との因果関係を新たに分析の枠組みに付け加えたのである．

しかし，なぜいま，「新興国企業」の成長過程を注目する必要あるのか．そもそも一様に描けない，「新興国」という概念自身まで成立するのかも問題である．インドのタタ・モーターズ『NANO』の失敗例で示した通り，同じく，高度成長する新興国市場に低価格優位を持つ，中国とインドの民族系自動車メーカーは成長過程に異なる特徴を有している．

そこで，新興国企業の成長過程を分解し，これまでの多国籍企業の成功要因に投影すれば，その構造の説明はどこまで実現できるのか？　経路依存を考慮すれば，多国籍企業の成長過程を手本とする，新興国企業の成長において理論的還元はどこまで有効なのか？　さらに，先進国多国籍企業がそれぞれの進出先の市場にて直面する価値実現活動の困難度はなぜ一様ではないのか？

これらの疑問について，本書では，新興国市場に，民族系企業のもつ成長志向が強ければ強いほど，さらに，先進国多国籍企業の歩みを手本とする「正攻法」的な追走との乖離が大きければ大きいほど，先進国多国籍企業の価値実現における不確実性が高くなる，というシンプルなメッセージを発したいのである．

以下，そのメッセージを簡単に解説しておく．

2　強力な成長志向

本書の第Ｉ部では，新興国市場の異質性について，市場のモザイク性をもって多岐にわたり説明を行った．制度的不備や固有の消費慣行などは先進国多国籍企業からしてみれば，途上国市場において至るところに存在する現象である．それを成長のポテンシャルに転換していく存在が現れなければ，いつまでも大きな脅威になりえないのであろう．しかし，すでに多数の市場において，成功をおさめてきた先進国多国籍企業に比べて，持たざる者で，弱者の新興国企業にとって，市場のモザイク性はむしろ絶好のシェルターである．中国乗用車市場を例にしてみれば，量的拡大期における廉価車市場，そして嗜好向上期に現れる大気（だあちぃ）なデザインを有するCity SUV市場はそれに該当するのである．

制度的に歪められた需要構造によって，品質を第一購入要因にしていないエントリーユーザーを大量に輩出させ，廉価車市場の形成を推進した．さらに，廉価車市場の顕在化が参入直後の中国民族系自動車メーカーに外資合弁企業と接戦せず，安定的に規模を拡大させる生息地を提供したのである．続いて，City SUV市場の出現は中国民族系自動車メーカーに，外資合弁企業と伝統的なセダン市場においてしか実現できない上級化を避けて，接戦せずに，上級化を実現させ，収益性を改善する新たな突破口を提供したのである（**図 終-1**の④⇒③⇒①という経路を参照）．いずれも，持たざる者として，常に変化することで，新しい市場機会を創出することを通じてこそ，生き残れた証左である．この意味では，成功より，成長こそ，先進国多国籍企業との競争を直面する新興国企業の戦略的選択になる．したがって，奇瑞汽車の事例で見られたように，強力な成長志向のもとで，短期間において大規模な組織変革が頻繁に行われたことも必然な現象として顕在化する．

ひるがえってみれば，「製品アーキテクチャ論」に依る諸既存研究が強調した参入初期の民族系メーカーの外部からの資源調達や，経営モデルに露呈した外部資源依存性はむしろこうした強力な成長志向の残像として確認できる．逆説的に言えば，外部に利用可能な経営資源が多ければ多いほど，そのネット

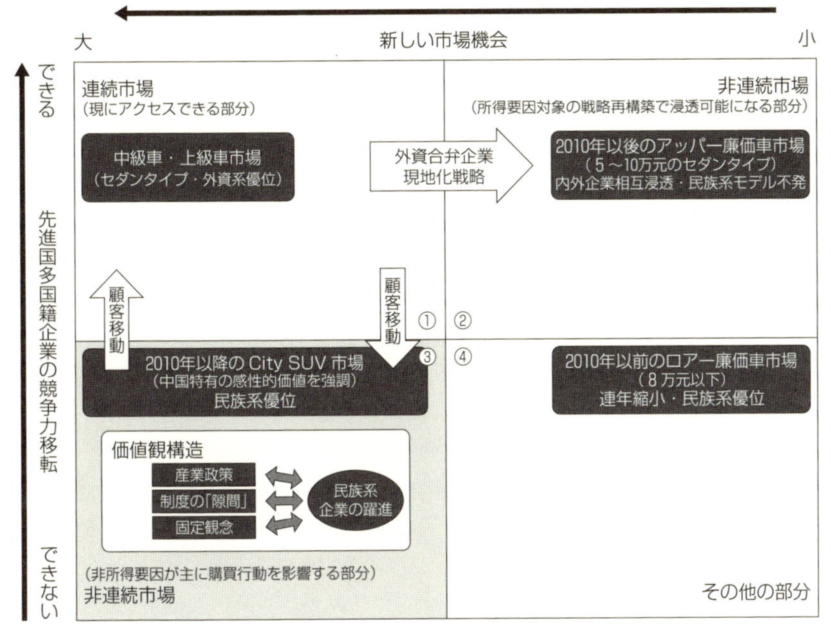

図 終-1　本書のメッセージ

出所：筆者作成.

ワークの外部性効果が大きければ大きいほど，常に転機を注目し待っている民族系自動車メーカーの成長がより速まる結果になるのであろう．しかし，ここで看過してはならないのは，その成長過程に大きなアドホック性が伴われる点である．換言すれば，成長ボトルネックに達するたびに，制約となる原因特定及び対策を企画する計画的組織ルーチンの変更を行うのではなく，組織変革をもって，問題解決をスキップし，新たな組織ルーチンへ創発的にジャンプする点が特徴としてほの見えてくる．例えば，**図 5-1** で示した通り，民族系自動車メーカーが投入した年間新車モデル数が年を追って，外資合弁企業のそれに比べ，異常ともいうべき勢いで，急速に増加しており，「多産多死」による生き残りの方向を探っている．

その結果，先進国多国籍企業からしてみれば，市場競争のリズムが新興国企業の企業成長に伴って激動しており，その理由については，後追い的な分析によって解明しにくいものである．簡単に言ってみれば，その一連の行動に首尾一貫性が希薄である．関連して，市場の不確実性も高まっていくのである．

3　持たざる者たちの集団進化
――「群れ戦略」――

海の中，イワシの大群が泳ぐ姿を想像しよう．互いにぶつかることなく，魚群の形が変化しながら，竜巻のような群れを成して，整然と泳ぐ景色は圧巻であろう．本書では，場面に応じて，特定の一社の事例を取り上げることにしたが，個々の「小魚」（企業）の動きを描き出し，「群れ」としての民族系自動車メーカー全体はなぜ進化できたかという核心問題へ接近する．

成長段階ごとに，至る場面では，中国民族系自動車メーカー各社に共通してみられる特徴的な変化があった．これは大きな意味をもつ．

参入方法，人材の囲い込み，「分網制度」にみられる組織ダイナミックスなど，一社が起こした創発的な環境対応策が，あっという間にほかの民族系自動車メーカーへ波及し，吸収利用され，個々の「小魚」の成長力に変化したのである．

他方，紙幅の制限で詳細に展開を避けたのだが，2010 年前後，セダンタイプ乗用車市場において奇瑞汽車や吉利汽車などの上級化モデルが不発となったものの，同時に長城汽車と長安汽車が先駆けに SUV 製品をヒットさせたことで，すぐに追随した民族系自動車メーカー各社が一斉に City SUV 市場を掘り起こしたのである．例えば，2010 年中高級セダンをもって，参入した広州汽車が 2017 年に SUV 製品『伝祺』という一車種の販売台数が自社の年間新車販売台数の 91.77％に達した．傘下に多数の乗用車製品を発売しているが，むしろ SUV メーカーとして成長を維持している．このように，一社が取り込んだ方向転換の有効性が証明された途端に，「群れ」全体の進行方向へ変化したのである．換言すれば，「一匹の狼」という戦略ではなく，強力な成長志向が共通してもつ企業と群れをなして生き残りを図る戦略は，経営資源の賦存量，経営運営の組織能力のいずれにおかれても，弱者だからこそふさわしい選択といえよう．なぜなら，周囲に対する警戒能力の向上（潜在市場機会に対する探知能力の拡大）によって，個体の進化の場合に比べ，群れの中に残る方が成長がはかどるという利便性が内包されているからである．

こうして，成長過程において，時には個別の会社に対する観察において首尾一貫性に欠け，予測しにくい恣意的な戦略的動きは，有効性が証明された途端に，即時に新興国企業の間に拡散し，整然たる「群れ」の動きを化するという発見は，本書において，新興国市場での価値実現を新興国企業の企業行動と結びつけた本質的な「理由」である．つまり，新興国企業の企業行動はもちろん，企業群としての垣間見える行動パターンが先進国多国籍企業の価値実現にとって重要な戦略的意義を持つのである．

4　新しい新興国市場戦略の可能性

21 世紀に入り，台頭する新興国企業の成長に対して，本国市場依存，低価格戦略，政府の保護策，外部資源とネットワークの利用，製品アーキテクチャのモジュラリティ向上など，多岐にわたり，多様な解釈がなされてきた．本書の第Ｉ部の内容と重なったものも少なからずあった．しかし，こうした事後的還元主義的アプローチはこうした事象の発生メカニズムについて部分的に解釈できたとしても，なぜ複数の新興国市場の間では，成長する新興国企業もあれば，成長しない企業もあるという成長パフォーマンスにばらつきが生じているのかという進化メカニズムに対する解釈が不完全である．

本書の第Ⅱ部では，その進化メカニズムについて，組織と組織ルーチンのダイナミックス（揺らぎ）の大きさ，発生頻度そして発生の難易度に求めようとした．そのうえ，中国の産業分析では常に，多数の分散零細に存在する会社からなる産業構造が産業全体の発展を阻害する要因として一貫して認識されてきたが，本書では，提示した進化メカニズムとして，「群れ」に集まる個体の数が極めて重要だと認識している．

外資企業同士，外資・民族系間および民族系同士からなる重層化した競争構造を有する市場部分の自体が，複雑な有機体を成しており，外部環境の複雑性が高ければ高いほど，外部環境に変化が頻繁に起これば起こるほど，大きな組織の揺らぎが起こる確率が高まる．そこで，「群れ」に集まる個体の数が多ければ多いほど，単体に起こった大きな組織の揺らぎが拡散しやすくなるのである．いわゆる新しい秩序への跳躍がより頻繁に起こり，それに連れて新興国市場における先進国多国籍企業の価値実現活動に取り巻く不確実性も高くなり，価値実現活動自体がより困難な状況になる，という本質的なメカニズムが存在する．すべてが，新興国市場戦略について，既存の枠組みでは看過されがちな新興国企業の存在を，新たに加えることによって，再発見できたのである．

「群れ」戦略による集団進化というメカニズムはそのうち最大の発見であろう．

新興国企業の有無，もしくはその成長特徴に沿って，進出先の市場に特化する戦略が動態的に立案できる点は，本書が既存の静的な新興国市場戦略論の枠組みに対する拡張となる．

5　おわりに

以上，中国民族系自動車メーカーの過去の軌跡について，各章の分析によって明らかとなった事実を整理してきたが，最後に，残された課題について簡単に指摘しておく．第1は，新興国市場戦略の新展開に向けて，新興国企業の企業家が果たした役割の解明である．奇瑞汽車も吉利汽車も，極めて不利な制度環境の下で自動車産業に参入した．これは，非常に強い企業家的なイニシアティブを暗示されるものである．その実態を具体的に，企業家史，企業家論的な観点で明らかにすることが，1つの課題となろう．第2は，中国民族系自動車メーカーの成長過程，とりわけ，外部資源依存の成長モデルから，その内部化による成長の原動力へ転換する過程において，極めて重要な役割を果たしたと考えられる，資源の拠出先としての外資企業の価値創造の実態の解明である．この問題の検討は，外資導入によるスピルオーバー波及メカニズムを明らかにするだけでなく，民族系メーカーの成長メカニズムに，固有の「自律性」といったものが存在するのか否かについて答えを出す上でも，必要な作業となるのであろう．

あとがき

時は2013年の夏であった.「I don't take it！」と高声に切り出したのはProf. Dr. Matthias Kippingであった. 経営史学会が主催した第31回経営史国際会議の富士コンファレンスという晴れ舞台で, 新米研究者の私が「Competitive Advantage and Organizational Dynamics: the Rise of Automobile Makers in Asia, 1990s-2000s」という報告を行い, 会場からのコメントも一巡りしたところの急展開であった. それまでの肯定的な雰囲気と違い, ヒストリアンであり, カナダのヨーク大学のSchulich School of Businessにて戦略論を実践的に教えているProf. Dr. Matthias Kippingからすると, 私の報告では奇瑞汽車の製造と販売の両部門の組織再編が交互に並べられただけに, 組織ダイナミズムとしての説明が不十分であったのであろう. 経営史の大家に真っ向から批判された衝撃と落胆のせいか, 不思議なことに, その後2人の間のその場におけるやり取りに関する記憶が全く残っていなかった. ただ今日になってもProf. Dr. Matthias Kippingが「I don't take it！」と発しながら手を強く振り出したシーンが脳裏に焼き付いており, 目を閉じれば鮮明に浮かび上がってくるのである.

2000年以降, 中国の自動車市場が徐々に拡大し, 民族系自動車メーカー, とりわけ吉利汽車と奇瑞汽車が「攪乱要因」として注目が集まるようになり, 中国自動車市場に対する関心も日々高まるようになった. それに加えて, リーマンショック以降, ネクストチャイナやBRICs諸国企業の実力の虚実に対する世間の関心にあおられ, 中国のみならず, インド自動車市場, そしてインドの民族系自動車メーカーに関する実態解明の需要が実業界から多く生まれたのである.

そして, 私も世間の関心に応えるように, 2005年に実施した奇瑞汽車の研究部門である佳景科技有限公司に対する聞き取り調査を皮切りに, 新興国関連のフィールドワークに没頭する日々を送るようになった. その数は, 海外調査だけでも, 2005年に22社, 2006年に17社, 2007年に24社, 2008年に29社, 2009年に63社, 2010年に55社, 2011年に75社といったように増える一方であった.

新興国関連のフィールドワークで掬い上げた数々のディテールを題材に，ファクト・ファンディングのようなドキュメンタリーを作り上げ，学会報告そして執筆・講演活動などの忙しい日々を送り，意気揚々と研究者の道を邁進していた時，Prof. Dr. Matthias Kipping から「お前は何の研究者なのか？」というまさかの一喝を受けたのである．

実態解明にあたり，事実史，もしくは記述的な研究スタイルそれ自体に問題はないが，「なぜ，新興国企業の成長過程を問題にする必要はあるのか」という論点から目を逸らして，ヒストリアンでもない，経営学者でもない中途半端な立場からの実況解説なら，何も言えないのだ，というメッセージが込められたのであろう．

したがって，遅ればせながら，本書は大切なことを気づかせてくれた Prof. Dr. Matthias Kipping の一喝に対するリプライとなればよいと思っている．

これまで私は中国に限らず，世界中の生産現場を600社・回以上訪問してきた．そのフィールドワークでは，欧米，日韓台，そして BRICs という広範囲において，定点観測は主要な調査法であるが，比較分析のためにあえて企画・実施した調査も少なからず一定数に上った．それにもかかわらず，数々の観察対象のスナップ写真（断面像）から，企業の大小・成熟度合を超えて，経営史のアプローチに則って，一貫して変わらない存在をメカニズムとして析出させる作業への努力がおろそかになっていたことを，その一喝を受けてから初めて悟ったのである．以降，その謎解きに四苦八苦しているうちに，執筆のオファーを受けてから上梓まで実に4年の歳月が経った．全体構想が行き詰るたびに再構成を施し，計3回も改変したのである．

振り返ってみれば，筆者は当初中国の産業自立化を研究テーマにして，2004年4月に修士課程に入ったのであった．鉄鋼，紡績，造船，重電など日本の伝統的優位産業について，一通り勉強をしていたが，どれに絞るのかはなかなか決まらずに躊躇していた．2005年の夏に，黒澤隆文（京都大学：所属はいずれも当時，以下同様）と今久保幸夫（京都大学）両先生に連れていただき，東風ホンダの武漢工場を訪問したことが転機となった．初めての自動車工場見学ということもあり，これまで文献学習で触れた鉄鋼などの日本の伝統的優位産業と異なった――うまく表現できないが――何かイキイキしたものを肌で感じ取ったのである．今日になって思えば，その見学が筆者の自動車産業研究の原点となり，両先生がいなければ今の筆者はいなかったであろう．

天津出身であったことから，天津夏利汽車を取り上げることになり，関連の資料収集を開始した途端に，車好きな兄から当時夏利汽車との一蓮托生で取り沙汰されていた吉利汽車の存在を教えてくれた．関連情報を集めているうちに，その面白さにたちまち吸い込まれていき，「これだ！」と直感し，私の心に自動車産業の研究者になるという決意が芽生え始めたのである．その決心が後に，自動車研究に必要なものを一からご指導くださった塩地洋先生（京都大学）と出会うきっかけとなったのである．

中国民族系自動車メーカーの成長戦略を解読するにあたって，関連情報不足という大きな壁にぶつかった．吉利汽車や奇瑞汽車などの中国民族系自動車メーカーが徐々に頭角を現し始めたとはいえ，2005年頃にはその正体について依然謎に包まれた部分が多く，いわば「未知の生命体」のような存在であった．本書の中でも詳細に述べた通り，異例な参入を果たして間もない時期であったため，吉利汽車と奇瑞汽車は外部からのアクセスに慎重になっており，固く拒み続けていた．日本からの学術調査といった真意不明の要請はなおさら受け入れられる可能性はなかったのである．せっかく湧き出した研究熱意が途方に暮れる展開となりかけた時，塩地洋先生から，実地調査に関して，「芋づる式」という神技をご伝授いただいたことが救いとなった．直接な接点を持たない筆者が，以降の数か月間にインターネット検索でヒットした各社の販社に電話をかけ続け，断られてもほかに対応できる方を紹介してもらえるように誠意をもって交渉しているうちに，訪問要望が段々と研究開発部署へ転送されていくようになった．ようやく状況打開の第一歩を踏み出したのである．しかし，訪問機会を得たものの，大学院生でありながら，実地調査の素人だった筆者が，内部で企業の成長を記録するための観察力をいささかも持っていなかった．その時，参加した中国自動車流通調査団の北京調査のバスの中，塩地洋先生が現場で使用するノートの最適なサイズまで，調査のノウハウを隠さずに伝授してくださったシーンはいまだ忘れられない．実証研究の醍醐味を感じさせられた瞬間であった．以来，日本国内のほかに，中国，韓国，アセアン各国，ロシア，北欧などの地域で，実地調査に対して職人の気質があふれる塩地洋先生に同行するたびに，その背中をみて，自らの「見る目」を磨き上げ，自動車産業研究者の芯となるものを固めていた．本書で取り扱った新興国市場の動向や各社の成長過程を描き出すための観察記録はこうした学恩あっての収穫である．京都大学時代での鍛錬が東京大学ものづくり経営研究センター（MMRC）に赴任した後，新興国調査へいっそう羽ばたく後押しとなった．

2009年3月に京都を離れ，上京した筆者に「李さん，結構な数を観てきたが，そろそろ自分なりのオリジナルなアウトプットを」と学者にとっての研究のオリジナリティの大切さを温かく気づかせてくださったのは黒澤隆文先生であった．それまでの筆者の研究は，定点観測で特定の企業の進化過程を内部から如実に記録し，その発生メカニズムを突き止めたものの，事実史を超える実践的なインプリケーションへ導くための進化メカニズムに関する分析は，Prof. Dr. Matthias Kippingに指摘された通り，貧弱であった．2009年から，特任助教としてMMRCに勤務した3年間は，東京大学の藤本隆宏先生，新宅純二郎先生，そして故天野倫文先生といった日本の経営学の第一線に立つ学者たちから，自分の不足していた分析能力を補うための方法論を至近距離で習得できる貴重な機会となったのである．今日になってもMMRC時代に得た蓄えを反芻して前に進む糧にしているのである．

2012年以降，新興国市場が変調し，中国自動車市場も「量的拡大期」から「嗜好向上期」へ差し掛かり始めた．中国民族系自動車メーカーの進化メカニズムの特徴が従来の「同化→増強形態」から，吉利汽車のような組織ルーチンの体系的導入を通じて「適応→変身形態」という新たな変化が生じた．そのため，京都時代と東京時代にそれぞれ得られた成果を合体させ再構成したのが本書である．成長ステージが移り変わっている最中ということもあり，インプリケーションとしての完成度はいまだ低いままだと思われるが，またはProf. Dr. Matthias Kippingへのリプライとしても初歩的なものに過ぎないが，本書では２つの形態からなる進化メカニズムの存在を主とする発見として発したい．

2002年に来日してから，７年間の留学生活を過ごした．外国人留学生として，学位を取得してから研究者の道を志向する際に痛感したことは２点ある．それは，院生時代のゼミのような議論を一貫して深掘りできる「研鑽の場」が，巣立ちの後に得られなくなることと，日本語のネイティブチェック体制の不足である．幸いにも，私はこれらを乗り越えられる環境に恵まれていた．2010年４月より，武蔵大学の板垣博先生の日中韓台の多国籍研究チームの一員として加わったことができ，2019年３月までほぼ同一のメンバー（明治大学呉在烜先生，東京大学朴英元先生，和歌山大学高瑞紅先生，北京理工大学郭玉傑先生と張元卉先生，台湾東海大学劉仁傑先生，輔仁大学劉慶瑞先生，そして当時院生でのちにそれぞれ東北大学に赴任した金熙珍先生と横浜国立大学に赴任した王中奇先生）

構成で，東アジア地域をはじめ，アセアン，ヨーロッパ，そして北米までアジア企業の経営進化を現場で見てきた貴重な経験が本書の中で生きている．毎年2回の長期海外調査が研究合宿のように，道中では議論が研究相談から人生相談まで広がった．日本的経営に関する研究を語る際に避けては通れない存在である板垣博先生と密に過ごした9年間，加えてともに成長していく仲間と出会ってからいっしょに過ごした楽しい時間は，筆者の30代を通して，常に議論を深めていく「身近なゼミ」であり，なくてはならない大切な記憶となった．本書で採用した分析フレームワークもこうした道中の議論の中から閃いたものである．

東京大学田嶋俊雄先生と初めてお会いしたのは，2009年に京都大学で開かれた中国自動車シンポジウムの時であった．以来，東京大学で中国の自動車産業に関する研究を通じて親交を深めたのである．さらに，筆者が大阪産業大学に移ってから数年後，田嶋俊雄先生を同僚として迎えたことをきっかけに，共同研究の範囲が自動車産業から3Dプリンターまでに至った．先生は日本語のネイティブチェックのみならず，研究の姿勢を含めて公私ともご指導くださった特別な存在である．

こうして数多くの方からの温かい後押しがなければ，今日の私はないと言える．すべての方の名前をここに挙げることはできないが，本書は少しでも先生方からいただいた恩情に報われれば幸いである．

30代にテニュアを取得するためには，テーマを1つに絞り，持続的に掘り下げ，短期間において関連するペーパーを積み重ねるように多数世に出すことは必要かもしれないが，定職についた40代に入ったらあえてよそ見して，10年という長期的なスパンで自分の真のやりたい研究を考えることも重要である．恩師から頂いた「名刺の代わりになる研究をする」という言葉を決して忘れはしない．本書が筆者の40代の研究人生における新挑戦の基点となることを願っている．

本書の公刊は全体構造の改変で，当初の予定より4年も遅れたにもかかわらず，辛抱強くお待ちいただき，毎年丁寧に相談に乗ってくださった晃洋書房の西村喜夫氏に感謝している．なお，本書の刊行に際して，大阪産業大学学会から学術研究書出版助成をいただいた．最後に，難解な文書にもかかわらず，原稿作成段階において東京大学大学院学際情報学府に在学中の上村光氏が本書を丁寧に添削してくださった．この場を借りて深謝を申し上げる．

17 年前，海を渡って以来異国の地に根を下ろし，親孝行もまともにできず，研究調査で世界各地を飛び回る日々を送ってきた．そこで，物心両面において私を支え続けてくれている両家の家族，そして妻鳳彬，長男昕展と長女昕妤に，感謝の意を込めて本書を捧げたい．

2019 年 10 月

生駒山を眺めながら大東研究室にて

李　澤建

初出典拠一覧

本書の着目点は2009年2月に京都大学に提出した博士学位論文「中国民族系自動車メーカーの発展経路：奇瑞汽車の自社開発能力の構築過程を中心に」に基づき，援用したものではあるが，視座に関しては東京大学ものづくり経営研究センターに赴任してから執筆した新興国関連の諸論文を踏襲したものである．したがって，本書は上記2つ研究領域における成果を大幅に修正加筆して，新たに書き下ろした内容を加えて再構成したものである．

そのため，諸既刊論文の内容は必ずしも本書の各章項にそのまま対応しておらず，その関係は主に以下通りである．

1．「新興国市場のモザイク構造と日本企業の創発的適応能力」板垣博編著『東アジアにおける製造業の企業内・企業間の知識連携』（文眞堂，2018年3月）176-188頁：序章第2節．
2．「勃興する新興国市場と民族系メーカーの競争力：自動車Ⅰ」橘川武郎・黒澤隆文・西村成弘編『グローバル経営史：国境を超える産業ダイナミズム』（名古屋大学出版社，2016年4月）112-132頁：第1章はじめに，第2・4節．
3．「BRICs自動車市場の生成と多国籍自動車メーカーの環境適応戦略」天野倫文・新宅純二郎・中川功一・大木清弘編『新興国市場戦略論（東京大学ものづくり経営研究シリーズ)』（有斐閣，2015年12月）211-234頁：第1章第3節3.2・3.4項，第4章第2・3節．
4．「市場拡大期における企業の動態適応プロセス」天野倫文・新宅純二郎・中川功一・大木清弘編『新興国市場戦略論（東京大学ものづくり経営研究シリーズ)』（有斐閣，2015年12月）355-367頁：第1章第3節3.1項，第4章第4節4.1項．
5．「中国自動車製品管理制度および奇瑞・吉利の参入」『アジア経営研究』，No.13，2007年6月，207-220頁：第3章第2・3・4節4.1項・4.3項．
6．「奇瑞汽車の競争力形成プロセス—研究開発能力の獲得を中心に」『産業学会研究年報』，第23号，2008年3月，103-115頁：第5章第1・2・3節．
7．「奇瑞汽車の開発組織と能力の形成過程」『産業学会研究年報』第24号，2009年5月，125-140頁：第6章第2節2.1.1・2.2.2.
8．「中国自動車流通における相互学習と民族系メーカー発イノベーションの可能性」『アジア経営研究』，No.16，2010年6月，57-69頁：第6章はじめに・第2節2.1.2・2.2.1・2.3項．

9.「中国民族系自動車メーカーの競争力形成分析―吉利汽車を中心として」『アジア経営研究』, No.14, 2008年6月, 269-282頁：第3章第4節4.2項, 第7章第2・3節3.1・3.2項.

なお，本書は，下記助成の成果の一部を含んでいる．

① 平成21年度公益財団法人日本生産性本部生産性研究助成「日本企業のボリュームゾーン戦略と新興国発イノベーションによる挑戦：電気自動車の普及がもたらす新たな課題」.
② 平成23年度豊田中央研究所共同研究プロジェクト「自動車市場の将来シナリオ分析に関する情報整理」.
③ 平成26～27年度大阪産業大学産業研究所共同研究組織研究助成「新興国市場における製造業企業のものづくり戦略と国際競争力に関する実証研究」.
④ 平成30～31年度大阪産業大学産業研究所共同研究組織研究助成「アジア新興国自動車企業の組織能力向上：日本と欧州経営資源の役割」.
⑤ 文部科学省科学研究費助成事業若手研究（B）「アジア新興国地場系自動車企業の製品開発：能力構築メカニズムとボトルネックの所在」(課題番号15K17135；研究代表者：著者).
⑥ 基盤研究（B）「新興国地域における製造業の市場戦略と組織能力の動態的分析」(課題番号22402030；研究代表者：東京大学藤本隆宏教授).
⑦ 基盤研究（B）「日本・中国・韓国における開発拠点の分業・連携および人材育成に関する研究」(課題番号22330125；研究代表者：武蔵大学板垣博教授).
⑧ 基盤研究（A）「地域の競争優位―国際比較産業史の中のヨーロッパと東アジア」(課題番号23243055；研究代表者：京都大学黒澤隆文教授).
⑨ 私立大学戦略的研究基盤形成支援事業「東アジアにおける人的交流がもたらす経済・社会・文化の活性化とコンフリクトに関する研究」(研究代表者：武蔵大学板垣博教授).
⑩ 基盤研究（A）「日欧自動車メーカーの『メガ・プラットフォーム戦略』とサプライチェーンの変容」(課題番号26245047；研究代表者：山口大学古川澄明教授).
⑪ 基盤研究（B）「日本企業の海外拠点に対する異時点間比較調査を通じた経営進化の考察」(課題番号16H05708；研究代表者：武蔵大学板垣博教授).

調査先一覧

新興国 BRICs（373） ＊カッコ内の数字は 社・回を表す．以下同じ．

・中国（296）

2018年（14）

奇瑞汽車研究開発部門A，奇瑞汽車研究開発部門B，奇瑞汽車研究開発部門C，奇瑞新能源汽車蕪湖生産基地，東方君泰信息技術公司，世冠電気自動車有限公司，吉利汽車新能源汽車研究院，天津飛鴿車業発展有限公司，江蘇好孩子集団北方工業園，河北強久有限公司，河北恒馳自行車零件有限公司，河北協美橡膠製品有限公司，河北豊維機械製造有限公司，河北欧耐機械模具有限公司．

2017年（11）

比亜廸汽車，奇瑞汽車研究開発部門A，奇瑞汽車研究開発部門B，奇瑞汽車研究開発部門C，長江鲨衆創空間，吉利汽車，江淮汽車，北京酷車小填，昆山通和豊田汽車販売公司，上海豊田紡績廠記念館，長安汽車．

2015年（8）

北京亜運村汽車交易市場（新市場），北京旧自動車交易市場，比亜廸汽車，奇瑞汽車研究開発部門B，奇瑞汽車研究開発部門C，豊盈投資，吉利電子伝動技術有限公司，済南宏昌車両有限公司．

2014年（24）

奇瑞汽車研究開発部門B，豊盈投資，広州汽車工程技術総院，広州汽車伝祺工場，広州本田工場，松美可（天津）汽車配件有限公司，SMC（中国）有限公司，中国国家発展改革委員会，天津飛鴿車業発展有限公司，小松（山東）建機有限公司，小松山推建機公司，一汽解放青島汽車公司，江蘇省蘇浄集団，旭化成電子材料（蘇州）有限公司，青山汽車緊固件（蘇州）有限公司，柳州広菱汽車技術有限公司，昆明達林信息技術有限公司，天津武田製薬工場雲南分工場，天津奥特博格，北京汽車（本社および部品工場），スズキ自動車北京代表処，本田技研（中国）投資公司，一汽豊田汽車銷售有限公司．

2013年（23）

奇瑞汽車旗雲第二研究院，豊盈投資，奇瑞汽車研究開発部門B，江淮汽車，吉利電子伝動技術有限公司，比亜廸汽車，吉利汽車本社，吉利汽車慈渓工場，華晨汽车集団，愛発科中北真空（瀋陽）有限公司，瀋陽中北通磁科技有限公司，東軟集団股份有限公司，瀋陽航天三菱汽車発動機製造有限公司，広島技術（長春）汽車部件有限公司，中国北車軌道客车生产总厂，哈爾浜気輪機有限責任公司，哈爾浜汽車発動機製造有限公司，延辺愛光汽車零部件有限公司，率高医療器械有限公司，図們以琳機電有限公司，図們恵人

(HUROM) 電子有限公司, NHN 株式会社, 延吉先特羅 (CENTRO) 漁具有限公司.

2012 年 (20)

奇瑞汽車研究開発部門B, 盈豊投資, 奇瑞汽車先端技術研究院, 奇瑞汽車旗雲研究院, 吉利電子伝動技術有限公司, 深圳軟通動力科技有限公司, IBM 深圳分公司, YKK 深圳社, 美的集団, 普利司通 (恵州) 輪胎有限公司, 本田生産技術 (中国) 有限公司, 豊和繊維研発 (佛山) 有限公司, 広州金発科技股フン有限公司, 東風日産乗用車公司 (花都工場), 長安鈴木本社, 中国嘉陵工業股份有限公司, 慶鈴汽車股份有限公司, 中軟集団, 成都伊藤洋華堂有限公司, 成都伊勢丹百貨有限公司.

2011 年 (36)

マツダ (上海) 企業管理諮詢有限公司, 上海交通大学汽車工程研究院, 丹陽経済開発区, 丹陽自動車部品工業団地, 江淮汽車, 奇瑞汽車新能源有限公司, 奇瑞汽車研究開発部門B, 盈豊投資, 奇瑞中央研究院, 奇瑞乗用車第2研究院, 奇瑞乗用車第3研究院, 吉利汽車本社, 済南宝雅車業有限公司, 章丘市科恵電動車両, 勝利車業, 天津一汽豊田汽車有限公司, 中国汽車技術中心衝突実験場, 日科能高電子 (蘇州) 有限公司, 椿本汽車発動机 (上海) 有限公司, 椿本鏈条 (上海) 有限公司, 埼玉県上海ビジネスサポートセンター, 上海索広映像有限公司, 索尼 (中国) 有限公司, 三得利 (上海) 食品貿易有限公司, 開思茂電子科技 (蘇州) 有限公司, 吉利汽車電子 (上海), 中国機械工業協会, 中国汽車工業協会, 清華大学汽車研究所, 共立精機 (大連) 有限公司, 阿尓派電子 (中国) 有限公司大連開発センター, 丹東岩谷東洋燃気表有限公司, 丹東市産業園区, 丹東阿爾卑斯電子有限公司, 宝雅新能源汽車股份有限公司, 比亜廸汽車.

2010 年 (45)

国家信息中心, 一汽トヨタ自動車販売有限会社 (FTMS), マツダ中国投資有限公司, 広通トヨタ販売有限公司, ホンダ中国投資有限公司, 北京現代汽車有限公司第二工廠, 北京亜運村汽車交易市場 (新市場), 北京旧機動車交易市場, 大金フッ素化学 (中国) 有限公司, Bocsh 中国投資公司, 吉利汽車電子伝動技術有限公司, 上海安川電動機器有限公司, クラリオン上海事務所, 東莞歌楽東方電子有限公司, 安川電機 (上海) 有限公司, Panasonic 中国生活研究中心, DMG 森精機 (上海), 小松 (中国) 投资有限公司, 東麗繊維研究所 (中国) 有限公司 (上海分公司) (TFRC), 上房 TOTO 旗艦店, 瑞薩電子 (上海) 有限公司, 夏普弁公設備 (常熟) 有限公司, 日立汽車部件 (蘇州) 有限公司, 東机工汽車部件 (蘇州) 有限公司, 豊田工業 (昆山) 有限公司, 山东宝雅新能源汽车股份有限公司, 奇瑞汽車研究開発部門B, 奇瑞汽車乗用車第3研究院, 奇瑞汽車採購公司, 奇瑞汽車国内販売公司, 江淮汽車工程研究院, 吉利汽車, 四川一汽豊田汽車有限公司 (SFTM), 成都伊藤洋華堂有限公司, 成都伊勢丹百貨有限公司, 比亜廸汽車自動車研究工程院, 康佳集団, デンソー (中国) 投資有限公司, 天津電装電子有限公司 (TDE), 中国汽車技術研究中心 (CATARC), 天津清源電動車輌有限公司, 大連華録松下有限公司, 中国華録・松下電子信息有限公司開発中心, 共立精機 (大連) 有限公司, 阿尓派電子 (中国) 有限公司大連開発センター.

2009年（33）

山东宝雅新能源汽车股份有限公司，比亜廸汽車自動車研究工程院，奇瑞汽車研究開発部門B，奇瑞汽車第2エンジン工場，第4組立工場，奇瑞汽車国内販売公司，奇瑞汽車国際公司，佳景科技有限公司，安徽江淮汽車本社工場，江淮汽車試作工場，江淮汽車工程研究院，吉利汽車新能源汽車研究院，上海汽車「栄威」工場，杭州松下家用電器有限公司，パナソニックHA R&Dセンター，天津電装電子有限公司，天津一汽豊田有限公司（TFTM），希比利汽車出口（北京）有限公司，豊田汽車（中国）投資有限公司（TMCI），一汽豊田汽車販売有限公司（FTMS），トヨタ通商中国事務所，ダイハツ中国事務所，マツダ中国投資有限公司，本田技研（中国）投資有限公司，北京德爾福（DELPHY）万源発動機管理系統有限公司，北京旧機動車交易市場，北京亜運村汽車交易市場（新市場），北京中瑞辰汽車銷售有限公司，瀋陽華晨金杯汽車，南京LG新港顕示有限公司，北五女村（中国農村消費者消費行動調査），河北国際汽車園区．

2008年（19）

奇瑞汽車研究開発部門B，佳景科技有限公司，奇瑞汽車第3工場，奇瑞汽車国内販売公司，奇瑞汽車国際公司，亜新科（ASIMCO）零部件（安徽・寧国）有限公司，亜新科（ASIMCO）零部件（芜湖）有限公司，上海華普汽車有限公司，希比利汽車出口（北京）有限公司，豊田汽車（中国）投資有限公司（TMCI），一汽豊田汽車販売有限公司（FTMS），トヨタ通商中国事務所，ダイハツ中国事務所，マツダ中国事務所，中国汽車流通協会，中聯自動車交易市場，北京旧機動車交易市場，北京亜運村汽車交易市場（新市場），北京中瑞辰汽車銷售有限公司．

2007年（24）

東風本田汽車有限公司，神龍汽車有限公司，竹葉山汽車市場，上海英倫帝華汽車，電装中国投資有限公司上海事務所，上海聯海滬西汽車銷售有限公司，奇瑞汽車研究開発部門B，佳景科技有限公司，奇瑞汽車第3工場，奇瑞汽車国内販売会社，ハルビン飛行機自動車，中国汽車技術研究中心，C-NCAP自動車衝突安全実験センター，希比利汽車出口（北京）有限公司，豊田汽車（中国）投資有限公司（TMCI），一汽豊田汽車販売有限公司（FTMS），マツダ中国（北京）事務所，本田技研中国投資有限公司（HMCI），中聯汽車交易市場，北京経開国際汽車広場，北京亜運村汽車交易市場（新市場），北京旧機動車交易市場，東風日産北京旧機動車交易市場中古車センター，北京亜之傑伯楽汽車銷售服務中心．

2006年（15）

天津市天杭汽車工業貿易公司，吉利汽車研究院，浙江銀輪機械股份有限公司，上海華普汽車有限公司，奇瑞汽車研究開発部門B，奇瑞汽車第2工場，第2エンジン工場，『汽車与社会』雑誌社，北京現代自動車有限公司，北京亜辰偉業通達汽車銷售服務有限公司，北京中瑞辰汽車銷售有限公司，東方基業汽車城，北京亜運村汽車交易市場（旧市場），北京旧機動車交易市場，北京和裕豊田汽車銷售服務有限公司．

2005年（24）

東風本田汽車有限公司，上海通用（GM）汽車有限公司，上海聯合豊田汽車銷售服務有限公司，上海協通二手機動車経営有限公司，上海機動車拍行，上海国際汽車城，北京現代汽車有限公司，北京現代汽車公共関係課，北京現代汽車販売企画部，豊田汽車（中国）投資有限公司（TMCI），一汽豊田汽車販売有限公司（FTMS），北京亜運村汽車交易市場（旧市場），北京東方基業汽車城，北京旧機動車交易市場，北京経開汽車城，北京金港汽車公園，中聯汽車交易市場，金源汽車市場，北京匯京柯曼汽車貿易発展有限公司，北京盈之宝汽車銷售服務有限公司，北京楽馳経貿有限公司，北京中新興達豊田汽車銷售服務有限公司，十里河新星汽配市場，佳景科技有限公司.

・インド（56）

2018年（3）

Yakult Danone India Pvt Ltd, Mikuni India Private Limited, Honda Cars India Limted.

2013年（20）

ASB International Pvt. Ltd, MSME Tool Room (Ahmedabad), Gujarat skill development mission government of Gujarat, Chief secretary of government of Gujarat, Blimd People's Association (INDIA), Govt Industrial Training Institute Kubernagar Ahmedabad, Kaushalya Vardhan Kendra, JBML Manesar, Minda RIKA, Maruti Suzuki India Limited Manesar Plant, India Steel Summit Private Ltd, Progressive Tools & Components Pvt. Ltd., Gabriel India, Paragon Autotech Products Pvt. Ltd, TATA Motors Sanand plant, Bharat Forge, TATA Motors Pune plant, ANAND BEHR India, VW India, ANAND Vicror Gaskets India Lit.

2012年（13）

Hero Electric, Sharp Business Systems (India) Ltd., Info BRIDGE, Honda Motorcycle & Scooter India Private Limited (HMSI), Panasonic India Private Limited Marketing Office, Panasonic AVC Networks India, Hyundai Motor India Ltd., Sony India Software Center, Toyota Kirloskar Motor PVT. Ltd., Mitsubishi Heavy Industries Ltd L&T-MHPS Boilers Private Ltd., Mitsubishi Heavy Industries Ltd. L&T-MHI Turbine Generators Private Limited, JETRO Mumbai Office, Prabha Engineering Pvt. Ltd.

2011年（12）

DENSO Haryana Pvt. Ltd, UTAKA Auto Parts India Pvt. Ltd, Hyundai Motor India Ltd., Honda Motorcycle and. Scooter India (Pvt.) Ltd., JETRO New Delhi Office, Renault Nissan Technology and Business Center India, Renault Nissan Automotive India Private Limited, Lucas-TVS, TCS Pune office, Awate Premier, Tata Motors, Tata Capital Limited.

2010年（8）

Tata Consultancy Services, NSK-ABC Bearings Pvt. Ltd., Yazaki Wiring Technologies

India Pvt. Ltd., Renault-Nissan's Alliance plant, Tata Motors, Maruti Suzuki India Limited Gurgaon Plant, Jay Bharat Maruti Ltd., DENSO Haryana Pvt. Ltd.

・ブラジル（10）

2011年

FCC do Brasil Ltda, Moto Honda da Amazonia Ltda, Toyota do Brasil Ltda Commercial Office, Mayekawa do Brasil, Daikin McQuay AR Condicionado Brasil Ltda, Honda Automoveis do Brasil Ltda, Coopavel, Samsung Eletrônica da Amazônia Ltda, LG Electronics de São Paulo Ltda (HQ and Dealership).

・ロシア（11）

2009年

Nissan Motor Russia Ltd, , Toyota Center Rublevskiy, Automobile Trading Center Moscow, DENSO Europe B.V. Moscow Representative Office, Toyota Motor Russia, ITC Auto Rus., ROLF Import, NISSAN Manufacturing Rus LLC. (NMGR), JETRO Saint-Petersburg Office, 日本文化センター, Automobile Trading Center Moscow.

東アジア地域（174）

・韓国（44）

2017年（4）

株式会社 UNICK, CTR Central Corporation, 韓国アルプス株式会社, TDK Korea Corporation.

2015年（1）

現代自動車蔚山工場.

2013年（4）

Fuji Xerox Korea Co., Ltd., Lotte Department Store, ULVAC KOREA, Ltd., Kwang Jin Engineering Co Ltd.

2012年（4）

M2I Corporation, OMRON Korea R&D Center, GM Daewoo Auto & Technology, Hwang Chang-kyu (ex-head of Samsung Electronics' semiconductor business).

2011年（12）

蔚山自動車部品革新センター, 現代自動車蔚山工場, Hyundai MOBIS. Ltd, JETRO Seoul Office, みずほコーポレート銀行ソウル支店, 在大韓民国日本国総領事館経済部, 現代 Mobis, LG Electronics Incorporated, Samsung Electronics Gumi Factory, 現代自動車本社, 現代自動車研究所（中央研究所）, 韓国ポスコ経営研究所.

2009年（12）

現代自動車戦略マーケティング部，現代自動車海外営業部門（ロシア担当部門），現代自動車海外営業部門（中国担当部門），現代自動車研究所（中央研究所），GM 大宇自動車（海外営業部門，仁川工場），大宇自動車販売会社，韓国トヨタ自動車，韓国日産自動車，韓国三菱自動車，ホンダコリア，デンソーインターナショナルコリア．

2008年（7）

現代自動車（国内営業部門・グローバルマーケティング部門，中古車部門），韓国トヨタ自動車，ルノーサムソン自動車釜山工場，野村総合研究所韓国支店，レクサス D&T モータース．

・**台湾（20）**

2017年（10）

台湾松下電器，国瑞汽車，中華汽車（林信義氏，新竹工場，楊梅工場），裕隆汽車三義工場，經濟部台日產業合作推動辦公室，台灣瀧澤科技股份有限公司，協欣金屬工業股份有限公司，新三興股份有限公司．

2014年（10）

磐田友嘉精機股份有限公司，台湾三菱商事股份有限公司，統一速達股份有限公司，慧国工業股份有限公司，孟凱股份有限公司，昱益工業股份有限公司，台湾麗緯電脳機械股份有限公司，日紳精密機械股份有限公司，統一超商股份有限公司，台湾工業技術研究院．

・**日本（110）**

2018年（1）

株式会社 NST．

2017年（1）

株式会社国際経済研究所．

2016年（2）

株式会社白山機工，YKK 株式会社黒部事業所．

2015年（6）

NEC Tokin 株式会社，山形クリエティブ株式会社，西山製作所，日立オートモティブシステムズステアリング株式会社，株式会社 Nui Tec Corporation，株式会社ヴァレオジャパン．

2014年（10）

三井化学株式会社，今西製作所，ナカシマメディカル株式会社，株式会社プロト，宇部蒲鉾，長府製作所，株式会社ヤナギヤ，オムロン阿蘇株式会社，富士通九州システムズ，新日鉄住金大分製鉄所．

2013年（2）

伊藤ハム株式会社西宮工場，三菱重工工作機械事業本部栗東製作所．

2012年（14）

ダイハツ工業株式会社（本社），協同組合ウイングバレイ，株式会社アズテア，ヒルタ工業株式会社，井原精機株式会社，株式会社デンソー本社，株式会社デンソーDP室，三菱重工相模原工場，大宇ジャパン名古屋支店，アイシン精機株式会社，ヤマハ発動機株式会社MC事業部，レノボ・ジャパン株式会社，大和研究所，株式会社ツルタ製作所．

2011年（20）

株式会社シギヤ精機製作所，テルモ株式会社富士宮工場，江淮汽車日本設計センター（2回），日立製作所横浜事業所，NECシステム実装研究所，株式会社現代文化研究所，日産テクニカルセンター，武田薬品工業株式会社（2回），株式会社カネカ，株式会社前川製作所，株式会社日立アドバンストデジタル，株式会社豊田中央研究所，アイシン・エィ・ダブリュ株式会社，YKK株式会社黒部事業所，株式会社アドヴィックス，フォルクスワーゲン（VW）東京技術部，Vector Japan，トヨタ自動車株式会社田原工場．

2010年以前（54）

トヨタ自動車株式会社元町工場，トヨタ車体株式会社吉原工場，トヨタ自動車株式会社U-car事業部開発室，トヨタ自動車株式会社中国営業室，トヨタ自動車株式会社グローバル調達室，トヨタ自動車株式会社（グローバル営業部，調査部，BR—ロシア室），トヨタオートオークション関東会場，株式会社デンソー本社，セントラル自動車株式会社（5回），豊田通商株式会社，本田技研工業株式会社鈴鹿製作所，ダイハツ自動車工業（滋賀工場，九州工場），日産自動車株式会社本社（4回），日産自動車株式会社追浜工場，愛知日野自動車本社営業所，株式会社オークネット，株式会社ガリバーインターナショナル，千葉トヨタ自動車株式会社商品化センター，株式会社ケーユー，名古屋トヨペット株式会社，株式会社トラスト，シャープ株式会社亀山工場（2回），レクサス四日市，株式会社神戸製鋼所，三洋電機株式会社，日産大阪オートオークション（2回），株式会社神戸マツダ，日本自動車査定協会大阪府支所，青森オリンパス株式会社，セイコーエプソン株式会社塩尻製作所，住友電気工業株式会社宇都宮工場，株式会社リコー御殿場事業所，住友ベークライト株式会社静岡製作所，三菱重工長崎造船所，ダイキン化学工業，日本オートブリッジ株式会社　六甲リサイクルセンター，神戸マツダリサイクル施設，三重トヨペット株式会社，東レ株式会社オートモーティブセンター（AMC），ダイキン工業滋賀製作所，日本セラミック株式会社．

ASEAN (61)

・タイ (15)

2016年（8）

Isuzu Motors Co., (Thailand) Ltd. Isuzu Engine Manufacturing Co., (Thailand) Ltd, Usui international corporation, Mitsubishi Electric Automation (Thailand) Co., Ltd. (Factory & Office), CITIZEN Machinery Asia Co., Ltd, Toyota Motor Thailand Co., Ltd. (Ban Pho plant), Toyota Motor Asia Pacific Engineering & Manufacturing Co., Ltd.

2015年（4）

Thai Tohken Thermo Co., Ltd, Bangkok Komatsu Co., Ltd., POSCO Thailand Bangkok Processing Center, DENSO (Thailand) Co., Ltd. (Samrong Plant).

2010年（3）

タイ工業省産業振興局, Auto Alliance (Thailand) Co., Ltd., DaikyoNishikawa (Thailand) Co., Ltd.

・インドネシア (10)

2012年

Auto 2000 Yos Sudarso, PT Oto Multiartha, PT Summit Oto Finance, PT Toyota-Astra Motor (TAM), PT Toyota Motor Manufacturing Indonesia (TMMIN), TAM Dealership, JBA Indonesia, PT ASTRA DAIHATSU Motor, PT SUZUKI Indomobil Sales, PT National Assemblers.

・ベトナム (11)

2015年（7）

Fuji Xerox Hai Phong Co., Ltd., NISSAN Techno Vietnam Co., Ltd, ULVAC Singapore PTE Ltd Vietnam Representative Office, GENERAL Shoes Co., Ltd., NICCA Vietnam Co., Ltd., Vina Star Motors Cooperation, Omron Healthcare Manufacturing Vietnam Co., Ltd.

2013年（4）

Ho Chi Minh City Investment and Trade Promotion Center, Fujitsu Computer Systems of Vietnam Ltd, NGHIGIA, JETRO Ho Chi Minh Office.

・シンガポール（2）

2015年

SHIMANO (Singapore) PTE. Ltd.　Yamato Transport (S) PTE. Ltd.

・マレーシア（10）

2016年（5）

Kum Hoi Engineering Industries Sdn Bhd., TDK（Malaysia）Sdn Bhd., WZ Satu Bhd., Panasonic Kuala Lumpur Malaysia Sdn. Bhd., JETRO Kuala Lumpur Office.

2015年（3）

Panasonic Appliances Air Conditioning Malaysia Sdn. Bhd., OMRON Malaysia Sdn. Bhd., Yamato Transport（M）Sdn. Bhd.

2014年（2）

SHIMANO（SINGAPORE）PTE. LTD. Yamato Transport（S）PTE. LTD.

・ミャンマー（7）

2015年

Myanmar Posco C&C Company Ltd., Myanmar Daewoo International Ltd., KOTRA Yangon Office, JETRO Yangon Office, Ikeya Corporation PTE. Ltd., Union of Myanmar Federation of Chambers of Commerce and Industry（UMFCCI）, Pyilone Chan Tha Trading Co., Ltd.

・カンボジア（6）

2016年

Shinhan Khmer Bank Phnom Penh Head Office, Mizuho Bank Ltd. Phnom Penh Representative Office, Hansoll Textile Ltd.（Cambodia）, Commercial Representative Office of AISIN ASIA PTE. Ltd.（CAMBODIA）, STAR 8 CAMBODIA（Phnom Penh Showroom and Plant）.

欧米西アジア地域（39）

・ドイツ（12）

2019年（1）

Toray Industries Europe GmbH Automotive Center Europe（AMCEU）.

2017年（8）

AUDI Ingolstadt plant, Continental Automotive GmbH, Keihin Sales and Development Europe GmbH, Toyota Deutschland, Thyssen Krupp, Bayer Vital GmbH, Hegenscheidt-MFD, Deloitte digital factory.

2011年（3）

Continental Systems & Technology Automotive, Vector Germany, Toyota Motor Europe Berlin Office.

・フランス（3）

2018年（1）

IMRA Europe S.A.S.

2017年（3）

Hitachi Europe Automotive and Industry Laboratory, IMRA Europe S. A. S., Technocentre Renault (Guyancourt).

・チェコ（6）

2018年

SHIMANO Czech Republic s.r.o., DENSO Manufacturing Czech s.r.o., Alps Electric Czech s.r.o, Toray Textiles Central Europe s.r.o., Aisin Europe Manufacturing Czech s.r.o., Daikin Industries Czech Republic s.r.o.

・スペイン（1）

2017年

Toyota España.

・ベルギー（1）

2017年

Toyota Motor Europe (Brussels HQ).

・ノルウェー（2）

2017年

Toyota Asker og Bærum AS, Toyota Norge AS.

・イタリア（5）

2018年（2）

JAC Italy Design Center srl, Changan Automobile European Designing Center srl.

2017年（2）

JAC Italy Design Center srl, Changan Automobile European Designing Center srl.

2016年（1）

JAC Italy Design Center srl.

・アイスランド（2）

2017年

Toyota á Íslandi, Nissan Nordic Europe Oy.

・アメリカ（3）

2017年

Calsonic Kansei North America, VIAM Manufacturing Inc. (TN), Komatsu America Crop.

・トルコ（4）

2011年

Daikin Klima Pazarlama Ltd. Co, Mayekawa Turkey Sogutma Sanayi Ve Ticaret Limited Sirketi, Hyundai Assan Izmit Plant, Toyota Motor Manufacturing Turkey Inc.

注

会社名はいずれも訪問当時の名称であり，一部関連の薄い企業を除外した．部署名が公表できないものについて，記号で代用した．なおこの資料は2019年8月に筆者がまとめたものである．

索　引

〈サ　行〉

〈タ　行〉

〈ナ・ハ行〉

〈マ　行〉

〈ヤ・ラ・ワ行〉

《著者紹介》

李　澤建（り　たくけん）

1979年　中国天津市生まれ

2001年　中国東北財経大学経済信息学部卒

2006年　京都大学大学院経済学研究科　経済学修士

2009年　京都大学大学院経済学研究科　経済学博士学位取得

2009年　東京大学大学院経済学研究科ものづくり経営研究センター　特任助教（2012年3月迄）

2012年　東京大学大学院経済学研究科ものづくり経営研究センター　特任研究員（2013年3月迄）

2012年　大阪産業大学経済学部　専任講師（2013年3月迄）

2013年　大阪産業大学経済学部・大学院経済学研究科　准教授（現職）

主要業績

Zejian LI (2018), 'Defining mega-platform strategies: the potential impacts of dynamic competition in China' *International Journal of Automotive Technology and Management* (IJATM), Inderscience Publishers, Vol. 18, No. 2, pp. 142-159.

Zejian LI (2016), 'Market life-cycle and products strategies: an empirical investigation of Indian automotive market', *International Journal of Business Innovation and Research* (IJBIR), Vol. 10, No. 2, pp. 26-42.

新興国企業の成長戦略
――中国自動車産業が語る“持たざる者”の強み――

2019年11月30日　初版第1刷発行　　＊定価はカバーに表示してあります

著　者　李　澤　建©
発行者　植　田　実
印刷者　田　中　雅　博

発行所　株式会社　晃　洋　書　房
〒615-0026　京都市右京区西院北矢掛町7番地
電話　075(312)0788番(代)
振替口座　01040-6-32280

装丁　野田和浩　　印刷・製本　創栄図書印刷(株)

ISBN978-4-7710-3222-4